W0262433

Allan Janik
Monika Seekircher
Jörg Markowitsch

Die Praxis der Physik

Lernen und Lehren im Labor

SpringerWienNewYork

Prof. Dr. Allan Janik und Dr. Monika Seekircher
Brenner–Archiv, Innsbruck

Dr. Jörg Markowitsch
Industriewissenschaftliches Institut, Wien

Gedruckt mit Förderung des Bundesministeriums für Wissenschaft und Verkehr
in Wien, der Abteilung für Stadtentwicklung und Stadtplanung der Stadt Wien,
des Industriewissenschaftlichen Institutes Wien sowie des Institutes
für Ionenphysik und des „Brenner Archivs" der Universität Innsbruck

Satz: Composition & Design Services, Minsk

Grafisches Konzept: Ecke Bonk
Gedruckt auf säurefreiem, chlorfrei gebleichtem Papier – TCF

SPIN 10718079

Die Deutsche Bibliothek – CIP-Einheitsaufnahme

Janik, Allan:
Die Praxis der Physik : Lernen und Lehren im Labor / Allan Janik ; Monika
Seekircher ; Jörg Markowitsch. – Wien ; New York : Springer, 2000
ISBN-13: 978-3-211-83296-7   e-ISBN-13: 978-3-7091-6764-9
DOI: 10.1007/978-3-7091-6764-9

ISBN 978-3-211-83296-7

Vorwort

Jeder Lehrende, insbesondere jedoch jeder Hochschullehrer, steht immer wieder vor der Frage, wie kann man sein Wissen am besten an die Lernenden weitergeben. Diese Fragestellung ist jedoch nicht erst durch die verschiedenen Evaluierungsprogramme der Universitätsreformen aktuell geworden, sondern in bestimmten Disziplinen, wie etwa Physik und Chemie, schon immer mit größter Aufmerksamkeit betrachtet worden, und zwar nicht ohne Eigennutz: Wissen („know-how") im Labor ist die Investition des (experimentell arbeitenden) Hochschullehrers in das Können der Mitarbeiter und Studenten (Diplomanden und Dissertanten) und der optimale Transfer und Erhalt des Laborwissens ist von eminenter Bedeutung für die kontinuierliche Aufwärtsentwicklung einer Arbeitsgruppe im internationalen Spitzenfeld. Experimentelle Spitzenleistung kann nur auf der Grundlage eines soliden Laborwissens entstehen.

Auch ohne umfassende pädagogische Ausbildung wird dem Hochschullehrer schnell klar, daß für die Weitergabe von Laborwissen, ein Wissen das mit Können zu tun hat, andere Methoden notwendig sind, als diejenigen die im Vorlesungssaal zum Ziel führen. Es ist nicht ungefähr, daß vor zwei Jahrzehnten durch unsere Initiative im Innsbrucker Physikstudium ein sogenanntes Laborpraktikum verpflichtend für den Beginn der Diplomarbeit eingeführt wurde, gerade um diesen Teil der Wissensvermittlung besonders zu fördern. Intuitiv haben wir damals bei der Einführung dieses Laborpraktikums darauf Wert gelegt, daß diese Lehrveranstaltung wie die klassische Lehre zwischen Meister und Gesellen angelegt wurde, d.h. implizites Wissen über die Funktionsweise der Apparaturen durch gemeinsames Arbeiten an der Apparatur weitergegeben wird.

Da die herkömmlichen Beurteilungen von Lehrveranstaltungen am Ende des Semesters im besten Falle eine Art Benotung der Leistung des Lehrenden sein können, war die wie im vorliegenden Buch beschriebene Beobachtung unserer Lehre im Labor durch eine Außenstehende während eines ganzen Semesters ein absolutes Novum in der Beurteilung des Lehrerfolges. Wie ich daher anläßlich eines von Professor Allan Janik durchgeführten Symposiums mit dem Titel „The concept of knowledge in practical philosophy" auf die Arbeit dieser Gruppe vor einigen Jahren erstmals aufmerksam wurde, entstand sehr rasch die gemeinsame Idee, die bereits in Schweden an anderen Berufgruppen getestete Arbeitsmethode auch auf unseren Fall anzuwenden.

Es waren nicht nur die Mitarbeiter und betroffenen Studenten unseres Institutes sofort mit dieser Studie einverstanden, sondern alle haben begeistert mitgearbeitet und am Ende jeder auf seine Weise davon profitiert, die Studenten indem sie während des Unterrichts ihre jeweiligen Probleme mit dem Unterricht mit einer dritten Person (Beobachter) besprechen konnten und die Lehrenden indem sie bereits während der Lehrveranstaltung (und nicht erst am Ende des Semesters) eine entsprechende Rückmeldung über ihren Unterrichtserfolg erhielten. Noch viel wichtiger ist vielleicht die Tatsache, daß durch dieses Vorhaben, erst manchem klar geworden ist, wie wichtig die Art des Unterrichts im Labor ist und wie sehr sich diese Art der „Vermittlung von praktischem Wissen" von der sonstigen Lehrtätigkeit unterscheidet. Ein interessanter Nebenaspekt auch das erstmalige Aufzeigen der komplexen Organisationsstruktur in einem experimentell orientierten Universitätsinstitut und die damit verbundene Frage der Bedeutung von zwischenmenschlichen Beziehungen in der Forschung. Besonders wichtig für Österreich (wo Frauen in der Physik traditionell stark unterrepräsentiert sind) ist in diesem Zusammenhang auch ein Schwerpunkt der Studie über Frauen in der Physik.

Tilmann Märk   Innsbruck, Juli 1998
(Vorstand des Institutes für Ionenphysik)

Preface

This study is a first in two respects. It is the first effort to employ methods developed for the study of professional knowledge at the former *Swedish Center for Working Life* and *Stockholm's Royal Institute of Technology* in a full length case study outside of Sweden and it is the first attempt anywhere to employ those methods to cast light upon the practice of a scientific discipline. The distinguishing characteristic of Swedish studies in professional is that they are epistemological studies in professional experience „from within" as it were, not sociological studies of professional knowledge from a standpoint external to professional practice. Here we are concerned with the constitution of professional experience in practice, not with the distribution of power and status that such knowledge brings with it.

Our point of departure is the notion that professional knowledge is only partly formal. Formal education and a powerful intellect alone are not sufficient to account for the differences between professionals. If we need an example we need only think of doctors all of whom must be excellent scholars but yet there arise vast differences in professional expertise between them. These differences must be accounted for on the basis of varying ability to learn from experience. How do we do that? That is the question from which this study proceeds. One major difference between studying practical and formal knowledge (which I have spelled out at length in my book *The Concept of Knowledge in Practical Philosophy* [published in Swedish under the title *Kunskapsbegreppet i prasktisk filosofi* by Symposium Forlaget, Stockholm]) is that practical knowledge is local. Practical experience is bound to a certain context in ways that formal or theoretical knowledge is not. This means simply that practical experience is different, frequently radically different, from case to case, from profession to profession. This is no secret, nobody would expect that a meteorologist could routinely learn very much from a football coach and vice versa – which is neither to demean the football coach nor to suggest that the two have absolutely nothing to say to one another. So the researcher must work closely with the practitioners in question to articulate the overlooked (because self-evident) assumptions about skill that are built into theoretical results without ever coming to be mentioned in scientific papers. Put simply, scientists and professionals generally know much more than they are aware they know. It is in the nature of practical knowledge that one does not explicitly know that one knows and thus that one must on occasion be reminded of what one knows. It is our function as practical epistemologists to assist, in case, experimental physicists to remind themselves of aspects of their own knowledge that they tend to over look in everyday situations.

Usually, this sort of question arises in the course of some sort of crisis, large or small. In this case Prof. Tilmann Märk of the *Innsbruck University, Department of Ion Physics*, upon hearing of my work in Sweden in this area, remarked that such a study might help to illuminate these causes of the radical differences in the quality of laboratory work in the face of the fact that the students who performed the work had an identical background with respect to basic physics. Thus originated the case study below.

The success of studies such as this one is first and foremost measurable by the extent to which they illuminate practical aspects of professional knowledge to the professionals in question, in this case to experimental physicists. Their reception of this study has been very encouraging. Be that as it may, the mark of that success is among other things an increased interest in aspect of professional activity that are so routine as to be overlooked in everyday work and thus a certain strengthening of professional identity.

We are very grateful for the warm welcome that both Prof. Märk and his colleague, Prof. H.-P. Winter extended to us in Innsbruck and Vienna. It has been a real pleasure to work in their institutes and our thanks extends to the students and staff of those institutes who participated enthusiastically in the project. We are equally grateful to the two pioneers in the study of professional skill, Ingela Josefson of the *University College of South Stockholm* and Bo Göranzon Dean of the *School of Management at the Royal Institute of Technology*, for the material and intellectual assistance that helped make this study possible and to the *Austrian Ministry of Science and Transport* for the grant which made the investigation possible. Brenner Archives provided the indispensable infrastructure as well as intellectual impetus for undertaking this project. Finally we are also grateful to the Austrian Ministry of Science and Transport, the City of Vienna, Vienna's Institute for Industrial Research, the University of Innsbruck's Department of Ionphysics and the Brenner Archives Research Institute for financial support for this publication. None of the above are responsible for the shortcomings of this study for which we alone be held responsible.

Allan Janik   Innsbruck, July 1998

Inhaltsverzeichnis

Einleitung

In dieser Fallstudie, die am Institut für Ionenphysik der Universität Innsbruck und am Institut für Allgemeine Physik der Technischen Universität Wien durchgeführt wurde, untersuchten wir das praktische Wissen, das experimentelle Physiker und Physikerinnen im Labor benötigen, sowie dessen Aneignung und Vermittlung. Hier geht es also nicht um physikalische Produkte bzw. Theorien, sondern primär um die Arbeit im Labor, das heißt den Umgang mit komplexer Maschinerie, welcher eine Voraussetzung ist, um überhaupt physikalische Daten produzieren zu können.

Es gibt bereits einige Untersuchungen, die sogenannten Laborstudien im Rahmen der SSK (Sociology of Scientific Knowledge), in denen die Tätigkeit des Wissenschaftlers im Labor untersucht wird. In diesen Laborstudien geht es aber zumeist um die Konstruktion naturwissenschaftlichen Wissens und nicht – wie bei uns – um praktische Fertigkeiten.

Wir fühlen uns vielmehr mit der Arbeitsforschung am „Swedish Institute for Work Life Research" in Stockholm verbunden. Die schwedische Arbeitsforschung war ursprünglich eine Reaktion auf unreflektierte Computerisierung und Werbungen wie „Get three years experience in one week!". Solche Werbungen besagen letztlich, daß Erfahrung und praktisches Wissen formalisiert und über Computer vermittelt werden kann. Die schwedischen ArbeitsforscherInnen versuchen hingegen zu zeigen, daß dies nicht möglich ist, da durch die Formalisierung gerade der Praxisbezug verloren geht. In mehreren Fallstudien (bei Meteorologen, Krankenschwestern, Metallarbeitern u.a.) haben sie bereits die unterschiedlichen beruflichen Fertigkeiten beschrieben und verschiedene Probleme in der beruflichen Praxis aufgezeigt. Unsere Fallstudie versteht sich als eine Fortsetzung dieser Reihe, wobei wir uns auf die pragmatische Philosophie von Ludwig Wittgenstein und Michael Polanyi berufen.

Erkenntnistheoretischer und sprachphilosophischer Hintergrund: Michael Polanyi und Ludwig Wittgenstein

Sowohl Polanyi als auch Wittgenstein gehen in ihrem philosophischen Werk von der Praxis aus und liefern uns dadurch einen wichtigen Hintergrund für unsere Untersuchung. Beide legen eine Erkenntnistheorie und zugleich auch eine Sprachauffassung dar, wobei es Polanyi primär um eine

erkenntnistheoretische und Wittgenstein primär um eine sprachphilosophische Fragestellung geht. Beide wenden sich dabei gegen die positivistische Auffassung von Wissen und Sprache. Und beide haben – das ist
gerade in Hinblick auf unsere Studie sehr interessant – einen technisch-
physikalischen Hintergrund[1], der sich auch in ihrer philosophischen Tätigkeit immer wieder zeigt.

Polanyi versucht entgegen dem wissenschaftlichen Objektivitätsideal
zu zeigen, daß Wissen nicht von der Person des Wissenden losgelöst
werden kann. Diese Gebundenheit an die Person bedeutet aber, daß jegliche Form von Wissen nicht zur Gänze explizit formulierbar ist, sondern
auch einen impliziten Anteil hat. Polanyi spricht dabei von „tacit" bzw.
„personal knowledge", übersetzt: implizites Wissen.

Das Paradebeispiel für implizites Wissen ist gemäß Polanyi das Wissen,
das mit dem eigenen Körper verbunden ist. Denn hier kommt die Gebundenheit an die Person und damit auch das Moment der Integration bzw.
Verinnerlichung am deutlichsten zum Ausdruck. Aber auch bestimmte
Gegenstände, die wir häufig gebrauchen, werden mit der Zeit verinnerlicht (z.B. Brille, der Stock eines Blinden, Werkzeuge, Maschinen, Musikinstrumente usw.). Diese Verinnerlichung oder Einfühlung kann sich aber
auch auf moralische Lehren und sogar auf wissenschaftliche Theorien
beziehen.

Polanyi beschreibt mit den Begriffen „Verinnerlichung", „Einfühlung"
bzw. „Integration" das wesentliche Moment von Wissen im Sinne von
Verstehen. Aber gerade durch das Moment der Verinnerlichung wird
dieses Wissen schwer explizit faßbar. Jemand kann also sehr wohl Fähigkeiten und Fertigkeiten besitzen, ohne diese sprachlich zum Ausdruck
bringen zu können. Diese Fertigkeiten können zwar analysiert werden
und es können dadurch Regeln herausgearbeitet werden, die jedoch nicht
der jeweiligen Fertigkeit gleichzusetzen sind.

Wittgenstein geht insofern über Polanyi hinaus, als er die Trennung
zwischen dem Sagbaren und dem Unsagbaren, die er im „Tractatus" selbst
noch durchgeführt hat, in seinem späteren Werk aufgibt, indem er sozusagen das Unaussprechliche bzw. Unausgesprochene in die Sprache integriert. Ausgehend von der Alltagssprache zeigt er, daß Sprache nicht
bloße Wörter sind, sondern Wörter verbunden mit Handlungen. Erst in
diesen „Sprachspielen" bekommt die Sprache Bedeutung und stellt letztlich eine Lebensform dar.

Das Funktionieren von Sprachspielen versucht Wittgenstein mit seinem
Begriff vom „Befolgen einer Regel" zu beschreiben. Das „Befolgen einer
Regel" beruht aber nicht auf expliziten Regeln, sondern vielmehr auf
Beispielen, was gerade in Hinblick auf die Wissensvermittlung von grund-
legender Bedeutung ist. Damit führt Wittgenstein zu einer neuen Er-

---

[1] Polanyi war Physiker und Wittgenstein begann vor seiner philosophischen Laufbahn
     ein Ingenieurstudium.

kenntnistheorie hin. Ebenso wie Sprache notwendig mit Handlung verbunden ist, kann auch Wissen nicht von Handlung losgelöst werden.

Sowohl Polanyi als auch Wittgenstein zeigen also, daß das Moment der Anwendung notwendig implizit ist. Wittgenstein beschreibt die Praxis durch seinen Begriff vom Befolgen einer Regel, welcher nicht auf expliziten Regeln beruht. Polanyi spricht von einem Akt der Integration, der dem Sehen einer Gestalt nahe kommt und ebenfalls nicht genauer spezifizierbar ist.

Methode

Da es in dieser Fallstudie um praktisches Wissen geht, muß auch eine Untersuchung dieses Wissens von praktischer Erfahrung, d.h. hier den unterschiedlichen Lern- und Lehrerfahrungen bei der Arbeit im Labor ausgehen. Mit Hilfe der soziologischen Untersuchungsmethoden der teilnehmenden Beobachtung und des Interviews versuchten wir, solche Erfahrungen zu sammeln.

Die Interviews (insgesamt ca. 50 Interviews; großteils Einzelinterviews, aber auch einige in Kleingruppen) wurden nicht so sehr nach quantitativen als vielmehr nach qualitativen Gesichtspunkten ausgewertet. Dabei erschien uns der Ansatz bei Problemen besonders interessant, da über praktisches Wissen erst reflektiert wird, wenn Probleme auftreten.

Die Institute

Nicht-Physiker und Leser, die wenig über akademische Ausbildung und Forschung wissen, finden in diesem Kapitel die wichtigsten Begriffe, auf die die Interviewpartner immer wieder Bezug nehmen, erklärt. Außerdem kann man sich anhand einiger Photos ein Bild der Apparaturen, mit denen in den Labors gearbeitet wird, machen.

Probleme und Themenbereiche

Dieses Kapitel, in dem die Interviews verarbeitet sind, stellt den Hauptteil der Untersuchung dar und soll einen Eindruck von der konkreten Praxis in der experimentellen Physik vermitteln.

Zu Beginn versuchen wir eine erste Annäherung an die spezifischen Probleme in der *experimentellen Physik* durch eine Abgrenzung von der *theoretischen Physik*. Obwohl nicht nur die experimentelle, sondern auch die theoretische Physik als praktische Arbeit angesehen werden kann, zeigen sich doch unterschiedliche Wahrnehmungs-, Lern- und Arbeitsweisen, die durch das unterschiedliche Arbeitsmedium bedingt sind. Dem theoretisch arbeitenden Physiker, der primär mit Symbolen operiert, fehlt die sensorische Komponente, die Erfahrung mit dem Körper fast gänzlich. Beim experimentellen Physiker sind hingegen gerade beim „Herumprobieren" und „Spielen" mit Apparaturen und Geräten sämtliche Sinne beteiligt. Diese unterschiedlichen Arbeitsweisen spiegeln sich auch im Sprachgebrauch wieder, wie dies zum Beispiel im Gebrauch des Wortes „Vakuum" und den damit verknüpften Vorstellungen deutlich wird. Weiters behandeln wir hier den oft als problematisch empfundenen Übergang vom Vorlesungsunterricht in die Laborpraxis und können zeigen, daß diese Schwierigkeiten gerade dem Wechsel der Lernweise zugrunde liegen.

Nachdem wir uns für praktische Fertigkeiten und Geschick interessieren, ist die *Beziehung Mensch-Maschine* unser Hauptthema. Wir konnten verschiedene Formen impliziten Wissens nachweisen, sowohl auf sensorischer als auch auf emotionaler Ebene. Beides sind Bereiche, die – obwohl sie bei der praktischen Arbeit eine wesentliche Rolle spielen – innerhalb der Physik nicht abgehandelt werden. Im Bereich der Sinneswahrnehmung geben wir Beispiele dafür, wie ein geschulter Blick Zeigerstellungen verinnerlichen kann, wie man Fehlerquellen hören oder sogar riechen kann. Auf emotionaler Ebene umfassen unsere Betrachtungen die Personifizierung, Namensgebung bis hin zur Identifikation mit Maschinen, sowie die Ängste und Hemmungen vor Maschinen. Dabei können wir zeigen, daß die Emotion, Wahrnehmung und Erkenntnis in Bezug auf eine Maschine einen bestimmten Verlauf nimmt, welcher sich als eine Entwicklung vom „diffusen Haufen" zum „verlängerten Lebensnerv" beschreiben läßt.

Die Erfahrung und die Frage nach dem *Experten* steht im Mittelpunkt des nächsten Abschnitts. Sehr schnell wurde klar, daß aufgrund der fachlichen Spezialisierungen *der* Experte nicht leicht zu finden ist. Anders als bei bisherigen ähnlichen Untersuchungen, konnten wir nicht mehr davon ausgehen, daß die Älteren auch die Erfahreneren sind, wie dies bei Krankenschwestern, Metallarbeitern, etc. der Fall ist. Vielmehr mußten wir uns damit begnügen, daß die Frage nach dem Experten in der Physik nur in der Art „Experte wofür?" sinnvoll gestellt werden kann und daß man sehr schnell Experte auf einem kleinen Teilgebiet werden kann. Die Fehlersuche und das Messen dienen dabei als Beispiele, an denen der Zusammenhang von Erfahrung mit implizitem Wissen klar gemacht werden kann. Beides sind Tätigkeiten, die immer wieder als Kunstfertigkeiten beschrieben wurden, welche viel Geschick erfordern, und deren Vermittlung an weitere Personen weder trivial noch einfach ist. Oft wurde dabei versucht, mit dem Begriff „Intuition" gewisse uneinsichtige innere Vorgänge zu erklären, doch wich dieser, nach Insistieren, meist dem Ausdruck „Fingerspitzengefühl". „Fingerspitzengefühl" entpuppte sich überhaupt als zentraler Begriff bei der Beschreibung praktischer Fertigkeiten im Labor.

Auch *zwischenmenschlichen Beziehungen* widmen wir hier einen eigenen Abschnitt. Schließlich ist nicht nur die Teamarbeit unerläßlich, sondern es handelt sich ja auch um eine Ausbildungsstätte. Bei der Frage „Was zeichnet einen guten Betreuer aus?" können wir zeigen, daß das fachspezifische Wissen des Betreuers nicht unbedingt ausschlaggebend für ein „funktionierendes" Betreuungsverhältnis ist, sondern vielmehr seine Fähigkeit, sich in den zu Betreuenden einzufühlen. Wir analysieren Situationen, in denen die Betreuung zu Konflikten führt, und geben einige Aspekte an, die dem Lernprozeß hinderlich sein können, z.B.: der Betreuer nimmt den zu Betreuenden als Bedrohung wahr, weil er mehr wissen könnte als der Betreuer; der zu Betreuende traut sich keine Fragen stellen, weil er sein Unwissen verbergen möchte; der Betreuer tut so, als wäre das meiste selbstverständlich, um Fragen möglichst zu unterbinden. Auch rhetorische oder organisatorische Formen von implizitem Wissen, die für den Erfolg eines Physikers oder einer Arbeitsgruppe ausschlaggebend sein können, werden hier besprochen.

Beim *Lehren und Lernen des Umgangs mit Apparaturen* zeigt der Mangel, den schriftliche Anleitungen (Manuals, Checklisten etc.) aufweisen einerseits, und die Vorteile mündlicher Anleitungen andererseits, direkt die Fruchtbarkeit des Konzepts vom impliziten Wissen. Denn Geschick bei der Arbeit an der Apparatur und gute Beschreibungen dieser Tätigkeit sind zwei grundverschiedene Fähigkeiten. Was schriftlich schwer faßbar ist, kann oft viel besser mündlich durch Beispiele, Hinweise oder Gesten vermittelt werden. Nach einigen Beispielen für das Zusammenwirken von Zeigen, Wissen und Sagen, gehen wir genauer auf die Entwicklung von expliziten Anweisungen zum impliziten Wissen ein. Anfänger haben zumeist den Wunsch nach möglichst genauen Erklärungen und finden ungefähre bzw. vage Angaben unbefriedigend. Je besser sie die Apparatur aber beherrschen, desto mehr geben sie solche Anweisungen wieder auf. Vieles geht dann „irgendwie automatisch ab" und man vergißt die Regeln, nach denen man ursprünglich gelernt hat. Hier zeigt sich ein Verinnerlichungsprozeß, der letztlich zu implizitem Wissen führt.

Frauen in der Physik ist ein Schwerpunkt unserer Untersuchung, der die physikalische Gemeinschaft besonders interessierte. Auch uns kam dieser Ansatz entgegen, da sich viele der soeben erläuterten Probleme im Zusammenhang mit Frauen noch deutlicher stellen. Dennoch kann man neben konkreten Beispielen kaum allgemeine Aussagen über geschlechtsspezifische Zugänge zur Maschine treffen. Wir stellen etwa fest, daß: Hemmungen und Ängste nicht frauenspezifisch sind, sondern der Umgang mit denselben; für Frauen die Maschine eher ein Mittel zum Zweck und kein Selbstzweck bzw. Spielzeug ist wie für einige Männer; es weniger Identifikationsmöglichkeiten für Frauen gibt; Frauen gegenüber geringeres Zutrauen entgegengebracht wird und diese daher weniger Selbstvertrauen haben; Frauen sich an „männliche" Verhaltensweisen und Laborkultur anpassen; etc. Hier wird deutlich, daß auch die Wissenschaft –

zumindest die wissenschaftliche Praxis – nicht von den geschlechtsspezifischen Vorstellungen und Verhaltensweisen in einer Gesellschaft losgelöst
werden kann.

Praktisches Wissen in der Physik

Gerade die Bedeutung der Zusammenarbeit für das Funktionieren eines
Labors, die unterschiedlichen, manchmal sehr komplizierten Betreuungsverhältnisse und auch die frauenspezifischen Probleme zeigen, daß Wissenschaft in der Praxis eine Lebensform darstellt, welche nicht von der
übrigen Gesellschaft zu trennen ist. Bei der Arbeit an der Apparatur wird
zudem ein Wissen benötigt, das unmittelbar an die Sinne gebunden ist. In
dieser sinnlichen Gewißheit zeigt sich der implizite Charakter besonders
deutlich. Aber nicht nur von unmittelbar sinnlichen und gesellschaftlichen
Erfahrungen, sondern auch vom Arbeitsmedium kann in der Praxis nicht
abstrahiert werden. Denn Wissen ist immer an ein konkretes Medium –
seien es komplexe Maschinerien oder auch mathematische Formeln – gebunden und beruht daher letztlich auf einer Fähigkeit bzw. Fertigkeit, mit
dem jeweiligen Arbeitsmedium zu operieren. Gerade dieses Operieren,
d.h. das Moment der Anwendung, das immer in einem ganz konkreten
Kontext erfolgt, ist wesentlich implizit.

Selbst die Physik – das Paradebeispiel für logisch-analytisches Faktenwissen – scheint also nicht immer mit den an der Logik orientierten
Vorstellungen von einem „reinen" Wissen vereinbar zu sein, sondern oft
gemäß den von Wittgenstein formulierten „Gesetzen" der Alltagssprache
zu funktionieren. Zumindest bei Betrachtung der experimentellen Praxis –
der Grundlage für physikalische Theorien – verliert die Physik ihre „Här-
te" bzw. „Reinheit" und weichere, „unreine" Wissensformen, die Polanyi
mit dem Begriff „tacit knowledge" beschreibt, bekommen eine grundlegende Bedeutung.

1 Erkenntnistheoretischer und sprachphilosophischer Hintergrund

Sowohl Polanyi als auch Wittgenstein gehen in ihrem philosophischem Werk von der Praxis aus und liefern uns dadurch einen wichtigen Hintergrund für unsere Untersuchung. Beide legen eine Erkenntnistheorie und zugleich auch eine Sprachauffassung dar, wobei es Polanyi primär um eine erkenntnistheoretische und Wittgenstein in erster Linie um eine sprachphilosophische Fragestellung geht. Beide wenden sich dabei gegen die positivistische Auffassung von Wissen und Sprache. Und beide haben – das ist gerade in Hinblick auf unsere Fallstudie sehr interessant – einen technisch-physikalischen Hintergrund. Polanyi war primär Physiker und erst in zweiter Linie Philosoph.[2] Auch Wittgenstein begann vor seiner philosophischen Laufbahn mit einem Ingenieurstudium. Ursprünglich wollte er sogar bei Ludwig Boltzmann Physik studieren. Dessen Selbstmord vereitelte jedoch sein Vorhaben.[3] Dieser technisch-physikalische Hintergrund von Polanyi und Wittgenstein zeigt sich auch immer wieder in ihrer philosophischen Tätigkeit.

Im folgenden sollen nun die Erkenntnistheorien und zugleich auch Sprachauffassungen dieser beiden Philosophen dargestellt werden, die helfen werden, die Praxis in der experimentellen Physik besser zu verstehen.

1.1 Michael Polanyis Konzept vom impliziten Wissen

Unter Wissen versteht man gewöhnlich explizit formulierbares Wissen, wobei in unserer Kultur das präzise Formelwissen, wie dies in den Naturwissenschaften angestrebt wird, einen besonders hohen Stellenwert hat. Polanyi versucht hingegen zu zeigen, daß Wissen nicht von der Person des Wissenden losgelöst werden kann. Diese Gebundenheit an die Person

---

[2] Er stellte sein Konzept des impliziten Wissens einmal auch in der Zeitschrift „Reviews of Modern Physics" dar. (Michael Polanyi: „Tacit Knowing: Its Bearing on Some Problems of Philosophy", in: *Reviews of Modern Physics,* October 1962.)
[3] Vgl. Chris Bezzel et al.: *Wittgenstein: Biographie – Philosophie – Praxis. Eine Ausstellung der Wiener Secession.* Wien: Wiener Secession 1989, S. 34.

bedeutet aber, daß jegliche Form von Wissen nicht zur Gänze explizit formulierbar ist, sondern auch einen impliziten Anteil hat. Polanyi spricht dabei von „tacit" bzw. „personal knowledge"[4]. Was er darunter versteht, soll im folgenden aufgezeigt werden.

1.1.1 Einfühlung und Verinnerlichung: Wissen ohne explizite Regeln

Polanyis Auffassung von Wissen beruht – wie er selbst immer wieder betont – auf den Erkenntnissen der Gestaltpsychologie.[5] Erkennen bzw. Wissen ist für ihn eine aktive Formung von Erfahrung, welche dem Sehen einer Gestalt nahe kommt. Gerade in dieser Formung oder Integration sieht Polanyi „die große und unentbehrliche stumme Macht, mit deren Hilfe alles Wissen gewonnen [...] wird"[6]. Das trifft sowohl auf praktische als auch auf theoretische Erkenntnisse zu, wie im folgenden anhand einiger Beispiele demonstriert werden soll.

Das Paradebeispiel für implizites Wissen ist gemäß Polanyi das Wissen, das mit dem eigenen Körper verbunden ist. Denn hier kommt die Gebundenheit an die Person und damit auch das Moment der Integration bzw. Verinnerlichung am deutlichsten zum Ausdruck:

> Unser Körper ist das grundlegende Instrument, über das wir sämtliche intellektuellen und praktischen Kenntnisse von der äußeren Welt gewinnen. In allen Momenten unseres Wachlebens sind uns die Dinge der äußeren Welt *dadurch* gegenwärtig, daß wir uns auf unser Gewahrwerden der Kontakte unseres Körpers mit ihnen *verlassen*. Unser Körper ist das einzige Ding in der Welt, das wir gewöhnlich nie als Gegenstand, sondern *als* die Welt erfahren, auf die wir von unserem Körper aus unsere Aufmerksamkeit richten.[7]

Aber auch bestimmte Gegenstände, die wir häufig gebrauchen, werden mit der Zeit verinnerlicht: „Things like our clothes, spectacles, probes and tools, when in use, function like our body and resemble our body closely [...]. We may be said to *interiorize these things or to pour ourselves into them.*"[8] Diese Verinnerlichung von Gegenständen beschreibt Polanyi im folgenden noch genauer, wobei er zeigt, wie Gegenstände beim Gebrauch zu einem Teil von uns selbst werden können:

> The way we use a hammer or a blind man uses his stick, shows in fact that in both cases we shift outwards the points at which we make contact with the things that

---

[4]   „Personal Knowledge" ist auch der Titel seines Hauptwerkes.
[5]   Vgl. Michael Polanyi: *Personal Knowledge. Towards a Post-Critical Philosophy*, [PK]. London: Routledge & Kegan Paul 1969, S. VII.
[6]   Michael Polanyi: *Implizites Wissen*, [IP], Frankfurt am Main: Suhrkamp 1985, S. 15.
[7]   IP, S. 23.
[8]   Michael Polanyi: „Sense-Giving and Sense-Reading", in: *Knowing and Being. Essays by Michael Polanyi*, hrsg. v. M. Grene. London: Routledge & Kegan Paul 1969, S. 183.

we observe as objects outside ourselves. [...] We pour ourselves out into them and assimilate them as parts of our own existence. We accept them existentially by dwelling in them.[9]

Gerade die Einfühlung in Gegenstände ist gemäß Polanyi eine Grundlage für praktisches Wissen, welches sich zum Beispiel im geschickten Umgang mit bestimmten Werkzeugen zeigt. Diese Einfühlung bezieht sich aber nicht nur auf den eigenen Körper und bestimmte Gebrauchsgegenstände, auch wenn sie natürlich hier am deutlichsten zum Ausdruck kommt. Polanyi geht vielmehr davon aus, „daß Einfühlung [indwelling] oder Empathie der eigentliche Wissensmodus des Menschen und der Wissenschaften vom Menschen sei"[10]. Das heißt, daß man nicht durch einen distanzierten, analytischen Blick auf die Dinge wirklich zu Wissen gelangt, sondern nur durch ein ganzheitliches Verstehen mit der Einbringung der eigenen Person. Polanyi zeigt, daß auch moralische Lehren verinnerlicht werden, das heißt hier, „sich mit den betreffenden Lehren identifizieren"[11], und sogar wissenschaftliche Theorien: „Sich auf eine Theorie stützen, um die Natur zu verstehen, heißt, sie verinnerlichen."[12]

Selbst das Erkennen eines Problems, eine Erfahrung von grundlegender Bedeutung in der Wissenschaft, beruht auf implizitem Wissen, das heißt einem nicht genau beschreibbaren Integrationsakt: „Denn ein Problem sehen heißt: etwas Verborgenes sehen. Es bedeutet, die Ahnung eines Zusammenhangs bislang unbegriffener Einzelheiten zu haben."[13]

Die Liste von Beispielen für Verinnerlichungsprozesse könnte endlos fortgesetzt werden. Selbst der Gebrauch von Symbolen setzt gemäß Polanyi eine Form der Verinnerlichung voraus. Das implizite Wissen, das allein zur Denotation mittels sprachlicher und sogar formaler Symbole benötigt wird, soll jedoch in einem eigenen Kapitel erörtert werden.

Polanyi beschreibt also mit den Begriffen „Verinnerlichung", „Einfühlung" bzw. „Integration" das wesentliche Moment von Wissen im Sinne von Verstehen. Aber gerade durch das Moment der Verinnerlichung wird dieses Wissen schwer explizit faßbar. Es ist wesentlich implizit. Wir wissen zum Beispiel, wie man Rad fährt, obwohl wir nicht genau sagen können, wie wir Rad fahren.[14]

Jemand kann also sehr wohl Fähigkeiten und Fertigkeiten besitzen, ohne diese sprachlich zum Ausdruck bringen zu können. Diese Fertigkeiten können zwar analysiert werden und es können dadurch Regeln herausgearbeitet werden. So kann zum Beispiel das Radfahren mit Hilfe physikalischer Gesetze sehr genau beschrieben werden und dadurch kann

---

[9]   PK, S. 59.
[10] IP, S. 24.
[11] IP, S. 24f.
[12] IP, S. 24f.
[13] IP, S. 28.
[14] Vgl. PK, S. 88.

auch erklärt werden, wie man beim Radfahren das Gleichgewicht hält.[15] Diese Regeln können einem jedoch nicht sagen, wie man tatsächlich ein Rad fährt. Sie können für jemanden – insbesondere für Anfänger – eine Hilfe sein, aber sie können das praktische Wissen, wie man ein Rad fährt, nicht ersetzen: „Rules of an art can be useful, but they do not determine the practice of an art; they are maxims, which can serve as a guide to an art only if they can be integrated into the practical knowledge of the art. They cannot replace this knowledge."[16]

Bestimmte Formen von implizitem Wissen wie zum Beispiel verschiedene Sinneserfahrungen sind zudem per se schwer sprachlich faßbar. Es ist zum Beispiel nicht bzw. nur in Form von Metaphern oder Vergleichen möglich, den Klang einer Klarinette oder den Geruch von Kaffee jemandem zu erklären, der diese Erfahrungen noch nicht gemacht hat.[17] Wissen ist daher – entgegen der sokratischen Auffassung von Wissen – nicht notwendig an Sprache gebunden, wie Dreyfus im folgenden zeigt:

> If one asks an expert for strict rules one will, in effect, force the expert to regress to the level of a beginner and state the rules he still remembers but no longer uses. [...] But no amount of rules and facts can capture the knowledge that an expert has when he has stored his experience of the actual outcomes of tens of thousands of situations. The Socratic slogan „If you can't explain it, you don't understand it" should be reversed: anyone who thinks he can fully explain his skill, does not have expert understanding.[18]

Gemäß Dreyfus haben Experten sogar mehr Probleme, ihr Wissen in Worte zu fassen als Anfänger, da sich diese – im Gegensatz zu Anfängern – zumeist überhaupt nicht mehr an Regeln orientieren. Die Regeln für eine bestimmte Fertigkeit sind daher mit den praktischen Erfahrungen dieser Tätigkeit, welche letzlich zur Verinnerlichung dieser Tätigkeit führen, nicht zu vergleichen. Die Analyse birgt sogar Gefahren in sich, die im folgenden Kapitel herausgearbeitet werden sollen.

1.1.2 Integration und Analyse – Sinn und Sinnverlust

Polanyi unterscheidet zwischen zwei verschiedenen Arten der Wahrnehmung, der zielgerichteten Wahrnehmung („focal awareness") und der ganzheitlichen Wahrnehmung („subsidiary awareness") und charakteri-

---

[15] Vgl. PK, S. 49f.

[16] PK, S. 50.

[17] Vgl. Allan Janik: „Tacit Knowledge, Working Life and Scientific Method", in: *Knowledge, Skill and Artificial Intelligence*, hrsg. v. B. Göranzon und I. Josefson. Berlin Heidelberg: Springer 1988, S. 56.

[18] Hubert L. Dreyfus: „Is Socrates to Blame for Cognitivism?", in: *Artificial Intelligence, Culture and Language: On Education and Work*, hrsg. v. B. Göranzon und M. Florin. Berlin Heidelberg: Springer 1990, S. 227.

siert diese folgendermaßen: „In the first case we focus our attention on the isolated particulars; in the second, our attention is directed beyond them to the entity to which they contribute. In the first case therefore we may say that we are aware of the particulars *focally*; in the second, that we notice them *subsidiarily in terms of their participation in a whole*."[19] Wir können also unsere Aufmerksamkeit auf Einzelheiten richten und diese sozusagen fokussieren, wodurch wir sie in sich selbst, aber ohne Verständnis wahrnehmen. Oder wir können Einzelheiten als Teile eines Ganzen sehen. Nur die letztere Sichtweise kann gemäß Polanyi zu Verständnis führen.

Gerade dieser Akt der Integration, der für das Verständnis von grundlegender Bedeutung ist, ist aber nicht genauer spezifizierbar und daher letztlich implizit: „This act of integration, which we can identify both in the visual perception of objects and in the discovery of scientific theories is the tacit power we have been looking for."[20] Es gilt also auch hier folgender Satz aus der Gestaltpsychologie: „Das Ganze ist mehr als die Summe seiner Teile", wobei dieses „Mehr" nicht explizit formulierbar ist, sondern nur implizit zum Ausdruck kommt.

Genauso wie die Integration ein „Mehr" ist, bedeutet die Isolation bzw. Analyse ein „Weniger", welches Polanyi folgendermaßen umschreibt: „[...] isolation modifies the particulars: their dynamic quality is lost."[21] Aber auch dieses „Weniger" ist letztlich nicht exakt beschreibbar. Es kann aber anhand von Beispielen deutlich gemacht werden.

Ein Wort kann zum Beispiel seine Bedeutung verlieren, wenn die Aufmerksamkeit auf die Artikulation dieses Wortes gerichtet wird: „Wiederholen sie ein Wort mehrere Male, achten Sie sorgfältig auf die Bewegung Ihrer Zunge und Ihrer Lippen sowie auf die Laute, die Sie dabei erzeugen – und bald wird das Wort hohl klingen und seine Bedeutung womöglich ganz verlieren."[22] Dieser Bedeutungsverlust kann auch bei einem detaillierten Betrachten von Mustern oder auch Gesichtern erfahren werden: „Ein Muster oder ein Gesicht können wir buchstäblich aus dem Blick verlieren, wenn wir seine einzelnen Züge – hinreichend vergrößert – untersuchen."[23] Für einen Pianisten, der sich auf seine Finger konzentriert, kann diese Richtung seiner Wahrnehmung sehr störend sein.[24]

Diese Beispiele zeigen einen Bedeutungsverlust infolge einer analytischen Betrachtungsweise, den Polanyi im folgenden genauer zu beschreiben versucht:

What happens is that our attention, which is directed *from* (or through) a thing to its meaning, is distracted by looking at the thing. We shall presently see that to attend

---

[19] Polanyi: *Knowing and Being*, S. 128.
[20] Ebd., S. 140.
[21] Ebd., S. 126.
[22] IP, S. 25.
[23] IP, S. 25f.
[24] Vgl. PK, S. 56.

from a thing to its meaning is to *interiorize* it, and that to look instead at the thing is to *exteriorize* or *alienate* it. We shall then say that *we endow a thing with meaning by interiorizing it and destroy its meaning by alienating it.*[25]

Normalerweise blicken wir sozusagen durch das Ding hindurch auf dessen Bedeutung. Durch das Erkennen einer Bedeutung hat das Ding für uns einen Sinn, wodurch es zur Integration kommt. Wir geben dem Ding also eine Bedeutung und sind über diese Bedeutung mit dem Ding verbunden. Wird jedoch die Aufmerksamkeit allein auf das Ding gerichtet, geht die Bedeutung verloren und es kommt zur Entfremdung. Durch den Verlust der Bedeutung sind wir mit dem Ding nicht mehr verbunden, sondern es ist von uns abgespalten. Solch einer Entfremdung kann zwar manchmal eine Reintegration folgen, die dann sogar zu einem tiefergehenden Verständnis führt. Manchmal kann jedoch die Störung nicht mehr behoben werden, wie Polanyi anhand einiger Beispiele aufzeigt.[26]

Wissen ist also nur dann sinnvoll, wenn es integriert wird, das heißt wenn es in Bezug zur Person des Wissenden steht. Bereits die Identifikation von Dingen bzw. Lebewesen ist ein impliziter Akt der Integration, auf den auch letztlich jede wissenschaftliche Beschäftigung mit den jeweiligen Dingen bzw. Lebewesen beruht: „[...] und in der Tat gründet auch eine mathematische Theorie des Froschs immer noch auf der Beziehung, die sie zu dem implizit erkannten Frosch unterhält."[27]

Aber auch diese Beziehung, das heißt die so grundlegende Fähigkeit zur Identifikation von Gegenständen bzw. Lebewesen aus der unmittelbaren Umgebung kann verloren gehen. Das kommt sehr anschaulich in einer Fallgeschichte über „einen Mann, der seine Frau mit einem Hut verwechselte" zum Ausdruck, welche der Neuropsychologe Oliver Sacks verfaßte und auch erlebte. Dieser Mann, ein ausgezeichneter Musiker und Professor an einer Musikhochschule, reagierte auf die Bilder, die Sacks ihm vorlegte, auf eine sehr merkwürdige Weise. Er war nicht fähig, ein Bild als Ganzes wahrzunehmen, sondern registrierte nur unzusammenhängende Details. Dadurch konnte er Abbildungen wie die einer Landschaft nicht erkennen.[28] Auch die Photographien seiner Verwandten beschrieb er auf eine ähnliche Weise, was Sacks folgendermaßen beurteilt: „Er ging an diese Bilder – selbst an die von Menschen, die ihm nahestanden – heran, als handle es sich um abstrakte Puzzles oder Tests. Er betrachtete sie nicht, er setzte sich selbst nicht in Beziehung zu diesen."[29] Selbst eine Rose, die Sacks seinem Patienten gibt, kann dieser nicht als ein Ganzes erkennen und damit nicht als Rose identifizieren. Er beschreibt sie

---

[25] PK, S. 146.
[26] Vgl. IP, S. 26.
[27] IP, S. 27.
[28] Vgl. Oliver Sacks: *Der Mann, der seine Frau mit einem Hut verwechselte*, Reinbek bei Hamburg: Rowohlt 1987, S. 26.
[29] Ebd., S. 29f.

als „etwa fünfzehn Zentimeter lang" und als „ein rotes, gefaltetes Gebilde mit einem geraden grünen Anhängsel."[30]

Diese Beispiele zeigen, wie Zusammenhänge, die von den meisten Leuten als ganz banal angesehen werden, auseinanderfallen können und dadurch ihre Bedeutung verlieren. Aber selbst die Integration unseres eigenen Körpers ist nicht selbstverständlich. Polanyi weist darauf hin, daß es Leute gibt, die ihr Gefühl für bestimmte Körperteile verloren haben und sich mit diesen deshalb nicht mehr identifizieren können.[31]

Sacks arbeitet selbst mit Patienten, die unter solchen Symptomen leiden. Er weiß von einer „körperlosen Frau" zu berichten, die ihr Körpergefühl vollständig verloren hat und dadurch auch ihre körperliche Identität. Das heißt, ihr fehlt das grundlegende Wissen, das mit dem eigenen Körper verbunden ist: „Sie weiß nicht: 'Hier ist eine Hand' – ihr Verlust der Eigenwahrnehmung, der Afferenz, hat sie ihrer existentiellen Grundlage von Erkenntnis beraubt – und nichts, was sie tut oder denkt, kann daran etwas ändern. Sie kann sich ihres Körpers nicht gewiß sein."[32]

Sogar der eigene Körper wird hier nicht mehr als ein Ganzes wahrgenommen, sondern zerfällt in Teile. Diese Beispiele zeigen die existentielle Bedeutung des Integrationsaktes, der zugleich die Grundlage für jede sinnvolle Form von Wissen ist. Aber genau dieser Akt, der sich – wie bereits gezeigt – auf alle Erkenntnisbereiche bezieht, entzieht sich einer exakten Beschreibung, wodurch auch ein wesentlicher Teil jeglicher Form von Wissen implizit bleibt.

1.1.3 Denotation als Kunst: Grundlagen und Möglichkeiten symbolischer Repräsentation

Polanyi unterscheidet zwischen drei verschiedenen Typen sprachlicher Äußerungen: dem Gefühlsausdruck („expressions of feelings"), dem Appell („appeals to other persons") und den Tatsachenaussagen („statements of fact").[33] Der Übergang vom Unaussprechbarem zur Sprache, das heißt vom Nicht-Artikulierbaren zur Artikulation, um den es Polanyi hier geht, zeigt sich aber nur in den indikativischen Sprachformen, das heißt in den Tatsachenaussagen, und betrifft somit nur die Darstellungsfunktion der Sprache: „The transition from the tacit to the articulate which I am envisaging here is restricted to the indicative form of speech, as used for statements of fact."[34] Polanyi beschäftigt sich daher nur mit dieser Sprachfunktion, um die Bedeutung und die Grenzen von Artikulation zu untersuchen.

---

[30] Ebd., S. 30.
[31] Vgl. PK, S. 58.
[32] Sacks, S. 80ff.
[33] PK, S. 77.
[34] Vgl. PK, S. 77.

Die Darstellungsfunktion der Sprache beruht auf zwei Funktionsprinzipien, die Polanyi folgendermaßen beschreibt: „The first controls the
process of linguistic *representation*, the second the *operation* of symbols to
assist the process of thought."[35] Es geht also zum einen um die Repräsentation von Gegenständen durch sprachliche Zeichen und zum zweiten um
die Handhabung, das heißt den Gebrauch dieser Zeichen.

Die Repräsentation von Gegenständen durch Zeichen, das heißt die
symbolische Repräsentation basiert letztlich auf einer Formalisierung von
Erfahrung. Die Anwendung dieses Formalismus ist jedoch nicht genauer
spezifizierbar und erfolgt somit auf implizite Weise. Sie stellt daher eine
Fertigkeit dar:

> We have seen that in all applications of a formalism to experience there is an
> indeterminacy involved, which must be resolved by the observer on the ground of
> unspecifiable criteria. Now we may say further that the process of applying language
> to things is also necessarily unformalized: that it is inarticulate. Denotation, then, is
> an art, and whatever we say about things assumes our endorsement of our own
> skill in practising this art.[36]

Das nicht Artikulierbare bei der Artikulation liegt also in der Anwendung
sprachlicher Zeichen. Aber gerade dieser nicht genau spezifizierbare Gebrauch sprachlicher Zeichen, das heißt die Symbolisierung von Gegenständen ist das wesentliche Moment bei der Denotation. Polanyi bezeichnet daher die Denotation als eine Kunst.

In dieser Fähigkeit zur Denotation sieht Polanyi auch die geistige Über-
legenheit des Menschen gegenüber dem Tier: „[...] the intellectual superiority
of man is due predominantly to an extension of this power by the
representation of experience in terms of manageable symbols which he
can reorganize, either formally or mentally, for the purpose of yielding
new information."[37] Der Mensch hat also nicht nur die Fähigkeit, seine
Erfahrungen zu symbolisieren, sondern kann durch den Gebrauch der
Symbole seine Erfahrungen auch reorganisieren und reinterpretieren. Die
Symbolisierung von Erfahrung erlaubt also ein eigenständiges Arbeiten
mit diesen Symbolen ohne unmittelbaren Bezug zur Erfahrung, wodurch
sich die Möglichkeiten neuer Information um ein Vielfaches vermehren.
Dieser eigenständige Umgang mit sprachlichen Symbolen stellt das zweite Funktionsprinzip der Sprache dar, das auf dem ersten Funktionsprinzip,
das heißt der symbolischen Repräsention basiert.

Polanyi zeigt nun weiter, daß diese beiden Funktionsprinzipien in den
verschiedenen Wissenszweigen von unterschiedlicher Bedeutung sind,
sodaß sich folgende Reihung ergibt: „We have now before us the following
sequence of sciences relying decreasingly on the first and increasingly on

---

[35] PK, S. 78.
[36] PK, S. 81.
[37] PK, S. 82.

the second operational principle of language: (1) the descriptive sciences, (2) the exact sciences, (3) the deductive sciences."[38] Mit zunehmender Exaktheit einer Wissenschaft nimmt der Bezug zur erfahrbaren Wirklichkeit ab, das heißt, es geht immer mehr um die Handhabung der Symbole und immer weniger um das, was symbolisiert wird:

> It is a sequence of increasing formalization and symbolic manipulation, combined with decreasing contact with experience. Higher degrees of formalization make the statements of science more precise, its inferences more impersonal and correspondingly more 'reversible'; but every step towards this ideal is achieved by a progressive sacrifice of content. The immense wealth of living shapes governed by the descriptive sciences is narrowed down to bare pointer-readings for the purpose of the exact sciences, and experience vanishes altogether from our direct sight as we pass on to pure mathematics.[39]

Die mathematischen Symbole beziehen sich also überhaupt nicht mehr auf greifbare Wirklichkeit, sondern nur mehr aufeinander. Die Mathematik basiert also auf dem zweiten Funktionsprinzip der Sprache, das heißt, es geht allein um die Handhabung der Symbole. Aber dennoch erfordert auch der Umgang mit mathematischen Symbolen – wie Polanyi zeigt – praktische Fertigkeit und kann nicht allein durch die Anwendung von Regeln erlernt werden: „The fact that the teaching of mathematics relies to a large extent on practice shows that even this most highly formalized branch of knowledge can be acquired only by developing an art."[40]

Daß in der Mathematik implizites Wissen benötigt wird, erkennt auch der Mathematiker Herbert Breger und bringt dies in seinem Aufsatz „Know-how in der Mathematik" zum Ausdruck. Darin versucht er sogar eine Definition von mathematischem Know-how: „Mathematisches Knowhow (implizites mathematisches Wissen) ist solches Können (Wissen), das nicht aus dem Axiomsystem und den Definitionen einer Theorie entspringt oder logisch deduziert werden kann, das aber dennoch wesentlich zum Lehrgebäude der Theorie und zum Verständnis bzw. der Beherrschung der Theorie dazu gehört."[41]

Die praktische Fertigkeit in der Mathematik bezieht sich also allein auf die Handhabung der Symbole ohne jeglichen Bezug auf die außersymbolische Realität. Auch bei definierten Begriffen ist der Bezug zur erfahrbaren Wirklichkeit nur in sehr reduzierter Form vorhanden, da die Bedeutung durch die Definition formalisiert wird: „Definition is a formalization of meaning which reduces its informal elements and partly replaces them by

---

[38] PK, S. 86.

[39] PK, S. 86.

[40] PK, S. 125.

[41] Herbert Breger: „Know-how in der Mathematik. Mit einer Nutzanwendung auf die unendlich kleinen Größen", in: *Rechnen mit dem Unendlichen. Beiträge zu einer Entwicklung eines kontroversen Gegenstandes*, hrsg. v. D. D. Spalt. Basel: Birkhäuser 1990, S. 45.

a formal operation."[42] Aber die Anwendung definierter Begriffe kann – ebenso wie die Anwendung mathematischer Symbole – nicht formalisiert werden und erfolgt daher implizit: „Finally, the practical interpretation of a definition must rely all the time on its undefined understanding by the person relying on it. Definitions only shift the tacit coefficient of meaning; they reduce it but cannot eliminate it."[43]

Während die Stärke definierter Begriffe in ihrer durch die Definition bestimmten präzisen Bedeutung liegt, welche jedoch mit einem Wirklichkeitsverlust verbunden ist, liegt die Stärke der natürlichen Sprache gerade in ihrer Anpassungsfähigkeit an die Wirklichkeit. Um jedoch der Realität möglichst nahe zu kommen, werden möglichst ungenaue Begriffe benötigt: „In order to describe experience more fully language must be less precise."[44] Durch die Unbestimmtheit der Bedeutung kann die Sprache immer wieder von neuem der Wirklichkeit angepaßt werden. Gerade diese Veränderung der Bedeutung, um der Wirklichkeit immer näher zu kommen, ist eine praktische Fertigkeit, eine Kunst: „This is the sense in which I called denotation an art. To learn a language or to modify its meaning is a tacit, irreversible, heuristic feat [...] sustained by the hope of coming by it into closer touch with reality."[45]

Im Gegensatz zur Handhabung mathematischer Symbole hat also das Sprechen einer natürlichen Sprache einen unmittelbaren Bezug zur greifbaren Wirklichkeit. Sprachliche Fertigkeit zeigt sich gerade darin, der Erfahrung mittels Sprache möglichst nahe zu kommen. Die Nähe der Sprache zur Erfahrung zeigt sich bereits an der Bedeutung der Symbole, das heißt am Vokabular. Denn ohne Bezug zur erfahrbaren Wirklichkeit, wäre der Großteil des sprachlichen Vokabulars völlig unverständlich: „To a disembodied intellect, entirely incapable of lust, pain or comfort, most of our vocabulary would be incomprehensible."[46]

Trotz der engen Verbindung von unserer Sprache mit unserer Erfahrung besteht ein grundlegender Unterschied zwischen sinnlich erfahrbarem Erleben und der symbolischen Darstellung eines Erlebnisses, wie Polanyi im folgenden zeigt:

> We may say that the observed meaning of an experience differs structurally from one conveyed in a letter. They are the focus of two different triads. The first triad is formed by the integration of perceived objects impinging on our senses, while the second triad integrates the meaning of written words. In the first case we experience sensory qualities that cannot be gained by reading a letter. We may say that the first meaning is immediately experienced, while the second is only present in thought.[47]

---

[42] PK, S. 115.
[43] PK, S. 250.
[44] PK, S. 86.
[45] PK, S. 106.
[46] PK, S. 99.
[47] Polanyi: *Knowing and Being*, S. 189.

Um die Bedeutung von unmittelbar erlebten Erfahrungen zu erkennen, bedarf es also eines Akts der Integration, ebenso wie für das Erkennen der Bedeutung von berichteten Erfahrungen. Während jedoch bei unmittelbaren Erlebnissen sinnlich wahrgenommene Gegenstände integriert werden, wird bei berichteten Erlebnissen die Bedeutung von Wörtern integriert. Der wesentliche Unterschied liegt also im Medium, welches einen qualitativen Bedeutungsunterschied bewirkt. Das heißt hier, daß die sinnlichen Qualitäten eines unmittelbaren Erlebnisses in einem Erlebnisbericht nicht erfahren werden können. Trotz dieses qualitativen Unterschieds ist in beiden Fällen der Akt der Integration – wie jeder Integrationsakt – nicht weiter spezifizierbar. Ein wesentliches Moment – welches letztlich Verstehen bewirkt – ist daher implizit, wobei es beim unmittelbaren Erlebnis um den Gebrauch der Sinnesorgane geht und beim Bericht eines Erlebnisses um den Gebrauch von Sprache. Verstehen ist daher immer an ein bestimmtes Medium gebunden, welches eine eigenständige Bedeutung hat: „We may say in general that by acquiring a skill, whether muscular or intellectual, we achieve an understanding which we cannot put into words [...]. What I understand in this manner has a meaning for me, and it has this meaning in itself, and not as a sign has a meaning when denoting an object."[48]

Selbst um etwas explizit zu machen, bedarf es eines impliziten Sprachverständnisses, das heißt, ich muß wissen, wie Sprache gebraucht wird, um überhaupt etwas sprachlich darstellen zu können. Gerade der Akt der Denotation, das Funktionsprinzip sprachlicher Symbolisierung, ist aber – wie bereits gezeigt – nicht explizierbar. Es kann daher kein gänzlich explizites Wissen geben: „Now we see *tacit knowledge* opposed to *explicit knowledge*; but these two are not sharply divided. While tacit knowledge can be possessed by itself, explicit knowledge must rely on being tacitly understood and applied. Hence all knowledge is *either tacit or rooted in tacit knowledge*. A *wholly* explicit knowledge is unthinkable."[49] Dieser notwendig implizite Anteil jeglicher Form von Wissen bedeutet zugleich auch, daß Wissen nicht von der Person des Wissenden getrennt werden kann und daher notwendig persönlich ist.

1.1.4 Wider das Objektivitätsideal: Personalität als Wissensgrundlage

Durch die Abhängigkeit von Wissen von der Person des Wissenden wird das wissenschaftliche Objektivitätsideal nicht nur fragwürdig, sondern sogar widersprüchlich:

---

[48] PK, S. 90.
[49] Polanyi: *Knowing and Being*, S. 144.

Erklärtes Ziel der modernen Wissenschaft ist es, ein unabhängiges und streng objektives Wissen zu erstellen. Jedes Zurückbleiben hinter diesem Ideal wird allenfalls als vorübergehende und zu beseitigende Unzulänglichkeit geduldet. Angenommen jedoch, implizite Gedanken bildeten einen unentbehrlichen Bestandteil allen Wissens, so würde das Ideal der Beseitigung aller persönlichen Elemente des Wissens *de facto* auf die Zerstörung allen Wissens hinauslaufen. Das Ideal exakter Wissenschaft erwiese sich dann als grundsätzlich in die Irre führend und möglicherweise als Ursprung verheerender Trugschlüsse.[50]

Die notwendig implizite Wissensgrundlage hat Polanyi durch seine Beschreibung des Integrationsaktes aufgezeigt, der selbst dem Gebrauch von Sprache zugrundeliegt. Daß die Verleugnung des Persönlichen in der Wissenschaft ein Widerspruch ist, zeigt sich aber bereits bei einer vordergründigen Betrachtung von wissenschaftlichen Erkenntnissen, Entdeckungen bzw. Problemen.

Für jede menschliche Erkenntnis gilt nämlich, wie Polanyi zeigt, daß sie nur aus menschlicher Perspektive gewonnen werden kann: „For, as human beings, we must inevitably see the universe from a centre lying within ourselves and speak about it in terms of a human language shaped by the exigencies of human intercourse. Any attempt rigorously to eliminate our human perspective from our picture of the world must lead to absurdity."[51] Erkenntnisse werden aber nicht aus der menschlichen Perspektive im allgemeinen gewonnen, sondern aus der Sicht eines ganz bestimmten Menschen. Diese Abhängigkeit von der Person kann jedoch nicht objektiv dargestellt werden: „Die Abhängigkeit einer Erkenntnis von persönlichen Bedingungen läßt sich nicht formalisieren, weil man seine eigene Abhängigkeit nicht unabhängig ausdrücken kann."[52]

Probleme und Entdeckungen, durch welche eine Wissenschaft erst lebendig wird, sind ebenfalls notwendig persönlich. Es gibt weder ein objektives Problem, noch eine objektive Entdeckung: „[...] nothing is a problem or discovery in itself; it can be a problem only if it puzzles and worries somebody, and a discovery only if it relieves somebody from the burden of a problem."[53]

Polanyi weist immer wieder darauf hin, daß der Erkenntnisdrang eine Leidenschaft ist, welche für die Wissenschaft von grundlegender Bedeutung ist. Mit dem Objektivitätsideal der Wissenschaften sind jedoch Leidenschaften nicht vereinbar. Aber gerade die leidenschaftliche Beschäftigung mit einem Problem, welche an Besessenheit grenzt, weckt erfinderische Kräfte, wie dies gerade bei großen Wissenschaftlern deutlich wird. Pawlows Ratschlag lautet diesbezüglich folgendermaßen: „Get up in the morning with your problem before you. Breakfast with it. Go to the laboratory

---

[50] IP, S. 27.
[51] PK, S. 3.
[52] IP, S. 31.
[53] PK, S. 122.

with it. Eat your lunch with it. Keep it before you after dinner. Got to bed with it in your mind. Dream about it."[54]

Diese wissenschaftliche Leidenschaft ist aber gemäß Polanyi keine bloße Begleiterscheinung, sondern die eigentliche Antriebsfeder für wissenschaftliche Entdeckungen: „I want to show that scientific passions are no mere psychological by-product, but have a logical function which contributes an indispensable element to science."[55] Sie ist ein Drang, die Welt immer besser zu verstehen. Wissenschaftliche Entdeckungen schaffen daher neue Weltbilder. Sie führen zu einer neuen Sicht und zu einem umfassenderen Verständnis der Welt: „Scientists – that is, creative scientists – spend their lives in trying to guess right. They are sustained and guided therein by their heuristic passion. We call their work creative because it changes the world as we see it, by deepening our understanding of it."[56] Einstein spricht sogar von einem „intuitiven Heranfühlen an die Tatsachen"[57] – eine im positivistischem Sinn sehr unwissenschaftliche Äußerung, da hier das persönliche Moment in der Wissenschaft geradezu betont wird.

Das – im Namen der Objektivität – krampfhafte Festhalten an bewiesenen Tatsachen führt letztlich zu einer „moralischen Inversion", wobei die völlige Verleugnung jeglicher Werte zum obersten Gesetz wird: „[...] moral nihilism is the mark here of exceptionally strong moral passions."[58] Polanyi zeigt also, daß selbst das wissenschaftliche Objektivitätsideal oft mit sehr großer Leidenschaft verfolgt wird, was natürlich gerade der wissenschaftlichen Objektivität widerspricht.

Absolut unpersönliches Wissen kann nicht mehr als Wissen bezeichnet werden, da dies letztlich das Ende der Wissenschaften bedeuten würde:

> This self-contradiction stems from a misguided intellectual passion – a passion for achieving absolutely impersonal knowledge which, being unable to recognize any persons, presents us with a picture of the universe in which we ourselves are absent. In such a universe there is no one capable of creating and upholding scientific values; hence there is no science.[59]

Völlig unpersönlich und neutral kann ein Wissenschaftler nur in bezug auf Bereiche sein, die ihn überhaupt nichts angehen: „Only if a claim lies totally outside his range of responsible interests can the scientist assume an attitude of completely impartial doubt towards it. He can be strictly agnostic only on subjects of which he knows little and cares nothing."[60] Wenn man sich unwissend und gleichgültig wissenschaftlich betätigt, kann

---

[54] PK, S. 127.
[55] PK, S. 134.
[56] PK, S. 143.
[57] PK, S. 150.
[58] PK, S. 235f.
[59] PK, S. 142.
[60] PK, S. 276.

man aber unmöglich innovative wissenschaftliche Arbeit leisten. Es kommt dabei zumeist nur zur mechanischen Anwendung von Regeln ohne jegliche persönliche Anteilnahme, welche letztlich immer bedeutungslos bleibt: „A result obtained by applying strict rules mechanically, without committing anyone personally, can mean nothing to anybody."[61]

Bedeutungsvolle wissenschaftliche Arbeit kann aber erst dann geleistet werden, wenn man die vorhandenen Regeln übersteigt. Innovationen beginnen genau dort, wo Beschreibungen enden, wie Janik zeigt: „The possibility of radical innovation is, however, the logical limit of description. This is what tacit knowledge is all about."[62] Für Entdeckungen muß man sich jedoch persönlich einsetzen und sich – genauso wie das Auge – auf eine bestimmte Sichtweise einlassen: „The eye may be able to switch at will from one way of seeing such a picture to the other, but cannot keep its interpretation suspended between the two. The only way to avoid being committed in either way, is to close one's eyes."[63] Mit geschlossenen Augen kann man jedoch keine Erkenntnisse gewinnen.

Polanyis Konzept des impliziten Wissens ist also eine Reaktion auf das positivistische Objektivitätsideal. Er zeigt die Widersprüchlichkeiten dieses Strebens nach absolut unpersönlichem Wissen auf und bietet mit seinem Konzept des impliziten Wissens, welches auf Personalität basiert, eine Alternative dazu an. Dieses persönliche Wissen ist aber auch – wie im folgenden Abschnitt gezeigt werden soll – mit einer persönlichen, das heißt hier traditionellen Form der Wissensvermittlung verbunden. Insofern hat Polanyis Erkenntniskonzept eine unmittelbare gesellschaftliche Bedeutung.

1.1.5 Persönliche Wissensvermittlung: Beispiel, Autorität, Tradition

Da implizites Wissen – wie bereits gezeigt – nicht vollständig beschrieben werden kann, kann es durch eine Beschreibung bzw. Anleitung auch nicht – bzw. nur unzulänglich – vermittelt werden. Praktische Fertigkeiten werden daher nicht mittels Beschreibungen, sondern direkt vermittelt, das heißt durch das Beispiel, das ein „Meister" seinem „Lehrling" gibt: „An art which cannot be specified in detail cannot be transmitted by prescription, since no prescription for it exists. It can be passed on only by example from master to apprentice."[64] Die traditionelle Lehrform kommt also implizitem Wissen weitaus näher als die heutige schulische Lernform, – sofern es nicht gerade um die Vermittlung sprachlicher bzw. mathematischer Fertigkeiten geht.

---

[61]   PK, S. 311.

[62]   Allan Janik: „Tacit Knowledge, Working Life and Scientific Method", in: *Knowledge, Skill and Artificial Intelligence*, S. 58.

[63]   PK, S. 314.

[64]   PK, S. 53.

Im folgenden beschreibt Polanyi, „wie jemand die geschickten Handgriffe eines anderen verstehen kann". Dabei wird wieder die große Bedeutung der Einfühlung deutlich, die hier sowohl den Lehrenden als auch den Lernenden betrifft:

> Er muß dazu nämlich versuchen, diese Gesten und Bewegungen, die der Ausführende praktisch verbindet, geistig in Zusammenhang zu bringen und zu einem Muster zu kombinieren, das dem Bewegungsmuster des Ausführenden ähnelt. Zwei Arten von Einfühlung treffen hier zusammen. Der Ausführende koordiniert seine Bewegungen, weil sie zu seinem Körper gehören und er sich in ihnen fühlt, während der Zuschauer einen Zusammenhang zwischen ihnen herzustellen sucht, indem er sich ihnen von außen einfühlt. Er fühlt sie in sich, indem er sie in sich hineinnimmt. Durch ein solches umsichtiges Einfühlen bekommt der Schüler ein Gefühl für das Geschick des Lehrers und kann mit ihm vielleicht sogar wetteifern.[65]

Diese Einfühlung spielt nicht nur beim Erlernen körperlicher Geschicklichkeiten eine wesentliche Rolle, sondern trifft auch auf das Erlernen geistiger Fähigkeiten zu, wie sie zum Beispiel beim Schachspielen benötigt werden. In beiden Fällen geht es um das Erkennen von Geschicklichkeiten, das heißt es geht darum, „die entscheidenden Merkmale der einzelnen Gesten, Bewegungen und Verrichtungen herauszufinden."[66] Dazu muß jedoch der Schüler die Persönlichkeit und auch die Autorität seines Lehrers anerkennen. Nur wenn er in die Person seines Lehrers und dessen Fähigkeiten Vertrauen gesetzt hat, kann er sich an ihm und an seinen Fertigkeiten ein Beispiel nehmen:

> To learn by example is to submit to authority. You follow your master because you trust his manner of doing things even when you cannot analyse and account in detail for its effectivness. By watching the master and emulating his efforts in the presence of his example, the apprentice unconsciously picks up the rules of the art, including those which are not explicitly known to the master himself. These hidden rules can be assimilated only by a person who surrenders himself to that extent uncritically to the imitation of another.[67]

Um ein Beispiel zu verstehen, bedarf es – wie Polanyi hier zum Ausdruck bringt – nicht expliziter Regeln, ebenso wie auch der Lehrer nicht nach expliziten Regeln handelt. Es wird also weder beim Verstehen noch bei der Ausführung einer Handlung analytisch vorgegangen: „Wir beobachten diese Gesten gar nicht als solche. [...] Und auch der Ausführende könnte uns außer ein paar vagen Hinweisen nicht sagen, welches die einzelnen Handgriffe sind, die er in seinem Vorgehen koordiniert."[68] Gerade weil der Ausführende seine Handlung normalerweise nicht analy-

---

[65] IP, S. 33.
[66] IP, S. 34.
[67] PK, S. 53.
[68] IP, S. 34.

siert, kann er sie zumeist auch nicht genau erklären. Eine Analyse würde
ja – wie bereits gezeigt – zumindest während der Handlung eine Störung
bewirken.

Polanyi meint sogar, daß die explizite Erklärung einer Handlung gar
nicht verstanden werden kann, bevor sie nicht erfahren wurde: „Indeed,
the premisses of a skill cannot be [...] even understood if explicitly stated
by others, before we ourselves have experienced its performance, whether
by watching it or by engaging in it ourselves."[69] Eine Analyse ist zwar
möglich und gerade für Anfänger manchmal sehr hilfreich. Sie ist aber nur
dann von Bedeutung, wenn sie in den Kontext der Handlung integriert
wird: „For though no art can be exercised according to its explicit rules,
such rules can be of great assistance to an art if observed subsidiarily
within the context ot its skilful performance."[70]

Aber auch wenn das Erlernen einer Fertigkeit nicht mit der Kenntnis
formaler Regeln verbunden sein muß, sondern vielmehr Einfühlung verlangt, ist dieses Lernen doch zumeist sehr mühevoll.[71] Denn die Aneignung einer Fertigkeit erfolgt nicht durch eine bloße Wiederholung der
jeweiligen Tätigkeit, sondern erfordert auch eine mentale Anstrengung:
„It is misleading, therefore, to describe this as the mere result of repetition;
it is a structural change achieved by a repeated mental effort aiming at the
instrumentalization of certain things and actions in the service of some
purpose."[72] Allein die Nachahmung von Beispielen reicht daher nicht für
die Aneignung einer Fertigkeit aus. „Imitation offers guidance to it, but in
the last resort we must rely on discovering for ourselves the right feel of
a skilful feat. We alone can catch the knack of it; no teacher can do this for
us."[73] Es geht also um ein persönliches Erfahren der jeweiligen Tätigkeit,
welches erst zu einem Gefühl für diese Tätigkeit führt. Dieses Erfahren
orientiert sich an Beispielen, was letztlich das Grundprinzip jeglicher Form
von Tradition ist.

Das Lernen durch das Beispiel und das damit verbundene Festhalten an
Traditionen und Autoritäten gilt auch für die Wissenschaft. Einer, der alle
Traditionen und Autoritäten ablehnt, kann – wie Polanyi meint – kein
Wissenschaftler sein: „When I speak of science I acknowledge both its
tradition and its organized authority, and I deny that anyone who wholly
rejects these can be said to be a scientist, or have any proper understanding
and appreciation of science."[74] Die Bedeutung von Tradition und Autorität zeigt sich aber nicht in den artikulierten Inhalten der Wissenschaft,
sondern vielmehr in den verschiedenen Methoden wissenschaftlicher For-

---

[69] PK, S. 162.
[70] PK, S. 162.
[71] PK, S. 61.
[72] Vgl. PK, S. 62.
[73] Polanyi: *Knowing and Being*, S. 126.
[74] PK, S. 164.

schung: „[...] while the articulate contents of science are successfully taught all over the world in hundreds of new universities, the unspecifiable art of scientific research has not yet penetrated to many of these."[75] Selbst Messungen, die „objektivsten" Ergebnisse in der Wissenschaft, beruhen letztlich auf praktischen Fertigkeiten, da der Umgang mit den verschiedenen Meßinstrumenten zuerst mühevoll erlernt werden muß: „The large amount of time spent by students of chemistry, biology and medicine in their practical courses shows how greatly these sciences rely on the transmission of skills and connoisseurship from master to apprentice. It offers an impressive demonstration of the extent to which the art of knowing has remained unspecifiable at the very heart of science."[76]

Solche Fertigkeiten, wie sie Polanyi hier anspricht, werden auch in der experimentellen Physik benötigt und sollen in dieser Fallstudie untersucht werden. Ebenso soll untersucht werden, wie dieses Wissen – wobei auch hier wieder das traditionelle Lehren in einer Art „Meister-Lehrling-Beziehung" zutrifft – vermittelt wird und welche Probleme dabei auftreten können. Polanyi zeigt aber selbst einen interessanten Aspekt dieses praktischen Wissens, das experimentelle PhysikerInnen im Labor benötigen, auf, indem er chemisch-physikalisches Wissen mit dem Wissen vergleicht, das für das Verständnis von Maschinen benötigt wird. Um diesen Vergleich, eingebettet in den Gegensatz zwischen Wissenschaft und Technik, soll es im folgenden Kapitel gehen.

1.1.6 Wissenschaft und Technik: Chemisch-physikalisches Wissen und das Verständnis von Maschinen

Die Technik basiert auf praktischem Wissen, das heißt auf Handlungen: „Technology always involves the application of some empirical knowledge [...]."[77] Das bringt Polanyi sehr anschaulich anhand von folgendem Beispiel zum Ausdruck:

> Suppose you hammer in a nail. Before starting, you look at the hammer, the nail and the board into which you will drive it; the result is knowledge which you can put into words. Then you hammer in the nail. The result is a deed: something is now firmly nailed on. Of this you can have knowledge, but it is not itself knowledge. It is a material change which counts as an achievement. Knowledge can be true or false, while action can only be successful or unsuccessful, right or wrong.[78]

In der Technik geht es um jenes Wissen, das durch das Einschlagen eines Nagels mit einem Hammer erlangt wird. Die Technik basiert aber nicht

---

[75] PK., S. 53.
[76] PK, S. 55.
[77] PK, S. 174.
[78] PK, S. 174f.

nur auf Handlung, sondern lehrt auch Handlung. Das zeigt sich an ihrer imperativischen Vermittlungsweise: „Technology teaches action. This is made plain when it speaks in imperatives, as it often does in cookery books or directions for the use of machinery."[79]

Durch diesen Ausgang von der Praxis ist die Technik auch in einen praktischen Handlungskontext eingebunden, den Polanyi folgendermaßen beschreibt: „There are three kinds of observable things which can be defined by their participation in practical performances: (1) materials, (2) tools, including all manner of installations, and (3) processes."[80] Die Naturwissenschaft, in der nach „reinem" Wissen gestrebt wird, kennt hingegen diesen praktischen Bezugsrahmen und die damit zusammenhängenden Möglichkeiten und Probleme nicht: „Pure knowledge, lacking this framework, and pure science in particular, ignore these classes and cannot understand these contrivances."[81] In der Wissenschaft wird ganz bewußt nicht von der Praxis ausgegangen: „The scientific method was devised precisely for the purpose of elucidating the nature of things under more carefully controlled conditions and by more rigorous criteria than are present in the situations created by practical problems."[82] Genau dadurch unterscheidet sich die Naturwissenschaft grundsätzlich von der Technik: „We cannot eliminate instrumentality from technical knowledge, any more than we can represent natural science in terms of practical procedure."[83]

Diesen Unterschied zwischen Wissenschaft und Technik kann Polanyi noch genauer herausarbeiten, indem er die Bedeutung von chemisch-physikalischem Wissen für das Verständnis von Maschinen untersucht und zum Schluß kommt, daß diese nicht sehr groß ist: „[...] all knowledge of physics and chemistry would in itself not enable us to recognize a machine."[84] Denn eine Maschine und ihre Funktionsweise kann nur erkannt werden, wenn sie praktisch getestet, das heißt gebraucht wird: „The question: 'Does the thing serve any purpose, and if so, what purpose, and how does it achieve it?' can be answered *only by testing the object practically as a possible instance of known, or conceivable, machines.*"[85] Das gesamte chemisch-physikalische Wissen kann dieses praktische Erfahren nicht ersetzen. Es mag zwar für die technische Interpretation einer Maschine hilfreich sein. Aber allein aufgrund von chemisch-physikalischem Wissen könnte eine Maschine nicht einmal als solche erkannt werden. Dazu bedarf es unbedingt praktischer Erfahrung.

Anhand eines fiktiven Beispiels versucht Polanyi die Unersetzbarkeit von praktischem Wissen noch deutlicher zu machen:

---

[79]   PK, S. 176.
[80]   PK, S. 175.
[81]   PK, S. 175.
[82]   PK, S. 183.
[83]   PK, S. 175.
[84]   PK, S. 330.
[85]   PK, S. 330.

> We have a solid tangible inanimate object before us – let us say a grandfather clock. But we do not know what it is. Then let a team of physicists and chemists inspect the object. Let them be equipped with all the physics and chemistry ever to be known, but let their technological outlook be that of the stone age. [...] They will describe the clock precisely in every particular, and in addition, will predict all its possible future configurations. Yet they will never be able to tell us that it is a clock. *The complete knowledge of a machine as an object tells us nothing about it as a machine.*[86]

Mit diesem Beispiel zeigt Polanyi den grundlegenden Unterschied zwischen technischem und chemisch-physikalischem Wissen auf. Nur ein technisches, das heißt praktisches Wissen ermöglicht die Identifikation einer Maschine und ihrer Funktionen. Chemisch-physikalisches Wissen wird hingegen nicht aus der Auseinandersetzung mit der unmittelbaren Praxis gewonnen. Dieses Wissen nützt daher wenig, um den Aufbau und die Funktionsweise einer Maschine zu erfassen. Insofern gehen Wissenschaft und Technik aneinander vorbei: „We identify a machine by understanding it technically; that is, by a participation in its purpose and an endorsement of its operational principles. We do not exercise such a participation within a physical or chemical investigation. [...] Hence the two kinds of knowledge, the technical and the scientific, largely by-pass each other."[87] Denn das Erkennen eines Gegenstands beruht – wie bereits gezeigt – auf einem Akt der Integration, den die Technik mit ihrem Praxisbezug ermöglicht. In der Physik und in der Chemie geht es aber um eine analytische Betrachtungsweise, durch die diese grundlegende Identifikation von Gegenständen manchmal geradezu verhindert wird: „Indeed, the more detailed knowledge we acquire of such a thing, the more our attention is distracted from seeing what it is."[88] Das praktische Erkennen eines Gegenstands ist daher eine Voraussetzung, um diesen überhaupt auf sinnvolle Weise wissenschaftlich erforschen zu können.

Wenn man aber einmal eine Maschine, wie zum Beispiel eine Uhr, erkannt hat und auch mit ihren Funktionen vertraut geworden ist, kann physikalisches und chemisches Wissen sehr nützlich sein, um das Verständnis der Uhr zu vertiefen: „We can make good use of physical or chemical observations in order to deepen our understanding of a machine, for example a clock. [...] Thus we will establish the material *conditions* under which the parts can *fulfil* their functions and which will *explain* their occasional *failures*."[89] Zur Erklärung der Funktionsweise einer Maschine bzw. ihrer Defekte werden also sehr wohl physikalische bzw. chemische Kenntnisse benötigt. Denn eine solche Erklärung kann niemand geben, der die Maschine allein durch ihren Gebrauch kennt.

---

[86] PK, S. 330.
[87] PK, S. 330f.
[88] PK, S. 331.
[89] PK, S. 331.

Eine physikalische bzw. chemische Erklärung ist aber sinnlos, wenn nicht erkannt wird, worauf sie sich bezieht: „Die physikalische und chemische Untersuchung einer Maschine bleibt ohne Bedeutung, solange sie nicht im Kontext einer vorab festgelegten Wirkungsweise dieser Maschine unternommen wird."[90] Die Wirkungsweise einer Maschine kann hingegen nur erfahren werden, das heißt, daß wir auf unsere Empfindungsfähigkeit angewiesen sind, um eine Maschine und ihre Funktionen zu erkennen. Gerade die Empfindungsfähigkeit klammern aber die Physik und Chemie von vornherein aus: „Das frappierendste Merkmal unserer eigenen Existenz ist unsere Empfindungsfähigkeit. Die Gesetze der Physik und Chemie enthalten aber keinen Begriff der Empfindungsfähigkeit, woraus folgt, daß ein von diesen Gesetzen vollständig determiniertes System nicht empfindungsbegabt sein kann."[91]

Das Erkennen einer Maschine und die damit verbundenen Erfahrungen können daher überhaupt nicht in physikalischen Begriffen abgehandelt werden. Das heißt, der menschliche Zugang zu einer Maschine ist aus rein physikalischer Perspektive völlig bedeutungslos. Wird aber diese Ausklammerung der menschlichen Erfahrung streng durchgeführt, dann wird auch ein sinnvolles Wissen unmöglich. Denn solch ein „reines" Wissen – das aber praktisch ausgeschlossen ist – hat keinerlei Bezug zur erfahrbaren Wirklichkeit mehr. Die „reine" Wissenschaft kann es daher nicht geben. Selbst in der Physik und Chemie wird – wie Polanyi zeigt – implizites Wissen vorausgesetzt. Denn die chemisch-physikalische Erklärung von zum Beispiel einer Maschine ist erst sinnvoll, wenn diese als solche erkannt, das heißt praktisch erfahren wurde.

1.2 Ludwig Wittgensteins pragmatische Sprachauffassung

Wittgenstein geht insofern über Polanyi hinaus, als er die Trennung zwischen dem Sagbaren und dem Unsagbaren, die er im „Tractatus" selbst noch durchgeführt hat, in seinem späteren Werk aufgibt, indem er sozusagen das Unaussprechliche bzw. Unausgesprochene in die Sprache integriert. Ausgehend von der Alltagssprache zeigt er, daß Sprache nicht bloße Wörter sind, sondern Wörter verbunden mit Handlungen. Erst in diesen „Sprachspielen" bekommt die Sprache Bedeutung und stellt letztlich eine Lebensform dar.

Das Funktionieren von Sprachspielen versucht Wittgenstein mit seinem Begriff vom „Befolgen einer Regel" zu beschreiben. Das „Befolgen einer Regel" beruht aber nicht auf expliziten Regeln, sondern vielmehr auf

---

[90] IP, S. 41.
[91] IP, S. 40.

Beispielen, was gerade in Hinblick auf die Wissensvermittlung von grundlegender Bedeutung ist. Ebenso wie Sprache notwendig mit Handlung verbunden ist, kann auch Wissen nicht von Handlung losgelöst werden. Diese pragmatische Sprachauffassung, die zugleich eine Erkenntnistheorie darstellt, wird im folgenden genauer beschrieben. Zuvor soll aber noch kurz auf Wittgensteins frühere Sprachauffassung im „Tractatus", in der er eine Abbildtheorie der Sprache darlegt, eingegangen werden, um Wittgensteins Schritt in die Praxis deutlich zu machen.

1.2.1 Das Sagbare und das Unsagbare[92]

Im „Tractatus" zieht Wittgenstein eine klare Grenze zwischen dem Sagbaren und dem Unsagbaren. Diese Grenzziehung ist letztlich die eigentliche Zielsetzung des „Tractatus", wie Wittgenstein im Vorwort dieses Buches deutlich macht: *„Das Buch will also dem Denken eine Grenze ziehen, oder vielmehr – nicht dem Denken, sondern dem Ausdruck der Gedanken [...]."*[93] Dazu entwickelt Wittgenstein eine Abbildtheorie der Sprache, mit der er eindeutig bestimmen will, was sprachlich erfaßbar ist und was nicht.

Wittgensteins Abbildtheorie bezieht sich nur auf die Darstellungsfunktion der Sprache, die auf der Repräsentation von Gegenständen durch Zeichen basiert.[94] Die logische Form, die Voraussetzung für die Abbildung ist, kann jedoch nicht abgebildet werden: „Der Satz kann die logische Form nicht darstellen, sie spiegelt sich in ihm."[95] Aber gerade weil sich die logische Form im Satz zeigt, ist sie für Wittgenstein sprachlich nicht faßbar: „Was gezeigt werden *kann, kann* nicht gesagt werden."[96] Hier bringt Wittgenstein bereits deutlich die Mystik in seiner Sprachauffassung zum Ausdruck.

Zimmermann beschreibt Wittgensteins Sprachauffassung im „Tractatus", indem er zwischen sinnvollen, sinnlosen und unsinnigen Sätzen unterscheidet.[97] Sinnvolle Sätze sind demnach die Sätze der Naturwissenschaft. Das sind Sätze die Bilder der Wirklichkeit sind, die anhand der Wirklichkeit entweder verifiziert oder falsifiziert werden. Sinnlos sind Tautologien und Kontradiktionen, das sind Sätze, die a priori wahr bzw. a priori falsch sind.[98]

---

92 Vgl.: Monika Seekircher: „Ludwig Wittgenstein und Ferdinand Ebner. Die Suche nach dem 'erlösenden' Wort", in: *Mitteilungen aus dem Brenner-Archiv.* Nr. 13/1994, S. 18ff.

93 Ludwig Wittgenstein: *Tractatus logico-philosophicus. Werkausgabe Bd. 1.,* [TLP]. Frankfurt am Main: Suhrkamp 1984, S. 9.

94 Vgl. TLP, 4.0312, S. 29.

95 TLP, 4.121, S. 33.

96 TLP, 4.1212, S. 34.

97 Vgl. Jörg Zimmermann: *Wittgensteins sprachphilosophische Hermeneutik.* Frankfurt am Main: Vittorio Klostermann 1975, S. 31.

98 Vgl. TLP, 4.461, S. 43.

Unsinnig sind die Sätze der Metaphysik, der Ethik und der Ästhetik, da sie sich überhaupt nicht auf die Welt als die Gesamtheit der Tatsachen beziehen.

Gemäß Wittgensteins Abbildtheorie der Sprache sind also die einzig sinnvollen Sätze Bilder der Wirklichkeit, das heißt, Sprache wird nur dann sinnvoll gebraucht, wenn sie der Darstellung von Tatsachen dient. Dadurch wird die Möglichkeit der Sprache sehr stark eingeschränkt und nur den Naturwissenschaften eine Berechtigung in der Sprache gegeben. Die Philosophie, die Logik, die Ethik und die Ästhetik rechnet Wittgenstein dem Bereich des Unsagbaren zu.[99] Aber auch wenn diese Bereiche keine sprachliche Existenz haben, so leugnet Wittgenstein nicht deren Existenz schlechthin. Dadurch daß er sie aus dem Bereich des Unsagbaren hervorhebt, verleiht er ihnen sogar eine besondere Bedeutung, auch wenn sie nicht explizit faßbar ist.

Das für Wittgenstein „bedeutungsvolle Unsagbare" kann zwar nicht direkt zur Sprache gebracht werden. Dennoch kann es zum Ausdruck kommen und zwar dadurch, daß es sich zeigt: „Es gibt allerdings Unaussprechliches. Dies zeigt sich, es ist das Mystische."[100] Daß das Unsagbare indirekt durch die Sprache zum Ausdruck gebracht werden kann, wird besonders deutlich, wenn Wittgenstein die Methode der Philosophie beschreibt: „Sie [die Philosophie] wird das Unsagbare bedeuten, indem sie das Sagbare klar darstellt."[101] Letztlich will also Wittgenstein durch die präzise Darstellung des Sagbaren einen Eindruck vom Unsagbaren vermitteln.

Obwohl gemäß Wittgenstein nur die Naturwissenschaft mit sinnvollen Sätzen zu tun hat, ist allein mit der naturwissenschaftlichen Erklärung der Welt sehr wenig getan: „Der ganzen modernen Weltanschauung liegt die Täuschung zugrunde, daß die sogenannten Naturgesetze die Erklärungen der Naturerscheinungen seien."[102] Nicht die beschreibbare und durch Naturgesetze erklärbare Welt der Tatsachen ist für Wittgenstein von Bedeutung, sondern der unsagbare Grund für diese Welt: „Nicht *wie* die Welt ist, ist das Mystische, sondern *daß* sie ist."[103]

Wittgenstein stellt also der Sprache, die für ihn nur als naturwissenschaftliche Sprache sinnvoll gebraucht wird, das Mystische, nur im Schweigen Erfahrbare gegenüber. Dieses Schweigen „besagt" für Wittgenstein letztlich mehr, als es die Sprache vermag. Damit wendet er sich nicht nur gegen den Positivismus, sondern gegen die gesamte rationalistische Tradition. Dieser antirationalistische Zug wird bereits im Vorwort deutlich, wenn er sagt: „*Ich bin also der Meinung, die Probleme im Wesentlichen endgültig gelöst zu haben. Und wenn ich mich hierin nicht irre, so besteht nun der Wert*

---

[99]   Vgl. TLP, S. 33, 76 u. 83.
[100] TLP, 6.522, S. 85.
[101] TLP, 4.115, S. 33.
[102] TLP, 6.371, S. 81f.
[103] TLP, 6.44, S. 84.

dieser Arbeit zweitens darin, daß sie zeigt, wie wenig damit getan ist, daß diese Probleme gelöst sind."[104] Die Stellung und Lösung von Problemen kann sich nur auf der sprachlichen Ebene abspielen. Gemäß der Abbildtheorie der Sprache sind daher tatsächlich alle Probleme gelöst, da diese Sprachauffassung die Stellung von metaphysischen Fragen überhaupt nicht zuläßt. Die Beantwortung der wissenschaftlichen Fragen hat aber überhaupt nichts mit unseren existentiellen Problemen zu tun: „Wir fühlen, daß, selbst, wenn alle *möglichen* wissenschaftlichen Fragen beantwortet sind, unsere Lebensprobleme noch gar nicht berührt sind. Freilich bleibt dann eben keine Frage mehr; und eben dies ist die Antwort."[105] Hier wird die existentielle Dimension von Wittgensteins Denken besonders deutlich. Die Beantwortung der wissenschaftlichen Fragen erscheint angesichts der Lebensproblematik völlig unbedeutend. Allerdings gibt es das Problem des Lebens insofern nicht, als es sich überhaupt nicht stellen läßt. Um dies zu zeigen, benötigt Wittgenstein jedoch die Sprache.

Wittgenstein macht also Aussagen über das Unsagbare, obwohl er bereits im Vorwort darauf hingewiesen hat, daß es sich dabei nur um Unsinn handeln könne: „*Die Grenze wird also nur in der Sprache gezogen werden können und was jenseits der Grenze liegt, wird einfach Unsinn sein.*"[106] Wie sehr Wittgenstein unter den von ihm selbst gesetzten Grenzen der Sprache leidet, wird besonders deutlich, wenn er in sein Tagebuch schreibt: „An dieser Stelle versuche ich wieder etwas auszudrücken, was sich nicht ausdrücken läßt."[107]

Es stellt sich die Frage, warum Wittgenstein überhaupt auf die Idee einer scharfen Grenze zwischen dem Sagbaren und dem Unsagbaren kommen konnte. Den Sinn dieser Grenzziehung macht Wittgenstein in einem Brief an Ludwig von Ficker deutlich, in dem er das ethische Anliegen des Tractatus zum Ausdruck bringt:

> Ich wollte einmal in das Vorwort einen Satz geben, der nun tatsächlich nicht darin steht [...]: Ich wollte nämlich schreiben, mein Werk bestehe aus zwei Teilen: aus dem, der hier vorliegt, und aus alledem, was ich *nicht* geschrieben habe. Und gerade dieser zweite Teil ist der Wichtige. Es wird nämlich das Ethische durch mein Buch gleichsam von Innen her begrenzt; und ich bin überzeugt, daß es, *streng,* NUR so zu begrenzen ist. Kurz, ich glaube: Alles das, was *viele* heute *schwefeln,* habe ich in meinem Buch festgelegt, indem ich darüber schweige.[108]

Es zeigt sich hier wieder, daß für Wittgenstein gerade das Unsagbare von Bedeutung ist. Er gibt hier aber auch eine Erklärung für seine radi-

---

[104]   TLP, S. 10.
[105]   TLP, 6.52, S. 85.
[106]   TLP, S. 9.
[107]   Ludwig Wittgenstein: *Tagebücher 1914–1916. Werkausgabe Bd.1,* 22.11.1914, S. 121.
[108]   Ludwig Wittgenstein: *Briefe an Ludwig von Ficker,* hrsg. v. G. Henrik v. Wright. Salzburg: Otto Müller 1969, S. 35.

kale Einschränkung der Möglichkeit der Sprache. Seinem sprachlichen
Reduktionismus liegt nämlich ein ethisches Anliegen zugrunde, wobei es
ihm darum geht, das Geschwätz zu verhindern. Er fordert zu schweigen,
über „alles das, was viele heute schwefeln". Diese Intention wird auch im
Motto des „Tractatus", einem Zitat von Kürnberger, erkennbar, welches
Wittgenstein dem „Tractatus" voranstellt: „... und alles, was man weiß,
nicht bloß rauschen und brausen gehört hat, läßt sich in drei Worten
sagen."[109] Das was für Kürnberger „bloß rauscht und braust", ist für
Wittgenstein sicherlich das, „was viele heute schwefeln".

Wittgenstein reagiert also mit dem „Tractatus" auf den phrasenhaften
Sprachgebrauch seiner Zeit. Durch seine Grenzziehung zwischen dem Sagbaren und dem Unsagbaren will er die Möglichkeit von Geschwätz verhindern. Insofern hat auch der „Tractatus" eine pragmatische Seite, auch wenn
die Sprachauffassung des „Tractatus" alles andere als pragmatisch ist. Denn
für den Wittgenstein des „Tractatus" gibt es nur die Alternative zwischen
einer eindeutigen und klaren Sprache und Schweigen, wie er bereits im
Vorwort dieses Buches deutlich macht und worauf er am Ende dieses Buches
wieder zurückkommt: *„Man könnte den ganzen Sinn des Buches etwa in die
Worte fassen: Was sich überhaupt sagen läßt, läßt sich klar sagen; und wovon man
nicht reden kann, darüber muß man schweigen."*[110] Auch wenn dieses Schweigen für den frühen Wittgenstein sehr viel bedeuten kann, vertritt er im
„Tractatus" doch das wissenschaftliche Exaktheitsideal – allerdings auf andere Weise als die Positivisten, für die es nichts außerhalb der Tatsachen gibt.

In der Umgangssprache ist die von Wittgenstein geforderte sprachliche
Klarheit nicht gegeben, wie er selbst feststellt:

> In der Umgangssprache kommt es ungemein häufig vor, daß dasselbe Wort auf
> verschiedene Art und Weise bezeichnet – also verschiedenen Symbolen angehört –,
> oder, daß zwei Wörter, die auf verschiedene Art und Weise bezeichnen, äußerlich in
> der gleichen Weise im Satze angewandt werden. So erscheint das Wort „ist" als
> Kopula, als Gleichheitszeichen und als Ausdruck der Existenz; „existieren" als
> intransitives Zeitwort wie „gehen"; „identisch" als Eigenschaftswort; wir reden
> von *Etwas*, aber auch davon, daß *etwas* geschieht.[111]

Für Wittgenstein ist diese Mehrdeutigkeit ein Makel, den er beseitigt
wissen will:

> Um diesen Irrtümern zu entgehen, müssen wir eine Zeichensprache verwenden,
> welche sie ausschließt, indem sie nicht das gleiche Zeichen in verschiedenen Sym-
> bolen, und Zeichen, welche auf verschiedene Art bezeichnen, nicht äußerlich auf
> die gleiche Art verwendet. Eine Zeichensprache also, die der *logischen* Grammatik –
> der logischen Syntax – gehorcht.[112]

---

[109]   TLP, S. 7.
[110]   TLP, S. 9.
[111]   TLP, 3.323, S. 22.
[112]   TLP, 3.325, S. 22.

Wittgenstein will es also scheinbar nur mit eindeutig definierten Begriffen zu tun haben. An anderer Stelle schreibt er jedoch: „Alle Sätze unserer Umgangssprache sind tatsächlich, so wie sie sind, logisch vollkommen geordnet."[113] Hier zeigt sich bereits eine Nähe zu seinem späteren Werk, in dem er seine pragmatische Sprachauffassung darlegt, um die es in den folgenden Kapiteln gehen soll und die einen wichtigen Hintergrund für unsere Fallstudie in der experimentellen Physik darstellt.

1.2.2 Zur Bedeutung des Wortes: Alltäglicher Gebrauch anstelle von Wesensbegriffen

Ein wichtiges Anliegen von Wittgenstein in seinen „Philosophischen Untersuchungen" ist die Verteidigung der Umgangssprache, die für ihn jetzt trotz ihrer Vagheit völlig in Ordnung ist: „Einerseits ist klar, daß jeder Satz unsrer Sprache 'in Ordnung ist, wie er ist'. D.h., daß wir nicht ein Ideal *anstreben*: Als hätten unsere gewöhnlichen, vagen Sätze noch keinen ganz untadelhaften Sinn und eine vollkommene Sprache wäre von uns erst zu konstruieren."[114]

Ein Satz muß zwar einen ganz bestimmten Sinn haben.[115] Die Sinnhaftigkeit ist aber – wie Wittgenstein zeigt – nicht mit Exaktheit gleichzusetzen. Das heißt, daß auch ungenaue Angaben einen ganz bestimmten Sinn haben können, während exakte Erklärungen sinnlos sein können:

> Wenn ich Einem sage „Halte dich ungefähr hier auf!" – kann denn diese Erklärung nicht vollkommen funktionieren? Und kann jede andere nicht auch versagen? „Aber ist die Erklärung nicht doch unexakt?" – Doch; warum soll man sie nicht „unexakt" nennen? Verstehen wir aber nur, was „unexakt" bedeutet! Denn es bedeutet nun nicht „unbrauchbar". Und überlegen wir uns doch, was wir, im Gegensatz zu dieser Erklärung, eine „exakte" Erklärung nennen! Etwa das Abgrenzen eines Bezirks durch einen Kreidestrich? Da fällt uns gleich ein, daß der Strich eine Breite hat. Exakter wäre also eine Farbgrenze. Aber hat denn diese Exaktheit hier noch eine Funktion; läuft sie nicht leer? Und wir haben ja auch noch nicht bestimmt, was als Überschreiten dieser scharfen Grenze gelten soll; wie, mit welchen Instrumenten, es festzustellen ist. Usw.[116]

Das Sinnkriterium ist also nicht die Exaktheit, sondern die Brauchbarkeit. Die Bedeutung liegt daher für Wittgenstein nicht in einer exakten Definition, sondern im Gebrauch: „Die Bedeutung eines Wortes ist sein Gebrauch in der Sprache."[117]

---

[113]   TLP, 5.5563, S. 66.
[114]   Ludwig Wittgenstein: *Philosophische Untersuchungen Werkausgabe Bd. 1*, [PU], 98, S. 295.
[115]   Vgl. PU 99, S. 295.
[116]   PU 88, S. 290.
[117]   PU 43, S. 262.

Die mitunter sinnlosen Vorstellungen von Exaktheit stammen aus der Logik: „Der Satz, das Wort, von dem die Logik handelt, soll etwas Reines und Scharfgeschnittenes sein."[118] Diese Reinheit der Logik soll dazu dienen, das Wesen der Dinge zu klären:

> Denn die logische Betrachtung erforscht das Wesen aller Dinge. Sie will den Dingen auf den Grund sehen, und soll sich nicht um das So oder So des tatsächlichen Geschehens kümmern. – Sie entspringt nicht einem Interesse für Tatsachen des Naturgeschehens, noch dem Bedürfnisse, kausale Zusammenhänge zu erfassen, sondern einem Streben, das Fundament, oder Wesen, alles Erfahrungsmäßigen zu verstehen. Nicht aber, als sollten wir dazu neue Tatsachen aufspüren: es ist vielmehr für unsere Untersuchung wesentlich, daß wir nichts *Neues* mit ihr lernen wollen. Wir wollen etwas *verstehen*, was schon offen vor unsern Augen liegt. Denn *das* scheinen wir, in irgendeinem Sinne, nicht zu verstehen.[119]

Die Logik mit ihrem Interesse für das Wesen der Dinge will also über die konkrete Erfahrung hinausgehen, um so das Wesen aller Erfahrung zu verstehen. Auf der Suche nach dem Wesentlichen bzw. Eigentlichen kann man aber nichts Neues entdecken, sondern nur eine begriffliche „Über-Ordnung" finden, die Tiefe vortäuscht:

> Wir sind in der Täuschung, das Besondere, Tiefe, das uns Wesentliche unserer Untersuchung liege darin, daß sie das unvergleichliche Wesen der Sprache zu begreifen trachtet. D.i., die Ordnung, die zwischen den Begriffen des Satzes, Wortes, Schließens, der Wahrheit, der Erfahrung, usw. besteht. Diese Ordung ist eine *Über-Ordnung* zwischen – sozusagen – *Über*-Begriffen. Während doch die Worte „Sprache", „Erfahrung", „Welt", wenn sie eine Verwendung haben, eine so niedrige haben müssen, wie die Worte „Tisch", „Lampe", „Tür".[120]

Wenn also Wörter gebraucht werden, müssen sie eine konkrete Bedeutung haben, an der aber die Logik mit ihrem Streben nach dem Wesentlichen kein Interesse hat. Für den tatsächlichen Sprachgebrauch ist daher die Logik mit ihrer Forderung nach „Kristallreinheit" völlig bedeutungslos und ihre „Über-Ordnung" nichtssagend:

> Je genauer wir die tatsächliche Sprache betrachten, desto stärker wird der Widerstreit zwischen ihr und unsrer Forderung. (Die Kristallreinheit der Logik hatte sich mir ja nicht *ergeben*; sondern sie war eine Forderung.) Der Widerstreit wird unerträglich; die Forderung droht nun, zu etwas Leerem zu werden. – Wir sind auf Glatteis geraten, wo die Reibung fehlt, also die Bedingungen in gewissem Sinne ideal sind, aber wir eben deshalb auch nicht gehen können. Wir wollen gehen; dann brauchen wir die *Reibung*. Zurück auf den rauhen Boden![121]

---

[118]   PU 105, S. 297.
[119]   PU 89, S. 291.
[120]   PU 97, S. 295.
[121]   PU 107, S. 297.

Eine ideale Sprache kann letztlich nicht verwendet werden. Daher ist es
für Wittgenstein wichtig „zu sehen, daß wir bei den Dingen des alltäglichen Denkens bleiben müssen, um nicht auf den Abweg zu geraten."[122]
Denn „wenn wir glauben, jene Ordnung, das Ideal, in der wirklichen
Sprache finden zu müssen, werden wir nur mit dem unzufrieden, was
man im gewöhnlichen Leben 'Satz', 'Wort', 'Zeichen', nennt."[123] Und im
gewöhnlichen Leben hat das Wort normalerweise keine wesentliche bzw.
ideale Bedeutung, sondern die Bedeutung eines Wortes liegt für Wittgenstein – wie bereits gesagt – in seinem Gebrauch.

Wittgenstein macht also die Leere der Logik im Alltag offensichtlich
und führt anstelle des logischen Wesensbegriffs den Begriff der „Famili-
enähnlichkeit" ein, mit dem er der Alltagssprache näher kommen will:

> Wir sehen ein kompliziertes Netz von Ähnlichkeiten, die einander übergreifen und
> kreuzen. Ähnlichkeiten im Großen und Kleinen. Ich kann diese Ähnlichkeiten nicht
> besser charakterisieren als durch das Wort „Familienähnlichkeiten"; denn so über-
> greifen und kreuzen sich die verschiedenen Ähnlichkeiten, die zwischen den Glie-
> dern einer Familie bestehen: Wuchs, Gesichtszüge, Augenfarbe, Gang, Tempera-
> ment, etc. etc. [124]

Wittgenstein zeigt also, daß die Worte im alltäglichen Gebrauch kein
gemeinsames Wesen haben, sondern vielmehr durch Ähnlichkeiten miteinander verbunden sind, genauso wie die „Stärke des Fadens nicht darin
liegt, daß irgendeine Faser durch seine ganze Länge läuft, sondern darin,
daß viele Fasern einander übergreifen"[125]. Damit zerstört er die logischen
Wertvorstellungen von Reinheit und Exaktheit und zeigt, daß die Alltagssprache auf andere Weise funktioniert. Sie funktioniert nämlich gerade
deswegen, weil im Alltag Sprechen eine Tätigkeit ist und keine Suche nach
dem Wesen der Dinge.

1.2.3 Die Verwobenheit von Sprache und Handlung: Sprachspiele und Sprache als Lebensform

Da für Wittgenstein die Bedeutung eines Wortes in seinem Gebrauch
liegt, kann Sprache nicht mehr von der Handlung losgelöst werden. Diese
Verwobenheit von Sprache mit dem alltäglichen Leben beschreibt Wittgenstein mit dem Begriff des „Sprachspiels". Damit wendet er sich gegen
eine rein linguistische Auffassung von Sprache und zeigt, „daß das Sprechen der Sprache ein Teil ist einer Tätigkeit, oder einer Lebensform."[126]

---

[122] PU 106, S. 297.
[123] PU 105, S. 297.
[124] PU 66/67, S. 278.
[125] PU 66/67, S. 278.
[126] PU 23, S. 250.

Erst durch eine solch pragmatische Sprachauffassung kann die Mannigfaltigkeit von Sprache gesehen werden, die Wittgenstein anhand folgender Beispiele beschreibt:

> Führe dir die Mannigfaltigkeit der Sprachspiele an diesen Beispielen, und anderen,
> vor Augen:
>> Befehlen, und nach Befehlen handeln –
>> Beschreiben eines Gegenstands nach dem Ansehen, oder nach Messungen –
>> Herstellen eines Gegenstands nach einer Beschreibung (Zeichnung) –
>> Berichten eines Hergangs –
>> Über den Hergang Vermutungen anstellen –
>> Eine Hypothese aufstellen und prüfen –
>> Darstellen der Ergebnisse eines Experiments durch Tabellen und Diagramme –
>> Eine Geschichte erfinden; und lesen –
>> Theater spielen –
>> Reigen singen –
>> Rätsel raten –
>> Einen Witz machen; erzählen –
>> Ein angewandtes Rechenexempel lösen –
>> Aus einer Sprache in die andere übersetzen –
>> Bitten, Danken, Fluchen, Grüßen, Beten.
> – Es ist interessant, die Mannigfaltigkeit der Werkzeuge der Sprache und ihrer
> Verwendungsweisen, die Mannigfaltigkeit der Wort- und Satzarten, mit dem zu
> vergleichen, was Logiker über den Bau der Sprache gesagt haben. (Und auch der
> Verfasser der *Logisch-Philosophischen Abhandlung*).[127]

Wittgenstein zeigt hier die Vielseitigkeit der Sprache auf und vergleicht
sie mit der einseitigen Auffassung von Sprache als bloßes Darstellungsmittel, welche er selbst im „Tractatus" vertreten hat. Jetzt betrachtet er
die Sprache als ein „Werkzeug", wodurch er wieder das praktische Moment betont. Zugleich macht er dadurch die Unzulänglichkeit der Wort-
Gegenstand-Relation deutlich, der ein sehr reduziertes Sprachverständnis
zugrundeliegt. Denn „wenn wir sagen: 'jedes Wort der Sprache bezeichnet etwas' so ist vorerst noch *gar* nichts gesagt [...]".[128] Vielmehr geht es
darum wie es gebraucht wird, das heißt um „das Ganze: der Sprache und
der Tätigkeiten, mit denen sie verwoben ist"[129]. Auch ein Kind lernt Sprache nicht durch ein bloßes Benennen, sondern vielmehr in Form verschiedener Sprachspiele, das heißt in Verbindung mit Handlungen: „Das Kind
lernt nicht, daß es Bücher gibt, daß es Sessel gibt, etc. etc., sondern es
lernt Bücher holen, sich auf Sessel (zu) setzen, etc."[130]
Wittgenstein sieht in der hinweisenden Erklärung zwar auch ein Sprachspiel: „Dies und sein Korrelat, die hinweisende Erklärung, ist, wie wir

---

[127] PU 23, S. 250.

[128] PU 13, S. 243.

[129] PU 7, S. 241.

[130] Ludwig Wittgenstein: *Über Gewißheit. Werkausgabe Bd. 8*, [ÜG]. Frankfurt am Main:
       Suhrkamp 1984, 476, S. 215.

sagen könnten, ein eigenes Sprachspiel. Das heißt eigentlich: wir werden erzogen, abgerichtet dazu, zu fragen: 'Wie heißt das?' – worauf dann das Benennen erfolgt."[131] Aber das Benennen ist eben nur ein Sprachspiel unter sehr vielen, welches das Funktionieren von Sprache nicht allgemein erklären kann: „Als ob mit dem Akt des Benennens schon das, was wir weiter tun, gegeben wäre. Als ob es nur eines gäbe, was heißt: 'von den Dingen reden'. Während wir doch das Verschiedenartigste mit unsern Sätzen tun."[132] Die verschiedenen Sprachspiele können nicht mehr transzendiert werden. Sie können auch nicht begründet werden, da sie unmittelbar mit unserem Leben verbunden sind: „Du mußt bedenken, daß das Sprachspiel sozusagen etwas Unvorhersehbares ist. Ich meine: Es ist nicht begründet. Nicht vernünftig (oder unvernünftig). Es steht da – wie unser Leben."[133]

Sprache kann daher gemäß Wittgenstein nicht von außen betrachtet und vom eigenen Leben getrennt werden, sondern stellt eine Lebensform dar: „Und eine Sprache vorstellen heißt, sich eine Lebensform vorstellen."[134] Dazu gehört auch das Denken, das weder vom Sprechen noch vom Handeln getrennt werden kann: „Denken ist kein unkörperlicher Vorgang, der dem Reden Leben und Sinn leiht, und den man vom Reden ablösen könnte, gleichsam wie der Böse den Schatten Schlemihls vom Boden abnimmt."[135] Damit wendet sich Wittgenstein auch gegen die cartesische Trennung von Körper und Geist.

Aber gerade weil für Wittgenstein Sprechen, Denken und Handeln miteinander verwoben sind, kann es auch keine Trennung mehr zwischen dem Sagbaren und dem Unsagbaren geben. Denn eine solche Trennung setzt voraus, daß sich Sprache allein auf Worte bezieht. Wenn aber Sprache von vornherein in Zusammenhang mit ihrem nicht verbalen Umfeld gesehen wird, wird die Rede vom Unsagbaren sinnlos. Vielmehr ist es dann ganz natürlich, daß nicht alles verbalisiert wird. Aber auch wenn es Wittgenstein in seinem späteren Werk nicht mehr um eine scharfe Trennung zwischen dem Sagbaren und dem Unsagbaren geht, so ist er doch am eigentlichen Sprachgebrauch und dessen Grenzen interessiert. Gerade in der Philosophie ist dieser sehr oft nicht gegeben, wie Wittgenstein feststellt: „Die Ergebnisse der Philosophie sind die Entdeckung irgendeinen schlichten Unsinns und Beulen, die sich der Verstand beim Anrennen an die Grenzen der Sprache geholt hat."[136] Denn gerade in der Philosophie fehlt sehr oft der Bezug zur Lebenspraxis.

---

[131] PU 27, S. 252.
[132] PU 27, S. 252.
[133] ÜG 559, S. 232.
[134] PU 19, S. 246.
[135] PU 339, S. 387.
[136] PU 119, S. 301.

1.2.4 Befolgen einer Regel: Lernen ohne explizite Regeln

Eng verbunden mit Wittgensteins Begriff des Sprachspiels ist sein Konzept vom Befolgen einer Regel, mit dem er versucht, das Funktionieren
von Sprachspielen zu erklären. Jetzt interessiert er sich aber nicht mehr
wie im „Tractatus" für die logische Form von Regeln. Vielmehr versucht
er zu zeigen, daß das Befolgen einer Regel überhaupt nicht mit expliziten
Regeln verbunden ist. Die Frage „Wie soll ich also die Regel bestimmen,
nach der er spielt?" führt Wittgenstein folgendermaßen ad absurdum: „Er
weiß sie selbst nicht. – Oder richtiger: Was soll der Ausdruck 'Regel, nach
welcher er vorgeht' hier noch besagen?"[137] Die Praxis ist daher für Wittgenstein zwar eine „regelgesteuerte Tätigkeit", aber „auf Kosten der Regel selber"[138].

Begriffe können sehr wohl gebraucht werden, ohne daß ihre Anwendung genau geregelt ist:

> Wie ist denn der Begriff des Spiels abgeschlossen? Was ist noch ein Spiel und was ist
> keines mehr? Kannst du die Grenzen angeben? Nein. Du kannst welche *ziehen*:
> denn es sind noch keine gezogen. (Aber das hat dich noch nie gestört, wenn du das
> Wort „Spiel" angewendet hast.) „Aber dann ist ja die Anwendung des Wortes nicht
> geregelt; das 'Spiel', welches wir mit ihm spielen, ist nicht geregelt." – Es ist nicht
> überall von Regeln begrenzt; aber es gibt ja auch keine Regeln dafür z.B., wie hoch
> man im Tennis den Ball werfen darf, oder wie stark, aber Tennis ist doch ein Spiel
> und es hat auch Regeln.[139]

Es werden also Regeln wie zum Beispiel die Regeln des Tennisspiels
befolgt. Aber die Anwendung dieser Regeln läßt einen gewissen Spielraum – im konkreten Fall zum Beispiel die Höhe des Ballwurfs – offen.

Janik unterscheidet zwischen konstitutiven und regulativen Regeln, das
heißt zwischen regelgeleitetem Verhalten und expliziten Regeln, wobei
die letzteren auf den ersteren basieren.[140] Nordenstam spricht von offenen und geschlossenen Regeln.[141] Mit dem Begriff der konstitutiven bzw.
offenen Regel wird also der Tatsache Rechnung getragen, daß die Anwendung von Regeln nicht genau geregelt sein kann. Denn eine Regelung der
Anwendung von Regeln würde einen endlosen Regress von Regeln zur
Folge haben, wie Janik zeigt: „[...] if constitutive rules were known before

---

[137]   PU 82, S. 286f.

[138]   Kjell S. Johannessen: „Sinnkonstitution und Wissenschaftsgeschichte. Zur Formulierung der Grundzüge einer Historiographie der Wissenschaften", in: *Die pragmatische
        Wende. Sprachspielpragmatik oder Transzendentalpragmatik?*, hrsg. v. D. Böhler, T.
        Nordenstam und G. Skirbekk. Frankfurt am Main: Suhrkamp 1986, S. 60.

[139]   PU 68, S. 279.

[140]   Vgl. Allan Janik: „Tacit Knowledge, Rule-following and Learning", in: *Artificial
        Intelligence, Culture and Language: On Education and Work,* S. 48.

[141]   Vgl. Tore Nordenstam: „Language and Action", in: *Artificial Intelligence, Culture and
        Language,* S. 66.

their application, we could never learn to apply rules without more rules. But this is a logical impossibility; for we would have to have a rule to understand how to apply our original rule, another to apply the second and so on to infinity."[142]

Für die Anwendung von Regeln werden gemäß Wittgenstein keine neuen Regeln benötigt, sondern vielmehr Beispiele: „Um eine Praxis festzulegen, genügen nicht Regeln, sondern man braucht auch Beispiele. Unsre Regeln lassen Hintertüren offen, und die Praxis muß für sich selbst sprechen."[143] Dem Wissen, was zum Beispiel ein Spiel ist, liegt daher keine Definition zugrunde, sondern dieses Wissen zeigt sich in Beispielen und Analogien:

> Was heißt es: wissen, was ein Spiel ist? Was heißt es, es wissen und es nicht sagen können? Ist dieses Wissen irgendein äquivalent einer nicht ausgesprochenen Definition? So daß, wenn sie ausgesprochen würde, ich sie als den Ausdruck meines Wissens anerkennen könnte? Ist nicht mein Wissen, mein Begriff vom Spiel, ganz in den Erklärungen ausgedrückt, die ich geben könnte! Nämlich darin, daß ich Beispiele von Spielen verschiedener Art beschreibe; zeige, wie man nach Analogie dieser auf alle möglichen Arten andere Spiele konstruieren kann; sage, daß ich das und das wohl kaum mehr ein Spiel nenne würde; und dergleichen mehr.[144]

Hier geht es Wittgenstein um die Nichttranszendierbarkeit der Beispiele. Was die Beispiele zeigen, kann nicht in Regeln gesagt werden. Denn die Anwendung von Regeln kann nur in Form von Beispielen vermittelt werden. Das Befolgen einer Regel im Sinne Wittgensteins bedeutet also letztlich, ein Beispiel bzw. Muster zu haben.

Die Praxis darf aber auch nicht als Interpretation von Regeln mißverstanden werden. Wittgenstein geht es darum zu zeigen, „daß es eine Auffassung einer Regel gibt, die *nicht* eine Deutung ist; sondern sich, von Fall zu Fall der Anwendung, in dem äußert, was wir 'der Regel folgen', und was wir 'ihr entgegenhandeln' nennen."[145] Das Befolgen einer Regel ist daher vielmehr eine Reaktion als eine Interpretation: „Was hat der Ausdruck der Regel – sagen wir, der Wegweiser – mit meinen Handlungen zu tun? Was für eine Verbindung besteht da? – Nun, etwa diese: ich bin zu einem bestimmten Reagieren auf dieses Zeichen abgerichtet worden, und so reagiere ich nun."[146] Das Befolgen einer Regel ist also eine Abrichtung, das heißt eine Art Konditionierung.

Johannessen verwendet gerne in Zusammenhang mit Wittgensteins Konzept vom Befolgen einer Regel den Begriff des intransitiven Verste-

---

[142] Janik: „Tacit Knowledge, Working Life and Scientific Method", in: *Knowledge, Skill and Artificial Intelligence*, S. 58.

[143] ÜG 139, S. 149.

[144] PU 75, S. 282f.

[145] PU, 201, S. 345.

[146] PU 198, S. 344.

hens, der auch von Wittgenstein selbst benützt wurde, und zeigt, daß das Moment der Unmittelbarkeit der Reaktion ein wichtiger Aspekt intransitiven Verstehens ist:

> There must be a level in our sense-making activities where our reactions do not spring from any kind of reflection or reasoning. They have to be immediate responses to the world surrounding us. This is another aspect of the phenomenon of intransitive understanding. It is normally expressed in the certainty with which we act to a particular situation.[147]

Gerade durch dieses unmittelbare Reagieren, das genaue Erklärungen ausschließt, sieht Johannessen im intransitiven Verstehen eine Art „tacit knowledge".[148] Solch ein unmittelbares Reagieren zeigt sich auch im Urteil, das für Wittgenstein einen Gegensatz zur expliziten Regel darstellt: „Wir lernen die Praxis des empirischen Urteilens nicht, indem wir Regeln lernen; es werden uns *Urteile* beigebracht und ihr Zusammenhang mit anderen Urteilen. Ein *Ganzes* von Urteilen wird uns plausibel gemacht."[149] Das Befolgen einer Regel ist also primär ein Reagieren, wobei auch das Urteil solch eine unmittelbare Reaktion ist, welche kein Regelsystem darstellt, sondern vielmehr ein spontaner Ausdruck des gesamten Wissens ist.

Das Befolgen einer Regel ist aber auch keine private Tätigkeit, wie dies bereits der Begriff der Regel impliziert: „Es kann nicht ein einziges Mal nur ein Mensch einer Regel gefolgt sein."[150] Vielmehr handelt es sich dabei um eine kulturelle Praxis: „Einer Regel folgen, eine Mitteilung machen, einen Befehl geben, eine Schachpartie spielen sind Gepflogenheiten (Gebräuche, Institutionen)."[151] Das zeigt, daß das Befolgen einer Regel vermittelbar ist, obwohl es nicht explizit faßbar ist. Allerdings kann die Vermittlung solcher „Gepflogenheiten" nicht durch ein Lehren in Form expliziter Regeln erfolgen, sondern vielmehr durch eine „Abrichtung", wie Wittgenstein am Beispiel des Lernens einer Sprache zeigt: „Das Erklären der Sprache ist hier kein Erklären, sondern ein Abrichten. [...] Die Kinder werden dazu erzogen, diese Tätigkeiten zu verrichten, diese Wörter dabei zu gebrauchen, und so auf die Worte des Anderen zu reagieren."[152]

Auch Menschenkenntnis ist erlernbar, wenn auch nicht durch einen Lehrkurs, wie Wittgenstein zeigt:

---

[147] Kjell S. Johannessen: „Rule-Following, Intransitive Understanding and Tacit Knowledge. An Investigation of the Wittgensteinian Concept of Practice as Regards Tacit Knowing", in: *Skill and Education: Reflection and Experience*, hrsg. v. B. Göranzon und M. Florin. London: Springer 1992, S. 56.

[148] Vgl. ebd., S. 60.

[149] ÜG 140, S. 149.

[150] PU 199, S. 344.

[151] PU 199, S. 344.

[152] PU 5 u. 6, S. 239f.

> Kann man Menschenkenntnis lernen? Ja; Mancher kann sie lernen. Aber nicht durch
> einen Lehrkurs, sondern durch *'Erfahrung'*. – Kann ein anderer dabei sein Lehrer
> sein? Gewiß. Er gibt ihm von Zeit zu Zeit den richtigen *Wink*. – So schaut hier das
> 'Lernen' und das 'Lehren' aus. – Was man erlernt, ist keine Technik; man lernt
> richtige Urteile. Es gibt auch Regeln, aber sie bilden kein System, und nur der
> Erfahrene kann sie richtig anwenden. Unähnlich den Rechenregeln.[153]

Hier macht Wittgenstein wieder deutlich, daß praktisches Wissen nicht in
Form expliziter Regeln vermittelt werden kann, da dieses Wissen kein
Regelsystem darstellt, sondern sich vielmehr in Form von „richtigen Urteilen" äußert. Daher ist es wichtig selbst Erfahrungen zu sammeln. Aber
auch die Ratschläge eines Lehrers können sehr brauchbar sein. Damit
spricht Wittgenstein die Bedeutung des Lernens in Form einer Meister-
Lehrling-Beziehung an, wie dies Polanyi noch viel ausführlicher macht.

1.2.5 Wissen, Verstehen und Sehen durch Vertrautheit

Wittgensteins Sprachauffassung spiegelt sich auch – wie dies bereits deutlich wurde – in seinen Überlegungen über das Wissen eines Menschen
wider. Im folgenden zeigt er verschiedene Formen von Wissen auf:

> Vergleiche: wissen und sagen: wieviele m hoch der Mont-Blanc ist – wie das Wort
> „Spiel" gebraucht wird – wie eine Klarinette klingt. Wer sich wundert, daß man
> etwas wissen könne, und nicht sagen, denkt vielleicht an einen Fall wie den ersten.
> Gewiß nicht an einen wie den dritten.[154]

Zur Beantwortung der ersten Frage wird ein klar formulierbares Wissen
benötigt wird. Aber auch diese Form von Wissen löst Wittgenstein nicht
aus den Gebrauchszusammenhang: „Wer gelernt hat, der Mont Blanc sei
4000 m hoch, wer es auf der Karte nachgesehen hat, sagt nun, er *wisse*
es."[155] Obwohl dieses Wissen klar formulierbar ist, setzt es Wittgenstein
nicht absolut, sondern zeigt seine Eingebundenheit in Kultur und Tradition auf: „Ich glaube, was mir Menschen in einer gewissen Weise übermit-
teln. So glaube ich geographische, chemische, geschichtliche Tatsachen etc.
So *lerne* ich die Wissenschaften. Ja, lernen beruht natürlich auf glauben."[156]
   Die Frage nach dem Gebrauch des Wortes „Spiel" und nach dem Klang
einer Klarinette kann überhaupt nicht präzise beantwortet werden. In
diesen beiden Fragen geht es um ein Wissen, das sich unmittelbar auf die
Lebenserfahrung eines Menschen bezieht. Ich muß Spiele gespielt haben
um zu wissen, wie das Wort „Spiel" gebraucht wird. Und auch dann kann
ich keine eindeutige Antwort geben, sondern nur Beispiele und Analogi-

---

153   PU, S. 574f.
154   PU 78, S. 284.
155   ÜG 170, S. 155.
156   ÜG 170, S. 155.

en. Die dritte Frage nach dem Klang einer Klarinette kann rein verbal kaum beantwortet werden. Es kann höchstens wieder versucht werden, in Form von Beispielen und Analogien einen Eindruck vom Klang einer Klarinette zu vermitteln. Aber diese Frage wird sicherlich besser beantwortet, wenn man einfach Töne auf einer Klarinette vorspielt.

Wittgenstein wendet sich damit gegen die Auffassung, daß alles Wissen die Form von Sätzen hat, das heißt, er wendet sich gegen Theorien: „[...] das Ende aber ist nicht, daß uns gewisse Sätze unmittelbar als wahr einleuchten [...], sondern unser Handeln."[157] Wissen ist daher für ihn nicht so sehr ein Sagen als vielmehr ein „Können", „Imstande Sein" und „Verstehen": „Die Grammatik des Wortes 'wissen' ist offenbar eng verwandt der Grammatik der Worte 'können', 'imstande sein'. Aber auch eng verwandt der des Wortes 'verstehen'. (Eine Technik 'beherrschen'.)"[158] Wissen ist genausowenig von der Handlung zu trennen wie die Sprache. Denn „der Begriff des Wissens ist mit dem des Sprachspiels verkuppelt."[159]

Wittgensteins Abneigung gegen Wesensbegriffe wird auch in seiner Auffassung von Wissen deutlich. Für ihn hat Wissen eine unmittelbar praktische Bedeutung: „Es ist, als ob das 'Ich weiß' keine metaphysische Betonung vertrüge."[160] Unser Wissen in Form von allgemeingültigen Sätzen ist daher gemäß Wittgenstein bedeutungslos: „Immerhin ist es wichtig, sich eine Sprache vorzustellen, in der es *unsern* Begriff 'wissen' nicht gibt."[161] Damit wendet er sich gegen die herkömmliche Auffassung von Wissen, genauso wie er die traditionelle Sprachauffassung negiert.

Ebenso wie den Begriff des Wissens löst Wittgenstein auch den Begriff des Verstehens vom essentiellen Denken. Verstehen ist nicht die Erkenntnis des Wesentlichen, welche dann in die Form einer expliziten Regel bzw. einer Definition gebracht werden könnte. Verstehen ist aber auch kein „seelischer Vorgang", welcher ein völlig privates Erlebnis darstellt. Verstehen hat gemäß Wittgenstein vielmehr damit zu tun, eine Reihe fortsetzen zu können bzw. Beispiele zu geben: „Denk doch einmal garnicht an das Verstehen als 'seelischen Vorgang'! – Denn das ist die Redeweise, die dich verwirrt. Sondern frage dich: in was für einem Fall, unter was für Umständen sagen wir denn 'Jetzt weiß ich weiter'?"[162] Hier betont Wittgenstein auch den Verstehenskontext. Denn gerade die Umstände des Verstehens können nicht transzendiert werden: „[...] das aber, was ihn für uns berechtigt, in so einem Fall zu sagen, er verstehe, er wisse weiter, sind die *Umstände*, unter denen er ein solches Erlebnis hatte."[163]

---

[157]   ÜG 204, S. 160f.
[158]   PU 150, S. 315.
[159]   ÜG 560, S. 232.
[160]   ÜG 482, S. 216.
[161]   ÜG 561, S. 232.
[162]   PU 154, S. 317.
[163]   PU 155, S. 318.

In Zusammenhang mit den erkenntnistheoretischen Begriffen des Wissens und Verstehens ist bei Wittgenstein auch das Sehen von großer Bedeutung, sogar wichtiger als das Denken. „Denk nicht, sondern schau!"[164] ist Wittgensteins Anleitung zur Erkenntnisgewinnung, wobei die Suche nach Wesensbegriffen zugunsten der nach „Familienähnlichkeiten" aufgegeben wird.

Aber auch das konkrete Seherlebnis ist bei Wittgenstein keine bloße sinnliche Erfahrung, sondern mit einer Deutung verbunden.[165] Das zeigt sich deutlich im „Bemerken eines Aspekts": „Ich betrachte ein Gesicht, auf einmal bemerke ich seine Ähnlichkeit mit einem andern. Ich *sehe*, daß es sich nicht geändert hat; und sehe es doch anders. Diese Erfahrung nenne ich 'das Bemerken eines Aspekts'."[166] Noch klarer wird das Moment der Deutung beim Aspektwechsel. Ein anschauliches Beispiel für einen Aspektwechsel gibt Wittgenstein mit dem sogenannten Hasen-Enten-Kopf, einer Zeichnung, die man sowohl als Hase als auch als Ente sehen kann.[167]

Der Wechsel zwischen dem Sehen eines Hasen und einer Ente läßt sich jedoch nicht auf logisch-analytische Weise beschreiben, da er nicht durch eine Änderung des Bildes erklärt werden kann: „Der Aspektwechsel. 'Du würdest doch sagen, daß sich das Bild jetzt gänzlich geändert hat!' Aber was ist anders: mein Eindruck? meine Stellungnahme? – Kann ich's sagen? Ich *beschreibe* die Änderung wie eine Wahrnehmung, ganz als hätte sich der Gegenstand vor meinen Augen geändert."[168] Das Bild ist vor und nach dem Aspektwechsel dasselbe. Daher ist der Aspektwechsel nicht genau faßbar.

Die Deutung, das heißt der Aspekt, unter dem ein Bild gesehen wird, hängt letztlich von der Vertrautheit mit der jeweiligen Abbildung ab. Jemand, dem eine bestimmte Form vertraut ist, wird diese daher anders beschreiben als jemand, dem diese unbekannt ist:

Könnte denn Einer die vor ihm auftauchende, ihm unbekannte Form nicht ebenso *genau* beschreiben wie ich, dem sie vertraut ist? – Freilich, im allgemeinen wird es so nicht sein. Auch wird seine Beschreibung ganz anders lauten. (Ich werde z.B. sagen

---

[164]   PU 66, S. 277.
[165]   PU II, xi, S. 519.
[166]   PU II xi, S. 518.
[167]   PU II xi, S. 520.
[168]   PU II xi, S. 522.

„Das Tier hatte lange Ohren" – er: „Es waren da zwei lange Fortsätze" und nun zeichnet er sie.)[169]

Die Vertrautheit ist daher ein wichtiges Erkenntniskriterium. Eine genaue Analyse kann die Vertrautheit nicht ersetzen. Denn „zwei lange Fortsätze" können auch durch eine noch so genaue Zergliederung nicht zu den langen Ohren eines Tieres werden.

Hier wird die Nähe Wittgensteins zur Gestaltpsychologie und damit auch zu Polanyi deutlich, die auch Daly feststellt:

An important similarity between Polanyi and Wittgenstein is the philosophical importance they both attach to Gestalt psychology. Polanyi finds in it evidences of the „tacit components" in knowledge [...]. Wittgenstein adopts the Gestalt language of „perceptual shift" to describe that „noticing of an aspect" which he regards as characteristic of philosophy.[170]

Das Sehen einer Gestalt kann nicht auf logisch-analytische Weise erklärt werden, sondern beruht gemäß Polanyi auf implizitem Wissen. Wittgenstein spricht in diesem Zusammenhang die Vertrautheit an, welche letztlich zu praktischer Gewißheit führt.

Wittgensteins pragmatische Sprachauffassung ist also auch mit einer Erkenntnistheorie verbunden, in der von der Praxis ausgegangen wird. Genauso wie die Bedeutung eines Wortes sein Gebrauch in der Sprache ist, ist auch Wissen nicht von seiner Anwendung zu trennen, das heißt, daß es an konkrete Situationen gebunden bleibt. Wissen ist daher für Wittgenstein keine allgemeine Wahrheit, sondern vielmehr ein praktisches Können bzw. eine Fertigkeit, welche auf Vertrautheit mit bestimmten Situationen und Sicherheit bei bestimmten Handlungen basiert. Es ist auch nicht von der Kultur und der Tradition einer Gesellschaft zu trennen, sondern in diese eingebettet: „Wir sind dessen ganz sicher, heißt nicht nur, daß jeder Einzelne dessen gewiß ist, sondern, daß wir zu einer Gemeinschaft gehören, die durch Wissenschaft und Erziehung verbunden ist."[171]

Damit legt Wittgenstein eine Auffassung von Wissen dar, welche genauso wie die von Polanyi einen diametralen Gegensatz zum positivistischen Erkenntnismodell darstellt. Wittgenstein geht es aber dabei nicht mehr so sehr um den Gegensatz zwischen explizitem und implizitem Wissen, sondern er versucht mit seinem Begriff vom „Befolgen einer Regel" das Moment der Anwendung zu beschreiben. Dadurch kann er mehr zum Funktionieren der Praxis sagen als Polanyi, dem es primär darum geht zu zeigen, daß es überhaupt ein Wissen gibt, welches nicht auf logisch-analy-

---

[169] PU II xi, S. 525.
[170] C.B. Daly: „Polanyi and Wittgenstein", in: *Intellect and Hope – Essays in the thought of Michael Polanyi*, hrsg. v. Th. A. Langford und W. H. Poteat. Kingsport 1968, S. 160.
[171] ÜG 298, S. 178.

tische Weise faßbar ist. Allerdings geht Wittgenstein vom Alltag aus, in dem die Praxis wahrscheinlich leichter zu akzeptieren ist als in der Wissenschaft, in der Polanyi praktisches, das heißt bei ihm implizites Wissen erst mühevoll verteidigen und beweisen muß, da es in einem Gegensatz zur Vorstellung von moderner Wissenschaft steht.

2 Methode

Immer wieder ergaben sich in Gesprächen und Diskussionen mit PhysikerInnen Einwände bezüglich unseres methodischen Vorgehens. Qualitative Methoden scheinen Physikern grundsätzlich suspekt: daß wir nicht alle Institutsmitglieder befragten, schien ihnen „ungenau", daß wir nicht allen die gleichen Fragen stellten, eigenartig, usw. Wir glauben nicht, daß wir mit diesem Kapitel all diese gesunden Zweifel aus dem Weg räumen werden, hoffen allerdings, dennoch dem Wunsch nach einer adäquaten Methodenbeschreibung und Methodendiskussion, den aus Tradition auch viele Geistes- und Sozialwissenschaftler hegen, nachzukommen.

Wir arbeiteten in dieser Fallstudie mit keiner fertigen Methode, die es nur anzuwenden galt, sondern mußten diese erst erarbeiten. Die Fallstudien der schwedischen ArbeitsforscherInnen dienten uns zwar als Beispiele, an denen wir uns orientieren konnten. Insbesondere Ingela Josefson erzählte uns viel über ihre methodische Verfahrensweise. Aber letztlich entwickelte sich die Methode mit dieser Fallstudie und wurde durch die an dieser Fallstudie beteiligten Personen und Umstände bestimmt. Es mußte immer wieder überlegt werden, welcher methodische Schritt als nächster am sinnvollsten ist.

Da bei dieser Fallstudie der Verweis auf eine bekannte Methode nicht möglich ist, sollen im folgenden die verschiedenen methodischen Schritte möglichst genau beschrieben und alles, was uns relevant erscheint, erläutert werden. Wir beschreiben zuerst den Verlauf unserer Studie, die Materialerhebung, -aufbereitung und -auswertung, um hierauf Vergleiche mit Fallstudien schwedischer ArbeitsforscherInnen und internationaler Laborstudien anzustellen. Zudem wird auch versucht, auf methodische Probleme einzugehen und mögliche Kritikpunkte vorwegzunehmen.

2.1 Verlauf der Studie und Erhebungsverfahren

Mit dieser Studie wurde zunächst einmal Seekircher[172] betraut. Sie besuchte gemeinsam mit Janik im Oktober 1992 zum ersten Mal das Institut

---

[172] Der Einfach- und Exaktheit der Beschreibung wegen ist dieses Kapitel vielfach mit unschönen Formulierungen der dritten Person singular versehen. Mit „wir" sind, wenn es nicht anders aus dem Text hervorgeht, Seekircher und Markowitsch gemeint.

für Ionenphysik in Innsbruck, wo ihnen der Institutsvorstand Prof. Tilmann Märk das Institut zeigte und sie einigen hier arbeitenden Personen vorstellte. In der ersten Zeit dieser Studie ging es vor allem darum, dieses Institut und die dort arbeitenden Personen kennenzulernen – eine für eine Geisteswissenschaftlerin, die bisher keinerlei Bezug zu den Naturwissenschaften hatte, völlig fremde Welt. Dieses Kennenlernen erfolgte, indem Seekircher sich häufig in den Laboratorien der Ionenphysik aufhielt, den Leuten bei ihrer Arbeit zusah und mit ihnen über ihre Arbeit sprach. Zudem nahm sie an einem dreiwöchigen Praktikum, dem sogenannten „Laborpraktikum" teil. Auch einigen „Wochensitzungen", bei denen sich die Mitglieder einer Arbeitsgruppe wöchentlich zusammenfinden, um über ihre laufenden Arbeiten zu sprechen, wohnte sie bei. Diesem „Eindringen" wurde zumeist mit großer Offenheit begegnet, was sicherlich nicht zuletzt auf die Unterstützung von Prof. Märk zurückzuführen ist. Seekircher wurde immer wieder dazu eingeladen, Kaffeepausen gemeinsam zu verbringen. Ebenso wurde sie zu dem üblichen Glas Sekt im Anschluß an Diplomprüfungen eingeladen und auch zu Weihnachtsfeiern etc.

Es handelt sich hier also – gemäß der soziologischen Fachsprache – um verschiedene Formen der teilnehmenden Beobachtung, wobei gerade das Verhältnis von Beobachtung und Teilnahme sehr unterschiedlich war, was natürlich auch sehr von den Personen abhing, denen Seekircher begegnete. Die aus diesen Begegnungen gewonnenen Beobachtungen, Eindrücke bzw. Erzählungen hielt sie – im Anschluß daran oder auch zwischendurch – schriftlich in Form von Protokollen fest. Diese Protokolliertätigkeit führte Seekircher vor allem im ersten Jahr dieser Studie sehr eifrig aus. Später kam es auch zu unprotokollierten Begegnungen.

In dieser Phase des Kennenlernens der verschiedenen Forschungsrichtungen, Arbeits- und Verhaltensweisen an diesem Institut, welche recht lange dauerte, begann Seekircher sich aber auch bereits nach einem Monat mit einer konkreten Thematik auseinanderzusetzen, nämlich mit den Problemen von Frauen in der Physik. Bereits bei ihren ersten Laborbesuchen ist ihr als Geisteswissenschaftlerin die fast völlige Abwesenheit von Frauen aufgefallen. Zudem wurde sie von mehreren Seiten darauf aufmerksam gemacht, daß die Situation für die wenigen hier arbeitenden Frauen nicht immer unproblematisch war. Zu dieser Zeit wurde auch in der Österreichischen Physikalischen Gesellschaft die Arbeitsgruppe „Frauen und Physik" gegründet, die sich seitdem mit frauenspezifischen Problemen von Physikerinnen und der Erhöhung des Frauenanteils beschäftigt. Nachdem Seekircher von einem Mitglied dieser Gruppe nahegelegt wurde, im Rahmen dieser Studie die Situation von Physikerinnen zu untersuchen, entschloß sie sich dazu, auch wenn dies nicht die ursprüngliche Absicht war. Aber diese Forschung erfüllt nur dann ihren Sinn, wenn sie auch Forschung für die Betroffenen ist. Aktuelle Probleme können daher nicht ignoriert werden.[173] Zudem hatten wir dadurch einen konkreten Ausgangspunkt und wurden auch auf Probleme aufmerksam, die nicht nur Frauen betrafen.

Seekircher befragte alle Diplomandinnen und Dissertantinnen, die zu dieser Zeit (November bis März 1992/93) am Institut für Ionenphysik bzw. am Institut für Experimentalphysik in Innsbruck arbeiteten (acht Frauen bei ca. 60 Männern), und noch vier weitere Frauen, die ebenfalls bereits in einem Labor der beiden Institute gearbeitet hatten, bezüglich ihrer Erfahrungen als Frau und Physikerin. Obwohl immer wieder dieselben Fragen gestellt wurden, erfolgte keine systematische Befragung im Sinne eines Fragebogens. Vielmehr wurde versucht, auf die jeweiligen Erzählungen – sofern es dazu kam – einzugehen. Diese Erzählungen wurden anschließend – manchmal auch stichwortartig während des Gesprächs – protokolliert und dann in Form eines Aufsatzes zusammengefaßt. Dieser Aufsatz wurde Physikerinnen – und auch einigen Physikern – zum Lesen gegeben und die Reaktionen darauf wurden wiederum schriftlich festgehalten.

Obwohl nicht über mangelndes Interesse geklagt werden konnte, war diese Methode doch etwas unbefriedigend. Es fehlten die authentischen Worte. In dieser Studie, in der nie statistische Aussagen angestrebt wurden, geht es aber gerade um lebendige Beispiele. Zu dieser Zeit setzte Seekircher sich mit der schwedischen Arbeitsforscherin Ingela Josefson in Verbindung, die ihr dazu riet, die Gespräche auf Tonband aufzunehmen. Obwohl sie dieser Methode anfangs etwas skeptisch gegenüberstand, nahm sie im April 1993 ihre ersten Interviews auf Tonband auf. Das war ein Schritt von entscheidender Bedeutung. Das Material, das durch diese methodische Verfahrensweise gewonnen wurde, ließ sich gut weiterverarbeiten und lieferte zugleich die so wichtigen Beispiele. Daher wurde diese Methode zu unserem wichtigsten Erhebungsverfahren, welches noch genauer beschrieben werden soll. Aber Seekircher war auch weiterhin häufig in den Laboratorien der IonenphysikerInnen (im ersten Jahr dieser Studie ca. dreimal pro Woche für zwei bis drei Stunden), nahm mehr oder weniger Anteil an ihren Tätigkeiten, notierte Beobachtungen, verteilte an

---

[173] Die Aktualität dieser Problematik zeigte sich auch in den Kongressen und Konferenzen, die sich in den darauffolgenden Jahren mit diesem Thema auseinandersetzten. Bei diesen Veranstaltungen war auch unsere Untersuchung der Probleme von Frauen in der Physik von Interesse. Vom 29.10. – 1.11.1993 fand in Wien der Kongreß „Frauen in Naturwissenschaft und Technik, Handwerk und Medizin" statt, bei dem Seekircher einen Beitrag unter dem Titel „Probleme von Frauen in der Physik aus erkenntnistheoretischer Sicht" lieferte. Auch bei der „2nd European Feminist Research Conference", die vom 5.7. – 9.7.1994 unter dem Thema „Feminist Perspectives on Technology, Work and Ecology" in Graz stattfand, hielt Seekircher einen Vortrag mit dem Titel „Language, Culture and Skill. Problems of Women in Experimental Physics". Beim Workshop „Koedukation im Naturwissenschaftsunterricht" in Bern in der Zeit vom 16. – 18.3.1995 stellte sie unsere Studie in Form eines Posters vor, wobei sie insbesondere die Frauenproblematik herausarbeitete.

interessierte Personen von ihr verfaßte Arbeiten[174] und notierte die Reaktionen darauf. Zudem waren im ersten Jahr Janik und Seekircher häufig bei Märk, um Organisation und Inhalte (er las die von Seekircher verfaßten Arbeiten besonders genau) dieser Studie zu diskutieren.

Im Herbst 1993 begann Jörg Markowitsch – wie bereits seit längerer Zeit mit Janik vereinbart und geplant – parallel zur Untersuchung in Innsbruck mit einer Fallstudie in Wien. Diese Studie wurde am Institut für Allgemeine Physik der Technischen Universität Wien durchgeführt mit dem Einverständnis und der Mitarbeit von Prof. Winter, dem Leiter dieses Instituts. Obwohl diese beiden Studien dieselbe Zielsetzung und in etwa dieselbe methodische Vorgangsweise hatten, hatte Markowitsch als Mathematiker und Philosoph doch einen etwas anderen Zugang zu dieser Untersuchung, was sich in der Zusammenarbeit immer wieder als sehr produktiv herausstellte. Ein gegenseitiger Austausch fand in Form von ca. vierteljährlichen Treffen in Wien bzw. Innsbruck statt, ebenso wie durch telefonische und briefliche Kontakte und via *e-mail*. Dabei wurden Interviews und schriftliche Arbeiten wechselseitig kommentiert, methodische Schritte diskutiert, Gliederungen erstellt, Begebenheiten „aus dem Feld" erzählt etc.

Wir präsentierten den Physikern und Physikerinnen unsere Studie auch in Form von Vorträgen bzw. Posters.[175] Die Diskussionen im Anschluß an diese Vorträge waren für uns immer sehr anregend und zeigten uns verschiedene Reaktionen auf unsere Studie.

Vom 20. – 26.3.1994 fand in Maria Alm die SASP (*Symposium on Atomic, Cluster and Surface Physics*), eingebunden in eine Schiwoche, statt, zu der Prof. Märk Seekircher einlud. Seekircher nahm für zwei Tage an diesem Symposium teil, an dem es durch die lockere Atmosphäre leicht war, mit Leuten ins Gespräch zu kommen. Unsere Untersuchung stellte Seekircher dort in Form eines Posters vor, auf das Physiker und Physikerinnen verschiedenster Nationalität mit sehr interessanten Stellungnahmen, Meinungen und persönlichen Erfahrungen reagierten. Zudem lernte Seekircher dadurch die bei Naturwissenschaftlern übliche Präsentationsform des

---

[174] Neben einer weiteren Fassung frauenspezifischer Probleme schrieb Seekircher zu dieser Zeit auch einen Aufsatz über ihre Beobachtungen bei einem Laborpraktikum und einen über die Anliegen und Ziele dieser Studie.

[175] Am 14.10.1993 hielten Janik und Seekircher einen Vortrag am Institut für Ionenphysik unter dem Titel des Projekts „Arbeit, Technik, Sprache: die Rolle von 'tacit knowledge' in der experimentellen Physik". Dabei erläuterten sie die Hintergründe, Anliegen und Ziele dieser Studie. Dasselbe taten Seekircher und Markowitsch am 14.12.1993 in Wien unter dem Titel „'Tacit Knowledge' und 'Lötkolbenphysiker'". Am 24.11.1994 lieferten Janik und Seekircher dem Institut für Ionenphysik eine Art Zwischenbericht in Form eines Vortrags, bei dem mit Zitaten aus den Interviews gearbeitet wurde. Und am 2.5.1995 konnten Janik, Seekircher und Markowitsch am Institut für Allgemeine Physik in Wien bereits eine ausgereifte Fassung dieser Studie präsentieren in Form eines Vortrages mit dem Titel „Know-how bei der Laborarbeit".

Posters kennen, die ihr als Geisteswissenschaftlerin bisher fremd war, und konnte an einer sogenannten Postersitzung aktiv teilnehmen. Die positiven Erfahrungen mit dieser Präsentationsform veranlaßten sie dazu, auch bei der 44. Jahrestagung der ÖPG (Österreichische Physikalische Gesellschaft) in der Zeit vom 19. – 23.9.1994 in Innsbruck ein Poster auszustellen.

Auch wenn die Reaktionen der Physikerinnen und Physiker auf unsere Vorträge und Posters kein – wie die Interviews – unmittelbar verwertbares Material darstellten, waren sie doch ein für uns wichtiges „Feedback", und zugleich wurde dadurch – so hoffen wir – das Anliegen unserer Untersuchung deutlich. Denn diese Forschung verläuft erfahrungsgemäß umso besser, je besser auch die Befragten den Sinn dieser Forschung erkennen.

Die wohl intensivste Annäherung an die praktische Arbeit von ExperimentalphysikerInnen unternahm Markowitsch als er sich zu Beginn des Jahres 1995 selbst als Physiker versuchte und eine Stelle als Vorbereitungspraktikant für Messungen am Rastertunnelmikroskop annahm. Die Möglichkeit bot ihm ein befreundeter Dissertant, der gerade auf der Suche nach einem Praktikanten war und gar nicht lange überlegte, ob Markowitsch auch genügend technische Vorbildung für diese Arbeit besaß. Auch der Arbeitsgruppenleiter war dieser Meinung und so durfte Markowitsch von Mitte Jänner bis Ende Februar 1995 mit ca. einwöchiger Unterbrechung als Praktikant im Labor tatkräftig mithelfen, wobei er in den ersten Wochen bestimmt mehr Arbeit produzierte, als er irgend jemandem abnahm. Im Februar kam dann noch ein zweiter Vorbereitungspraktikant dazu, was nicht nur für die Arbeit, die zu zweit einfach mehr Spaß machte, angenehm war, sondern er nahm Markowitsch auch Verantwortung und vor allem das Protokoll, das am Ende eines Praktikums geschrieben werden mußte, ab. Die ersten Tage dieses Praktikums waren von Aufregungen gekennzeichnet, die letzten eher von Monotonie.

Die Erkenntnisse und Erfahrungen dieser Tage verarbeitete Markowitsch zu einem Tagebuch, das er noch am gleichen Abend oder auch Tage später schrieb. Nachdem die ersten Tage noch A4 Seiten füllten, brach er nach der 13. Eintragung ab, weil er kaum Neues hinzuzufügen wußte. Es folgten noch weitere 10 Tage ohne Eintragung.

In den ersten Tagen gewann Markowitsch auch eine bestimmende methodologische Einsicht, die hier direkt aus seinem Tagebuch wiedergegeben werden soll:

Plötzlich war man einer von ihnen. Daß ich in meiner Tasche immer noch ein Tonbandgerät mit mir führte, kam mir komisch vor. Ich wußte, daß ich entweder mit ihnen arbeiten würde als Praktikant oder sie interviewen würde als „Feldforscher"; und fühlte, daß es kein dazwischen gab, keine Mischform. Es wäre unmöglich, sie als Praktikant zu interviewen, die Fragen wären völlig absurd. Kein Praktikant könnte – sei es auch noch so beiläufig – seinem Betreuer, der einem gerade etwas vorzeigt, z.B. die Frage „Hast du Hemmungen, während du das machst" stellen, ohne sofort als verrückt abgetan zu werden.

Eine weitere Selbsterkenntnis war, daß man keinen Übergang von Nicht-Verstehen zu Verstehen bzw. von Nicht-Beherrschen zu Beherrschen „sehen" kann:

> Im Grunde aber ist überhaupt nichts Herausragendes passiert. Es schien mir alles selbstverständlich, weil wir es ja schon mehrmals zuvor so gemacht hatten; es lief alles recht mechanisch, recht „automatisch" ab. Wenn mich jemand fragte, was hast du heute gemacht, so würde ich antworten: „Das gleiche wie gestern." Wenn jemand fragte: „Ist irgend etwas Erzählenswertes passiert?", würde ich erwidern: „Nichts!" Selbst wenn jemand fragte: „Hast du heute etwas gelernt?", so müßte ich antworten: „Nichts, was ich nicht schon gestern gewußt habe." Und doch scheint genau an diesen Tagen, das Entscheidende vorzugehen. Das Problem ist nur man merkt es nicht – oder sagen wir so: Man merkt es daran, das man nichts merkte.

Das am besten verwertbare Material, das letztlich auch die wesentliche Grundlage für die schriftliche Arbeit bildet, sind aber sicherlich die Interviews. Im Verlauf der Studie wendeten wir auch immer weniger Zeit für „teilnehmende Beobachtungen" auf und beschäftigten uns dafür immer mehr mit der Durchführung, Aufbereitung und Auswertung von Interviews. Diese Tätigkeiten sollen im folgenden genauer beschrieben werden.

2.2 Durchführung und Auswertung der Interviews

Im Verlauf der Studie führten wir etwa 55 Interviews durch. Dabei handelt es sich meist um Einzelinterviews und vereinzelt um Mehrpersoneninterviews. Großteils wurden DiplomandInnen und DissertantInnen befragt, aber auch einige Physiker in höherer Position. Ungefähr ein Drittel dieser Personen interviewten wir mehrfach (zwei- oder dreimal), die anderen nur einmal. Die Interviews dauerten durchschnittlich eine halbe bis eine Stunde, manchmal auch länger, selten kürzer. Sie fanden zumeist in den Räumlichkeiten des Instituts statt, das heißt in den Laboratorien bzw. Arbeitszimmern der Interviewpartner oder anderen Sitzgelegenheiten im Bereich des Instituts, oder aber auch in nahegelegen Cafés.

Da Seekircher sich bereits ein halbes Jahr lang häufig in den Laboratorien der Ionenphysik aufgehalten hatte, bevor sie ihre ersten Interviews machte, war sie mit fast allen Interviewpartnern bereits vor dem ersten Interview bekannt und hatte mit ihnen zumeist bereits mehrmals gesprochen.[176] Bei Markowitsch waren die ersten Aufenthalte im Labor Kurz-

---

[176] Eine Ausnahme bildet das Interview mit drei Physikerinnen aus Wien, das Markowitsch organisierte und Seekircher bei einem ihrer Wienaufenthalte durchführte. Mit ihnen war Seekircher vorher nicht bekannt. Sie hatten jedoch vor dem Interview einen Aufsatz über die Frauenproblematik von ihr gelesen und zwei von ihnen waren ihr aus Interviews von Markowitsch bekannt.

besuche, die sich auf Beobachten und spärliches Protokollieren beschränkten sowie auf informelle Gespräche, die er meist durch „Kennenlern-Fragen" (Was machst du gerade? Wie heißt du etc.) einleitete. Durch diese Bekanntheit mit den Leuten und den Laboratorien konnten wir auch in der Fragestellung, die jeweiligen Arbeitsumstände berücksichtigen. Wir hatten zwar bereits am Beginn der Studie anhand unseres „theoretischen" Wissens über praktische Fertigkeiten Fragen zusammengestellt, an denen wir uns auch in den Interviews orientierten. Aber wir versuchten, diese Fragen in den jeweiligen „Laborkontext" einzubetten, das heißt, daß wir uns auf jedes Interview eigens vorbereiteten und schriftlich Fragen formulierten, in denen wir auf die jeweilige Maschine, die jeweiligen Betreuungsverhältnisse usw. Bezug nahmen. Im Idealfall konnten wir von aktuellen Problemen ausgehen, die sich uns bei der teilnehmenden Beobachtung und in informellen Gesprächen zeigten. Gerade durch den Ausgang bei aktuellen Problemen konnten wir die Leute am ehesten zu Erzählungen anregen. Und je mehr erzählt wurde, desto interessanter wurden die Interviews.

Mit der Zeit nahmen wir in unseren Fragestellungen auch auf die bisher geführten Interviews Bezug, das heißt, wir versuchten, auf uns interessant erscheinende Äußerungen von bisher Befragten einzugehen. Insbesondere bei Leuten, die wir mehrfach interviewten, nahmen wir häufig auf vorhergehende Interviews Bezug. Dadurch versuchten wir, bestimmte Aspekte genauer herauszuarbeiten bzw. neue Beispiele zu bekommen. Wir verteilten auch Auszüge aus Interviews in schriftlicher Form bzw. – wie bereits erwähnt – von uns verfaßte Aufsätze, in denen wir Interviews verarbeitet hatten. Diese Texte bildeten dann oft eine Grundlage für neue Interviews.

Für die Mehrpersoneninterviews, die zum Teil den Charakter von Gruppendiskussionen hatten, wählten wir nicht bestimmte Personen aus, sondern griffen auf bestehende Bindungen zurück. Wir interviewten also zwei oder drei Personen gemeinsam, die ohnehin zumeist zusammen anzutreffen waren. Einmal versuchte Seekircher anhand von Interviewzitaten eine Art Gruppendiskussion mit sechs Beteiligten. Sie konnte damit allerdings nur vier davon „fesseln". Zwei begannen, miteinander angeregt über physikalische Inhalte zu diskutieren, (was die Transkription sehr erschwerte). Trotzdem waren die wenigen Mehrpersoneninterviews durch die gegenseitige Beurteilung, Ergänzung bzw. Infragestellung sehr interessant, wobei man als InterviewerIn dabei manchmal kaum zu Wort kam. Unser Beitrag war also in den Einzelinterviews wichtiger als in den Mehrpersoneninterviews. Trotzdem führten wir hauptsächlich Einzelinterviews – auch deshalb, damit die Interviewten ohne Gruppendruck ihre persönlichen Erfahrungen wiedergeben konnten.[177]

---

[177] So fruchtbar die Gruppeninterviews auch waren, so schwierig war es, sie zu organisieren.

Die Interviews auf Tonband wurden – entgegen unserer anfänglichen Befürchtungen – recht bereitwillig gegeben, ja, man schien sich manchmal regelrecht darauf zu freuen, befragt zu werden.[178] Es ist sogar vorgekommen, daß sich während eines Interviews ein Kollege des Interviewten dazusetzte und mitredete. Wir hatten den Eindruck, daß einige recht gerne über ihre Arbeit sprachen und ihnen unser Interesse für ihre Arbeit angenehm war. Ein „Ausfragen" versuchten wir zu vermeiden, was jedoch nicht immer gelang. Aber zumeist – so glauben wir – konnten wir den Interviewpartnern doch vermitteln, daß sie für uns die Experten waren, an deren Erfahrungen wir interessiert waren.

Die von uns auf Tonband aufgenommenen Interviews transkribierten wir alle wörtlich, wobei wir diese in normales Schriftdeutsch übertrugen und dialektale Färbungen nicht berücksichtigten. Daraufhin lasen wir wechselseitig die transkribierten Interviews zumeist in größeren Zeitabständen mehrmals durch und markierten uns interessant erscheinende Stellen. Die transkribierten Interviews wurden auch von Janik gelesen, kommentiert und gemeinsam besprochen. Zudem las auch Josefson einige Interviews, die wir dann ebenfalls gemeinsam besprachen. Bei dieser intensiven Auseinandersetzung mit den Interviewtexten erkannten wir neue interessante Themenbereiche, entwickelten neue Fragestellungen, überlegten methodische Schritte etc.[179]

Eine erste Auswahl von in Hinsicht auf die Thematik dieser Studie interessant erscheinenden Textstellen aus den Interviews nahmen wir bereits sehr früh vor und isolierten diese vom Gesprächskontext, indem wir sie bestimmten Kategorien unterordneten. Diese Kategorien waren einerseits durch unseren theoretischen Hintergrund und damit auch durch die Fragestellungen bei den Interviews bedingt. Andererseits bezogen sich diese Kategorien auch auf das von den Physikerinnen und Physikern Gesagte, das heißt auf Themen, die von ihnen immer wieder aufgegriffen wurden. Diese Kategorien wurden neben der Durchführung weiterer Interviews mehrmals überarbeitet. Die Datenerhebung und die Datenauswertung verliefen also parallel, wobei der Bezugrahmen schrittweise geändert wurde.

Im Herbst 1994 nahmen wir eine letzte Überarbeitung der Kategorien vor, wobei wir versuchten, von Problembereichen bei der Arbeit im Labor auszugehen, da uns dieser Ausgang – auch für die PhysikerInnen – am interessantesten erschien und dem vorliegenden Material sehr gut

---

[178] Ein einziges Mal ist Markowitsch die Bitte um eine Gespräch abgelehnt worden, wobei auch keine weiteren Gründe der Ablehnung bekannt wurden.

[179] Wir machten auch die Erfahrung, daß sich der Umgang mit den selbst durchgeführten Interviews vom Umgang mit Interviews, die der Kollege bzw. die Kollegin durchgeführt hat, unterscheidet. Wir hatten beide zu den selbst durchgeführten Interviews mehr Bezug („man hatte sie einfach besser im Kopf"). Dadurch bezogen wir uns auch in unseren weiteren Arbeiten mehr auf die je eigenen Interviews.

entsprach. Diesen Kategorien ordneten wir sämtliche von uns ausge-
wählte Interviewzitate unter und verbanden die Zitate zu „Problem-
beschreibungen".

2.3 Methoden schwedischer ArbeitsforscherInnen

Die wichtigsten methodischen Beispiele, an denen wir uns orientieren
konnten, waren für uns sicherlich die Fallstudien der schwedischen
ArbeitsforscherInnen, die auch mit unserer Studie in einem engen thema-
tischen Zusammenhang stehen. Insbesondere Ingela Josefson erzählte uns
viel von ihrer langjährigen Erfahrung als Arbeitsforscherin und gab uns
bei unseren gemeinsamen Treffen in Stockholm bzw. Innsbruck immer
wieder methodische Anregungen.

Josefson untersuchte über mehrere Jahre das praktische Wissen von
Krankenschwestern und arbeitet derzeit an einer Fallstudie mit Ärzten.
Sie arbeitet immer mit festen Gruppen, mit denen sie sich regelmäßig
trifft und eine Art Gruppendiskussion führt, die sie auf Tonband auf-
nimmt. Eine solche Gruppendiskussion versteht sie als einen Dialog, wobei sie in Form einer Einleitung über implizites Wissen und Vertrautheits-
wissen den Anfang macht. Diese Einleitung soll die jeweiligen Praktiker
dazu anregen, über ihr eigenes „Know-how" zu reflektieren. Das Gespräch nimmt sie dann auf und versucht, beim nächsten Treffen das Gesagte aus verschiedenen Perspektiven zu betrachten, um so weitere Diskussionen anzuregen. Zudem arbeitet sie gerne mit literarischen Beispielen,
um dadurch die Diskussionen zu vertiefen:

> The use of literature helps us to deepen a discussion that runs the risk of falling into
> too much familiarity. Othello, like Sophocles' Antigone, shows broader aspects of
> deep human dilemmas, which help us to see the discussed problems from other
> angles.[180]

Diese Beispiele aus der Literatur verbindet sie auch mit philosophischen
Texten und den Erzählungen der jeweiligen Praktiker. Im folgenden bezieht sie sich auf ihre Fallstudie mit Ärzten:

> The core of our discussions consists of the problematization of philosophical texts
> (Aristotle), literature and the doctors' own stories, all connected with one another.[181]

Sie hebt immer wieder die große Bedeutung von guten Beispielen hervor,
ohne die es gemäß ihrer Erfahrung schwer ist, Leute zum Reflektieren zu

---

[180] Ingela Josefson: *The Skills of General Practitioners*, Beitrag für den Workshop „Case
Studies in Skill", Stockholm, February 1995, unveröffentlicht, S. 2.
[181] Ebd., S. 2.

bringen. Wissenschaftliche Aussagen sind hingegen zumeist zu abstrakt, um eine solche Reflexion zu bewirken. Janik zeigt, daß die Literatur persönlichen Erfahrungen, auf welchen letztlich praktisches Wissen beruht, viel näher kommt als die Wissenschaft: „[...] the manifold nature of experience is such that literature is capable of catching more of its multiplex, implausable, 'tacit', character than 'science'."[182] Denn das Verstehen verschiedener Nuancierungen einer Situation, eine Grundlage für praktisches Wissen, kann nicht systematisiert werden: „[...] sensitivity to the nuances that differentiate situations defies systematization."[183] Durch diese Nähe zur persönlichen Erfahrung vermag Literatur ein praktisches Philosophieren bewirken: „Reflection on the basis of literature becomes practical philosophizing because the encounter with the best literature is a catharctic form of experience, the experience of 'thinking feelingly'."[184]

Obwohl wir die Arbeitsweise von Josefson kannten und die Reflexion über praktisches Wissen anhand literarischer und philosophischer Beispiele auf uns sehr faszinierend wirkte, verfuhren wir nicht auf diese Weise, da uns die Bedingungen dafür als nicht geeignet erschienen. Wir hatten im Gegensatz zu Josefson keine von vornherein interessierten Gruppen, sondern mußten erst das Interesse von verschiedenen Leuten für diese Forschung erwecken. Zudem handelte es sich bei unseren „Praktikern" zumeist um junge Männer und einige junge Frauen im Alter zwischen 25 und 30 Jahren, deren praktische Arbeit, an der wir interessiert waren, ein Teil ihrer Ausbildung war. Josefson macht hingegen ihre Untersuchungen meistens mit Leuten im Alter zwischen 40 und 50 Jahren, die bereits eine längere berufliche Praxis hinter sich haben. Obwohl wir das Interesse und die Neugier von einigen wecken konnten, hatten wir nicht den Eindruck, daß diese viel Zeit, die aber bei der Beschäftigung mit Literatur und Philosophie benötigt wird, in die Reflexion über ihr praktisches Wissen investieren wollten bzw. auch nicht sehr zugänglich für literarische und philosophische Texte waren. Wir arbeiteten daher nur mit Beispielen aus ihrer eigenen Praxis, indem wir ihnen ihre „eigenen Texte", das heißt Auszüge aus den Interviews, vorlegten bzw. auch direkt fragten.

Dafür benötigten wir jedoch viel Zeit für teilnehmende Beobachtung, welche Josefson kaum praktiziert. Da uns jedoch die Laborarbeit experimenteller Physiker völlig fremd war, war dieser direkte Kontakt mit dem „Arbeitsfeld" sehr wichtig. Josefson war hingegen mit der Tätigkeit von Krankenschwestern bzw. Ärzten, „von der jeder eine Vorstellung hat", bereits vertraut. Durch die teilnehmende Beobachtung konnten wir aber in den Interviews auf Geschehnisse und Zusammenhänge, die wir in gewisser Weise selbst miterlebt haben, zurückgreifen. Zudem ermöglichte

---

[182] Allan Janik: *The Concept of Knowledge in Practical Philosophy*, unveröffentlichte englische Originalfassung, S. 83.

[183] Ebd., S. 82.

[184] Ebd., S. 83.

uns die unmittelbare Kenntnis der Arbeitsumstände auch ein sehr konkretes Verständnis der verschiedenen Erzählungen. Trotzdem erscheint uns und vor allem Seekircher, die ja Philologin ist, die Reflexion anhand von Analogien aus der Literatur und Philosophie nach dem Beispiel von Josefson als sehr reizvoll und auch sehr gut dem Grundgedanken dieser Form von Arbeitsforschung zu entsprechen. Denn Literatur spricht gerade dann an, wenn sie neue Aspekte der eigenen Wirklichkeit aufzuzeigen vermag: „[...] the best literature speaks to us in precisely the words that we ourselves find lacking."[185]

Wir bekamen auch die Möglichkeit, die Verfahrensweisen von anderen schwedischen Arbeitsforscherinnen aus erster Hand kennenzulernen. Janik und Josefson organisierten im Februar 1995 einen Workshop in Stockholm mit dem Titel „Case Studies in Skill", bei dem die Methode zum Thema gemacht wurde. Verschiedene schwedische Arbeitsforscherinnen stellten dabei ihre Untersuchungen und ihre methodischen Verfahrensweisen vor.

Die Fallstudien von Maja-Lisa Perby und Eva Erson waren für uns von besonderem Interesse. Perby arbeitet zur Zeit an einer Fallstudie mit Verfahrenstechnikern und hat vorher die praktischen Fertigkeiten von Meteorologen untersucht. Eine gewisse Nähe zu unserer Fallstudie ist allein dadurch gegeben, daß es sich hier um Berufe handelt, bei denen die Auseinandersetzung mit komplexen Technologien auch eine wesentliche Rolle spielt. Wir konnten dadurch auch Ähnlichkeiten in den praktischen Fertigkeiten feststellen, wie zum Beispiel die verschiedenen sensorischen Fähigkeiten beim Umgang mit Maschinerie.

Perby setzt auch ihre eigenen Manuskripte zur Anregung weiterer Gespräche und Diskussionen ein, wobei sie gute Erfahrungen macht:

> To a large extent the process operators who read the manuscript commented upon what other process operators had said. The points of disagreement between informants were few; generally the comments forwarded the points made. The readers underlined pivotical aspects of the job and added more examples elaborating those aspects. Their contribution led to a more dense and intertwined text, which at the same time was more distinct with regard to their work and skill.[186]

Eva Erson setzte sich mit Buben auseinander, die gerne am Computer arbeiten. Sie machte 18 Monate lang Beobachtungen im Computerraum einer *Secondary School* und mit drei Buben führte sie sehr eingehende Interviews. Diese Interviews verarbeitete sie zu Porträts, wobei sie die Buben auch selbst sprechen ließ:

> The persons involved in my study were few. Hence it was impossible to make them a cross-section – looking at the material that way it was a mess of different variables

---

[185] Ebd., S. 82.
[186] Maja-Lisa Perby: *The Work and Skill of Process Operators (electronically assisted quality control)*, Beitrag für den Workshop „Case Studies in Skill", Stockholm, February 1995, unveröffentlicht, S. 3.

and traits. It was finally necessary to give each one in this study a presentation of his
own, to sketch the real person as I had understood him through his language. They
were of course anonymous to the world around them, but known and recognisable
to each other through their „talking".[187]

Allerdings bereiteten ihr diese Porträts moralische Bedenken: „But how
much and what could I write about what I had found about them from my
point of view without hurting their feelings? I found myself stuck in a
moral dilemma."[188] Sie versuchte, dieses Dilemma zu lösen, indem sie den
Buben ihre Porträts zu lesen gab, an denen sie aber kaum etwas auszuset-
zen hatten. Acht Monate nach der Veröffentlichung der Studie interviewte
Erson die darin porträtierten Buben noch einmal. Insbesondere ein Bub
fühlte sich nun durch sein Porträt sehr verletzt. Aber auch die anderen
zwei versuchten, sich von ihren Porträts zu distanzieren:

He felt „naked" and „shocked", I had come too close and gotten „under his skin".
Judging from the whole of what they said, they accepted the many pages with their
own voices in the book (they recognised what they had said; it was, in that aspect,
„true"), they accepted, also now, my interpretation of them, but wanted to keep
that portrayed person at a distance (they were like that then – it was long ago and
they had changed a lot). All this told me that my portraits were painful to the
persons involved.[189]

Das zeigt, daß Porträts bzw. Einzelfallbeschreibungen nicht unproblematisch sind, auch wenn sie in anonymisierter Form gegeben werden. Andererseits können in Einzelfallbeschreibungen viel besser Lebenszusammenhänge aufgezeigt werden als in statistischen Erhebungen, in denen
Lebenszusammenhänge und Situationskontexte immer auf bestimmte Faktoren reduziert werden, um so zu möglichst eindeutigen Aussagen zu
kommen. Aber gerade wenn es – wie dies bei der Untersuchung von
implizitem Wissen der Fall ist – um ohnehin sprachlich schwer faßbare
Inhalte geht, wobei Lebenszusammenhänge und Situationskontexte von
grundlegender Bedeutung sind, ist eine statistische Erhebung völlig unzulänglich. In solchen Untersuchungen haben Beispiele wesentlich mehr
Aussagekraft.

Um jedoch jene Problematik, mit der Erson – wie oben gezeigt – konfrontiert war, zu vermeiden, versuchten wir nicht, einzelne Personen zu
porträtieren, sondern gingen von Problembereichen aus. Zudem interviewten wir wesentlich mehr Personen als Erson. Wir arbeiteten zwar
auch mit Zitaten, hinter denen natürlich immer eine Person steht. Aber
durch das Herausgreifen einzelner Aspekte und die Unterordnung unter

---

[187]   Eva Erson: *Thought and Language in the World of Boys Fascinated by Computers*, Beitrag
       für den Workshop „Case Studies in Skill", Stockholm, February 1995, unveröffent-
       licht, S. 2.
[188]   Ebd., S. 2.
[189]   Ebd., S. 2f.

Problembereiche wurden diese verfremdet. Ein zusätzlicher Verfremdungs-effekt gelang uns durch das „Durcheinanderwerfen" von Aussagen von Innsbrucker Physikerinnen und Physikern und Aussagen von Wiener Physikerinnen und Physikern, sodaß einzelne Äußerungen – wie wir bei Posters und Vorträgen bemerkten, bei denen wir auch mit Zitaten arbeiteten – nicht einmal von Kolleginnen und Kollegen identifiziert werden konnten, (obwohl dies gerne versucht wurde).[190] Mit dieser Methode hoffen wir, die persönliche Sphäre aller von uns interviewten Physikerinnen und Physiker zu schützen.

Obwohl die schwedische Arbeitsforschung sowohl in thematischer als auch in methodischer Hinsicht für uns beispielgebend ist, unterscheidet sich unsere Untersuchung von den Fallstudien der schwedischen ArbeitsforscherInnen in einer wichtigen Hinsicht, und zwar in Bezug auf den „Ort" der Untersuchung, das heißt den zu erforschenden Arbeitsbereich. Innerhalb der schwedischen Arbeitsforschung gibt es bisher noch keine Fallstudie bei Wissenschaftlern, was letztlich mit dem Sinn dieser Forschung zusammenhängt. Denn ihr wesentliches Anliegen besteht gerade darin, der „Verwissenschaftlichung" entgegenzuwirken, indem eine Form von Wissen aufgezeigt wird, welches nicht auf wissenschaftliche Theorien zurückzuführen ist, sondern auf Erfahrung beruht. Somit ist unsere Fallstudie bei experimentellen PhysikerInnen die erste Untersuchung im Zusammenhang mit der schwedischen Arbeitsforschung, die sich mit Wissenschaftlern auseinandersetzt, wobei auch wir – wie bereits gezeigt – nicht an wissenschaftlichen Theorien interessiert sind, sondern uns mit der praktischen Arbeit im Labor auseinandersetzen. Es geht hier also um die Betrachtung von praktischer wissenschaftlicher Tätigkeit als Arbeit.

2.4 Methoden der Laborstudien

Bereits vor unserer Fallstudie wurde die Tätigkeit des Wissenschaftlers im Labor untersucht. Diese unter der Bezeichnung *Laborstudien* allgemein bekannt gewordenen Untersuchungen haben einen anderen Hintergrund und andere Zielsetzungen als wir. Ihnen geht es primär um ein soziologisches bzw. anthropologisches Verständnis naturwissenschaftlichen Wis-

---

[190]   Die Frage nach der Allgemeingültigkeit bzw. der Institutsspezifität der Zitate läßt sich wohl am besten durch die folgende Anekdote erläutern. Ein Dissertant des Wiener Institutes sprach Markowitsch darauf an, er hätte einen Text von ihm bei seinem Arbeitsgruppenleiter liegen gesehen. Markowitsch fragte ihn darauf, woher er denn wisse, daß er von ihm stamme. Darauf antwortete er. „Weil er sich genau vorstellen kann, wer am Institut was gesagt hatte und weil er sich dieser Identifizierungen ganz sicher sei". Die Texte, die der Dissertant zu Gesicht bekam, waren allerdings von Seekircher und die darin verwendeten Interviews fast ausschließlich solche, die sie selbst in Innsbruck durchführte.

sens, wie dies auch in der Kurzbezeichnung dieser Forschungsrichtung „SSK" (*Sociology of Scientific Knowledge*) zum Ausdruck kommt. Der wesentliche Unterschied dieser Laborstudien und der vorliegenden liegt darin, daß diese am Ort (Labor), wir aber am Thema (Tacit Knowledge) festhalten.

Der Begriff Laborstudie kam wohl erst 1995 durch den gleichnamigen Titel eines Artikels von Knorr Cetina im siebenten Kapitel des *Handbook of Science and Technology Studies* zu seiner vollen lexikalischen Würde. Knorr Cetina, die darin einerseits die Verschiedenheit der Laborstudien preist und sämtliche qualitative Fallstudien in wissenschaftlichen Labors zu umreißen scheint, zwingt diese unter den nämlichen Überbegriff, dem sie auch eine theoretische Bedeutung[191] beimißt. Diese läßt sich in unserer Studie, in der der Begriff des Labors nicht über die Bezeichnung des konkreten Ortes hinaus geht, nicht aufspüren.

Von den wenigen Monographien, die als Ergebnis von Laborstudien veröffentlicht wurden, haben wir drei ausgewählt, die wir auf methodologische Angaben durchleuchten wollen, um Unterschiede und Gemeinsamkeiten der methodischen Ansätze herauszuarbeiten. In chronologischer Reihenfolge sind dies: Bruno Latour und Steven Wolgars *Laboratory Life – The Construction of Scientific Facts* (1979)[192], Karin Knorr Cetinas *The Manufacture of Knowledge – An Essay on the Constructivist and Contextual Nature of Science* (1981)[193] und Sharon Traweeks, *Beamtimes and Lifetimes – The World of High Energy Physicists* (1988)[194]. In den drei Veröffentlichungen – und das mag bezeichnend für diese neue Art der Forschung sein – wird allgemein recht wenig über die Methode und über das Zustandekommen der Studien bekannt. Auch der oben erwähnte Überblicksartikel von Knorr Cetina enthält keine Angaben zur Methode von Laborstudien.

Anschließend an diese Darstellungen soll eine Studie von Harry Collins Erwähnung finden, die als einzige neben dem Ort der Untersuchung auch das Thema, nämlich *tacit knowledge* mit unserer gemeinsam hat. Diese unterscheidet sich allerdings methodisch von den drei anderen und auch von unserer Studie, da sie keine Fallstudie im engeren Sinne ist und sich auch nicht auf die teilnehmende Beobachtung stützt.

Die erste Monographie, die aus einer Fallstudie im wissenschaftlichen Labor resultierte, stammt von Bruno Latour und Steven Wolgar, wobei die eigentliche Feldforschung ausschließlich von Latour betrieben wurde. Sie

---

[191]   Karin Knorr-Cetina: „Laboratory Studies – The Cultural Approach to the Study of Science", *Handbook of Science and Technology Studies*, hrsg. v. S. Jasanoff, G.E. Markle, J.C. Petersen und T. Pinch. London: Sage 1995, S. 144.

[192]   Bruno Latour und Steven Woolgar: *Laboratory Life – The Construction of Scientific Facts*. Princeton: Princeton University Press 1979.

[193]   Karin Knorr-Cetina: *The Manufacture of Knowledge – An Essay on the Constructivist and Contextual Nature of Science*. Oxford: Pergamon Press 1981.

[194]   Sharon Traweek: *Beamtimes and Lifetimes. The World of High Energy Physicists*. Cambridge, Mass.: Harvard University Press 1988.

bezeichnen ihre Arbeit, deren Kern die Untersuchung von Routinearbeiten im Labor bildet, in Ermangelung eines besseren Ausdrucks als *Anthropologie der Wissenschaft* und ihr Buch als ethnographische Untersuchung einer speziellen Gruppe von Wissenschaftlern. Dabei vergleichen sie sich gerne mit Ethnologen, die Eingeborene studieren, indem sie mit ihnen leben und arbeiten, und bevor sie selbst „wild denken" zurückkehren, um ihren ersten wissenschaftlichen Bericht abzuliefern. Neben der anthroplogischen Betrachtungsweise der Wissenschaft betonen sie die Rolle der Reflexivität in ihrer Studie. Darunter verstehen sie: „By reflexivity we mean to refer to the realisation that observers of scientific activity are engaged in methods which are essentially similar to those of the practi[ti]oners which they study."[195]

Latour führte seine Feldforschungen in der Zeit von Oktober 1975 bis August 1977 am Salk Institut in Kalifornien durch. Die Auswahl des Labors, das auf Neuroendocrinologie spezialisiert war, wurde durch die Großzügigkeit eines Mitgliedes des Institutes bestimmt, der Büroplatz, freien Zugang zu den meisten Diskussionen, sämtlichen Archiven, Papers und anderen Dokumenten des Labors bot. Neben seiner Arbeit als Feldforscher ging Latour auch einer Teilzeitbeschäftigung als Techniker im Labor nach. Zusätzlich zu Beobachtungsnotizen führte er eine intensive Analyse der gesamten von Labormitgliedern produzierten Literatur durch. Gleichzeitig sammelte er Entwürfe von Artikeln, Briefe zwischen den Teilnehmern, Memoranda und verschiedenste Datenblätter. Mit allen Mitgliedern des Labors sowie mit anderen Wissenschaftlern des Gebietes, die in anderen Labors arbeiteten, machte er formale Interviews. Die Reflexionen des Beobachters speziell über seine eigene Arbeit als Techniker im Labor bildeten für ihn eine weitere Datenquelle.

Mit der Aufbereitung dieser Daten und also dem Schreiben begann Latour bereits nach der ersten Teilnahme. Als Vorteil wertet er dabei, daß er sein Büro im Labor hatte, wobei er Labor im weiteren örtlichen Sinne verstand und darunter auch Büros, Bibliothek usw. kurz, was wir gewöhnlich mit Institut bezeichnen, zusammenfaßte.

Die Beobachterrolle versuchte er nicht zu verstecken, d.h. die Teilnehmer wußten, daß er Aufzeichnungen machte. Latour diskutierte außerdem frühe Entwürfe mit den Teilnehmern und organisierte mehrere Diskussionsseminare, in denen Soziologen und Wissenschaftstheoretiker mit Mitgliedern des Labors zusammentrafen.

Erst im Nachwort zur zweiten Ausgabe, die 1986 erschien, wird auch Latours persönlicher Hintergrund ein wenig gelüftet und klar, wie es überhaupt zu der Studie kam. Er führt darin an, damals keine Ahnung von Wissenschaft und wissenschaftssoziologischen Untersuchungen gehabt zu haben und nur schlecht Englisch gesprochen und verstanden zu haben. Er war gerade im Rahmen einer französischen Forschungsinstitut-

---

[195] Latour: *Laboratory Life*, S. 30.

ion damit beschäftigt, an der Elfenbeinküste der Frage nachzugehen, warum Schwarze Schwierigkeiten haben, westliche Technologien einzuführen, als ihn eine Einladung von Guillemin, am Salk Institut eine epistemologische Studie durchzuführen, nach Kalifornien holte. Dieser zufälligen Bekanntschaft der beiden Franzosen und der bereits erwähnten Großzügigkeit von Guillemin verdankt diese Laborstudie ihre Entstehung.

Über die Entstehung von Karin Knorr Cetinas *The Manufacture of Knowledge – An Essay on the Constructivist and Contextual Nature of Science* wird zumindest im Werk selbst wenig bekannt. Man findet einige allgemeine, abstrakte, methodologische Überlegungen, die nur spärlich von konkreten Angaben über die Methode ihrer Laborstudie gefolgt werden. Letztere sind gut versteckt im letzten Kapitel des ersten Abschnittes unter dem Titel *Data and Presentation*.[196]

Auch bei Knorr Cetina steht der anthropologische Ansatz, wie sie ihn ebenfalls nennt, im Vordergrund und sie umschreibt diesen ähnlich wie Latour, wenn sie anmerkt, daß Forschungslaboratorien mit den unschuldigen Augen des Reisenden in exotische Länder betrachtet werden.

Nach Knorr Cetina bietet die ethnographische Methode ein sensitives (statt frigides) Erhebungsinstrument, d.h. die Betonung liegt auf Kontakt, Nähe und „von innen" anstatt auf Distanz; Intersubjektivität statt Neutralität; Unmittelbarkeit statt Zwischenschritte; methodologischer Relativismus statt Objektivismus (d.h. nicht der Beobachter, sondern der Untersuchungsteilnehmer soll Maximum an Kontrolle über erzielte Information ausüben); die eigenen kulturspezifischen Beschreibungskategorien sollen diejenigen der Beobachtungskultur ersetzen; nicht Konstruktivität eliminieren, sondern dezentrieren; nicht verstehen, sondern sprechen lassen; sind die Schlagwörter mit der sie ihre Methode kennzeichnet. Sie führt ihre Dichotomien fort, um sich weiter ab- und einzugrenzen und plädiert dabei für einen methodologischen Interaktionismus im Unterschied zum Holismus und auch Individualismus, d.h. daß Praktiken statt Kognitionen sowie auch Interaktion statt individuellem Verhalten im Brennpunkt ihrer Analyse stehen sollen.

Diese neuen methodologischen Tendenzen werden von einer Änderung der Problemstellung begleitet, welche sich auf die Kurzformel des Übergangs von der Frage *Warum* zur Frage *Wie* bringen läßt. Wie die Praxis der Naturwissenschafter aussieht, wie Wissen im Labor produziert und reproduziert wird, ist die erste Frage, die eine Anthropologie des Wissens zu beantworten hat und deren Beantwortung Knorr Cetina mit

---

[196] Weitere methodologische Diskussionen zu Laborstudien finden sich nicht in ihrer Monographie, sondern an anderer Stelle:
Karin Knorr: „Methodik der Völkerkunde", *Enzyklopädie der geisteswissenschaftlichen Arbeitsmethoden* 9. München: Oldenburg 1973, dies.: „Anthropologie und Ethnomethodologie: Eine theoretische und methodische Herausforderung", *Theorie der Ethnologie und Kulturanthropologie*, hrsg. v. W. Schmid-Kowarzik und J. Stagl. Berlin: Reimer 1980.

ihrer Studie nachgeht. Eines der wichtigsten Ergebnisse ihrer Beobachtung ist dabei, daß kein Unterschied zwischen wissenschaftlicher Rationalität und Alltagsrationalität feststellbar ist.

Knorr Cetina führte ihre Forschungen von Oktober 1976 bis Oktober 1977 in einem staatlich finanzierten Forschungszentrum in Berkeley Kalifornien durch. Die Forschungseinrichtung beschäftigte damals in etwa 330 Wissenschaftler und Ingenieure und etwa 85 Studenten, die sowohl Grundlagen- wie auch angewandte Forschungen auf chemischem, physikalischem und biologischem Gebiet betrieben. Das Spektrum der 17 getrennten Forschungseinheiten reichte von Lebensmitteltechnologie über Mikrobiologie zu Toxikologie. Die Auswahl des Forschungslabors rechtfertigt sie dadurch, als „potentieller Störfaktor" akzeptiert worden zu sein; die Auswahl der Forschungsgruppe innerhalb des Labors durch die Bereitschaft eines Wissenschaftlers, über das ganze Jahr als Informant zur Verfügung zu stehen.

Knorr Cetina beschränkte ihre Beobachtungen im Labor auf die Erforschung pflanzlicher Proteine, wobei sie betont, daß die Größe der Gruppe, die sich damit beschäftigte, stets im Wandel begriffen war und zeitweise sogar auf eine Person schrumpfte. Daher und weil gleichzeitig andere Projekte behandelt wurden, war es schwierig, diesen zu folgen. Unter dem gesammelten Material führt sie unter anderem Laborprotokolle, Manuskriptfassungen, Veröffentlichungen und natürlich ihre eigenen Aufzeichnungen, die sie während und nach den Beobachtungen machte, an. Sie führte Interviews mit Mitgliedern dieser sowie fünf weiterer Forschungseinheiten durch zu Fragen, die sich aus der Beobachtung ergaben. Dieses Material verifizierte sie manchmal („wo angebracht") mit den betreffenden Teilnehmern, wobei es zu Änderungen kommen konnte.

Das vorhandene Material ordnete sie nicht in Form einer Fallgeschichte, um „exzessive Rekonstruktionen" zu vermeiden, sondern präsentierte es „in einem Format, das an ihre Quelle erinnert: das alltägliche Räsonieren der Wissenschaftler im Labor."

Die einzige eigentliche Anthroplogin unter den hier besprochenen Laborstudienverfassern ist Sharon Traweek. Ein Teilzeitjob als öffentliche Führerin in einem Staatlichen Labor für Hochenergiepyhsik in der Nähe von San Francisco (*Stanford Linear Accelerator*, kurz SLAC) während ihres Geschichtestudiums brachte sie auf die Idee, eine Geschichte von SLAC zu schreiben. Im Laufe der Jahre wechselte sie allerdings von Geschichte auf Anthropologie und führte offiziell über fünf Jahre Studien an drei Hochenergiephysiklabors in den Staaten und in Japan durch. Insgesamt war sie zum Zeitpunkt des Erscheinens ihres Buches *Beamtimes und Lifetimes – The World of High Energy Physicists*, das eine vergleichende Studie über die Art und Weise, wie japanische bzw. amerikanische Hochenergiephysiker ihre Welt sehen, beinhaltet, 15 Jahre lang mit Physiklabors in Kontakt.

Bereits im ersten Satz des Vorwortes wendet sich Traweek gegen die traditionelle Machart ethnographischer Studien und es wird klar, warum man vergeblich nach exakten Angaben zur Methode suchen würde. Auf diese Art der Wissenschaftlichkeit verzichtend, liefert sie eine alternative Studie, in der sie all ihr Wissen, daß sie aus Gesprächen, Interviews, Beobachtungen, Texten etc. gewonnen hat, zu einer großen deskriptiven Erzählung – oder sollte es heißen narrativen Deskription? – verarbeitet.

Während die soeben besprochenen Studien, wenn überhaupt nur marginal auf den Begriff implizites Wissen bzw. Geschick eingehen, findet man diesen bei Collins' Untersuchung über die Einführung, Entwicklung und den Nachbau von *TEA Laser* im Mittelpunkt. Collins verfolgte die Versuche mehrerer Wissenschaftler verschiedener britischer Labors, den zu Beginn der siebziger Jahre in Kanada entwickelten „Transversely Excited Atmospheric Pressure CO_2 Laser", kurz TEA Laser, nachzubauen. Er schickte Fragebögen an alle Physikinstitute des Landes, um so die Labors, in denen TEA Laser entwickelt wurden, zu lokalisieren. Dann führte er mit Mitgliedern dieser Labors Interviews durch. Diese halb-technischen Diskussionen wurden meist durch einen Rundgang durch das Labor erweitert. Befragungen wurden auch an einigen amerikanischen Labors, die in den Technologietransfer mit Großbritannien verwickelt waren, durchgeführt. Zusätzlich erstellte Collins eine bibliographische Analyse, die ihm Aufschluß darüber gab, wer, wo, was zuerst gebaut hatte und das wissenschaftliche „Verteilungsnetz" besser studieren ließ.

Durch diese halb-qualitative, halb-quantitative Untersuchungsmethode konnte Collins herausarbeiten, daß es fast unmöglich war TEA Laser nur aufgrund schriftlicher Quellen nachzubauen und konstatierte „The major point is that the transmission of skill is not done through the medium of the written word."[197]

Laborstudien lassen sich – wie wir gesehen haben – nicht auf eine einzelne, konkrete Methode reduzieren. Sowohl in der Materialsammlung als auch der Materialaufbereitung sind die verschiedensten qualitativen Analysen zugelassen. Eine der unabhängigsten und liberalsten Form präsentierte uns Traweek. Eine methodische Abgrenzung unserer Studie von den selbst nicht streng begrenzten Methoden der Laborstudien wäre nicht nur unsinnig, sondern auch falsch. Im Gegenteil, wir reihen uns vielmehr in die Mitte dieses breiten methodischen Spektrums ein. Eine Abgrenzung von den Laborstudien ist also ausschließlich thematischer Natur.

Während zu der Studie von Collins thematische Ähnlichkeiten vorhanden sind, und er – das zeigen seine späteren Veröffentlichungen – ebenfalls eher am Thema als am Ort festhält, unterscheidet sich diese wiederum methodisch von den Laborstudien und somit auch von unserer Untersuchung. Aufgrund dieses Unterschiedes wird Collins' Untersuchung wohl auch nicht in den Listen, die die Überschrift „Laborstudien" tragen, geführt.

---

[197]   Harry M. Collins: „The TEA Set: Tacit Knowledge and Scientific Networks". *Science Studies* 4, 1974, S.177.

2.5 Qualitative Forschung und quantitative Gegenpositionen

Nach dem bisher Gesagten ist es nicht schwer zu erkennen, daß es sich bei unserer Studie nicht um quantitative Forschung handeln kann. Es wird in dieser Untersuchung in keinerlei Hinsicht versucht, Statistiken aufzustellen bzw. quantitative Aussagen zu machen, auch wenn einer Häufung ähnlicher Aussagen sehr wohl Aufmerksamkeit geschenkt wird. Bereits die Thematik dieser Studie spricht gegen ein Arbeiten mit Zahlen. Denn implizites Wissen, das bereits schwer sprachlich faßbar ist, kann zahlenmäßig sicherlich nicht erfaßt werden.

Die Kriterien qualitativer Forschung[198] treffen im wesentlichen auch auf unsere Studie zu. Auch unsere Erhebungs- und Auswertungsverfahren können als qualitativ bezeichnet werden. Mayring beschreibt folgende Methoden als qualitative Erhebungsverfahren: das problemzentrierte Interview, das narrative Interview, die Gruppendiskussion und die teilnehmende Beobachtung.[199] Wir arbeiteten in unserer Studie mit allen vier Erhebungsverfahren, wobei es aber bei den Interviews des öfteren zu einer Überschneidung der Interviewtechniken kam. Das heißt, wir arbeiteten zwar mit einem Leitfaden, den wir aber aufgaben bzw. versuchten aufzugeben, wenn es zu Erzählungen kam. Auch bei der Auswertung folgten wir keinem genau vorgegebenen Verfahren. Unsere Auswertung kommt dem Verfahren am nächsten, das Mayring als „gegenstands-

---

[198]   Philipp Mayring charakterisiert das qualitative Denken anhand folgender fünf Postulate:
„Postulat 1: Gegenstand humanwissenschaftlicher Forschung sind immer Menschen, Subjekte. Die von der Forschungsfrage betroffenen Subjekte müssen Ausgangspunkt und Ziel der Untersuchungen sein.
Postulat 2: Am Anfang jeder Analyse muß eine genaue und umfassende Beschreibung (Deskription) des Gegenstandsbereiches stehen.
Postulat 3: Der Untersuchungsgegenstand der Humanwissenschaften liegt nie völlig offen, er muß immer auch durch Interpretation erschlossen werden.
Postulat 4: Humanwissenschaftliche Gegenstände müssen immer möglichst in ihrem natürlichen, alltäglichen Umfeld untersucht werden.
Postulat 5: Die Verallgemeinerbarkeit der Ergebnisse humanwissenschaftlicher Forschung stellt sich nicht automatisch über bestimmte Verfahren her; sie muß im Einzelfall schrittweise begründet werden."
Philipp Mayring: *Einführung in die qualitative Sozialforschung. Eine Anleitung zu qualitativem Denken*, Weinheim: Psychologie-Verl.-Union 1990, S. 9ff.
Diese Postulate differenziert Mayring weiter, indem er folgende methodischen Handlungsanweisungen beschreibt, die er als die „13 Säulen qualitativen Denkens" bezeichnet: „Einzelfallbezogenheit, Offenheit, Methodenkontrolle, Vorverständnis, Introspektion, Forscher-Gegenstands-Interaktion, Ganzheit, Historizität, Problemorientierung, Argumentative Verallgemeinerung, Induktion, Regelbegriff, Quantifizierbarkeit." ebd., S. 14ff.

[199]   Vgl. ebd., S. 45ff.

bezogene Theoriebildung" bezeichnet und dessen Grundgedanken er folgendermaßen zusammenfaßt: „Gegenstandsbezogene Theoriebildung geht davon aus, daß der Forscher während der Datensammlung theoretische Konzepte, Konstrukte, Hypothesen entwickelt, verfeinert und verknüpft, so daß Erhebung und Auswertung sich überschneiden."[200]

Allerdings hat jemand, der sich bereits mit der Interpretation literarischer Texte beschäftigt hat, (was sowohl auf Seekircher als Philologin als auch auf Markowitsch als Philosoph zutrifft) und dadurch eine gewisse sprachliche Sensibilität erworben hat, auch Vorteile bei der Auswertung von Interviews. Transkribierte Interviews sind auch Texte, deren Interpretation sich nicht grundlegend von der anderer Textsorten unterscheidet, da jede sprachliche Interpretation letztlich ein hermeneutisches Verfahren darstellt. Daher wirken auch manche Tips zur Interviewanalyse für PhilologInnen – auch wenn sie bisher keine Interviews analysiert haben – eher banal, wie zum Beispiel der Hinweis, daß „auch kleinste Textteile Informationen enthalten" und „keine Aussage zufällig ist", sodaß es sehr wohl von Bedeutung sein kann, „ob etwa im Zusammenhang mit der Bedrohung durch Kernkraftwerke von 'Katastrophe', 'Unfall', 'Problem', 'Ereignis' oder 'Fall' gesprochen wird".[201] Sprachliche Sensibilität ist daher eine wichtige Voraussetzung für qualitative Forschung.

Qualitative Forschung ist jedoch gerade NaturwissenschaftlerInnen zumeist völlig fremd. Diese verfahren vielmehr nach quantitativen Methoden und arbeiten mit Experimenten, bei denen die experimentellen Bedingungen künstlich hergestellt werden und reproduzierbar sein „müssen". Unsere Fallstudie bei PhysikerInnen führte uns daher den Gegensatz zwischen qualitativen und quantitativen Methoden deutlich vor Augen. Zum Beispiel wurde Seekircher von einem Physiker einmal skeptisch gefragt, ob sie denn die Leute im Labor beobachten könne, ohne sie zu beeinflussen. In dieser Frage kommt das naturwissenschaftliche Objektivitätsideal, das heißt das Streben nach größtmöglicher Distanz zwischen Forscher und Untersuchungsgegenstand, sehr deutlich zum Ausdruck. In der qualitativen Forschung wird hingegen gerade die Interaktion zwischen Forscher und Beforschte angestrebt, um einen Dialog zu ermöglichen, wodurch es natürlich auch zur gegenseitigen Beeinflussung kommt. In einer Reaktion auf einen unserer Vorträge wurde Seekircher einmal die „Veränderung der Situation" durch unsere Studie auf lustige Weise gezeigt. In diesem Vortrag sprach Seekircher unter anderem über ihr Interesse für Metaphern, wobei sie als Beispiel erwähnte, daß sie einmal beobachtet hatte, wie ein Physiker die Ionen „Jungs" nannte. Ein paar Monate danach erzählte ihr ein Physiker, daß sie seit diesem Vortrag die Ionen als „Jungs" bezeichnen würden, obwohl sie das vorher nicht getan hätten.

---

[200] Ebd., S. 78.
[201] Ulrike Froschauer und Manfred Lueger: *Das qualitative Interview. Zur Analyse sozialer Systeme.* Wien: WUV-Universitätsverlag 1992, S. 57.

Die „Reproduzierbarkeit" wurde aber nicht nur durch unsere Einflußnahme gestört. Auch die Befragten waren mitunter „unzuverlässig". Zum Beispiel sprach ein Physiker in einem Interview über einen Aufsatz von Seekircher, in dem sie Interviewzitate, von denen auch einige von ihm selbst stammten, verarbeitet hatte. Dabei kritisierte er ausgerechnet seine eigenen Aussagen, die er ein Jahr zuvor gemacht hatte. In diesem Zusammenhang ist an die Bedeutung der Historizität in der qualitativen Forschung zu denken, „da humanwissenschaftliche Gegenstände immer eine Geschichte haben, sich immer verändern können"[202]. In naturwissenschaftlicher Forschung wird hingegen zumeist die historische Ebene so weit als möglich ausgeschaltet.

Auch die – im Vergleich zu quantitativen Untersuchungen – geringe Anzahl von Befragten in unserer Studie erregte bei manchen Physikern Unbehagen. Denn diese sind es gewöhnt, statistisch zu verfahren. Einige versuchten sogar, uns Leute zu vermitteln, um unsere Studie „repräsentativer" zu machen. Auch der Tip, mit Fragebögen zu arbeiten, wurde uns mehrmals gegeben. Repräsentativität, welche immer mit Verallgemeinerung und Verkürzung verbunden ist, ist jedoch nicht das Ziel dieser Untersuchung. Vielmehr geht es um lebendige Beispiele, durch die verschiedene Erfahrungen und Probleme auf sehr konkrete Weise vor Augen geführt werden sollen. Hier sei an das qualitative Kriterium der Einzelfallbezogenheit und Ganzheit erinnert.

Aber mitunter bringen Physiker auch Skepsis gegenüber den eigenen Methoden zum Ausdruck, wenn auch oft auf scherzhafte Weise, wie zum Beispiel im folgenden Ausspruch eines Physikers: „Traue niemandem, schon gar nicht einem Meßgerät." Daß das Mißtrauen gegenüber Meßgeräten nicht irrational sein muß, zeigt sogar eine physikalische Theorie. Die Quantentheorie besagt nämlich, daß Meßgeräte auf Messungen im mikrophysikalischen Bereich einen nicht mehr zu vernachlässigenden Einfluß haben. Also scheint Dorothy L. Sayers auch eine physikalische Erfahrung auszusprechen, wenn sie sagt: „Mein Herr, Fakten sind wie Kühe. Wenn man sie nur scharf genug ansieht, laufen sie im allgemeinen weg."[203] Und manchmal ist es schwer, Kühe wieder einzufangen.

---

[202] Mayring: *Einführung in die qualitative Sozialforschung*, S. 21.
[203] zitiert nach: Karin Knorr-Cetina, *Die Fabrikation von Erkenntnis – Zur Anthropologie der Erkenntnis*. Frankfurt am Main: Suhrkamp 1991, S. 17.

3 Die Institute

Das folgende Kapitel ist vor allem für jene gedacht, die wenig Ahnung von der akademischen, wissenschaftlichen Praxis und der Physik haben. Es möge jenen in erster Linie als Verständnishintergrund für das darauf folgende Hauptkapitel dienen.

Die Herangehensweise an diese Beschreibung scheint methodisch nicht weniger problematisch zu sein als die soeben diskutierte Verarbeitung des Interviewmaterials. Mit welchen Augen sollen die zu beschreibenden Einrichtungen gesehen werden, welcher Mund soll über sie sprechen? Sollte es eine anthropologische Annäherung sein, wie sie etwa Bruno Latour versuchte oder aber eine physikalisch-technische, wie Physiker ihre Stätten selbst sehen. Wir versuchen einen Mittelweg zwischen den beiden Extremen, des völlig Unwissenden, der auch nur idealisiert existiert, und des Fachmanns zu gehen.

3.1 Forschungsgebiete

Aus der Schule kennen wir die Einteilung der Physik in Mechanik, Optik, Elektrizität etc., welche auch in den Grundlagenvorlesungen an der Universität meist beibehalten wird. Diese Struktur wird allerdings durch jene der Universitätsinstitute unterlaufen, der man grob eine Zweiteilung in theoretische und experimentelle Physik unterstellen könnte. Die „experimentellen" (auch dort werden theoretische Aufgaben, wie etwa Simulationen durchgeführt) Institute, die sowohl Grundlagen- als auch angewandte Forschung betreiben, überwiegen dabei. Sie nehmen mehr Raum und auch mehr Personal in Anspruch. Der Zusammenhang verschiedener Forschungsgebiete unter dem Namen eines Institutes ist nicht immer logisch bzw. inhaltlich begründbar, sondern sehr oft auch historisch gewachsen. Es kommt vor, daß sich die Forschungsgebiete innerhalb eines Institutes kaum überschneiden. Folglich finden auch zwischen Studenten der verschiedenen Forschungsgruppen selten fachliche Unterhaltungen statt, auch wenn sie Tür an Tür arbeiten.

Die Laboratorien des *Institutes für Ionenphysik* in Innsbruck sind nach folgenden vier Forschungsschwerpunkten unterteilt, wobei die Gruppe

Chemische Physik, die nur aus zwei Personen bestand, im Laufe unserer Untersuchung aufgelöst wurde.

- *Clusterphysik*: Aufgabe der Clusterphysik ist, Eigenschaften von Clustern, das sind Zusammenlagerungen von gleichen Atomen oder Molekülen (damit sind Cluster eine Zwischenstufe zwischen dem festen und dem gasförmigen Zustand) zu bestimmen, wobei es vor allem um die Bindungsenergien und die Struktur der Cluster geht. Die Untersuchung der Wechselwirkung von Elektronen mit neutralen Clustern steht dabei in Innsbruck im Vordergrund.
- *Ionen-Molekül-Reaktionen*: In diesem Labor werden – wie bereits der Name sagt – Reaktionen zwischen Ionen und Molekülen mit einer sogenannten „SIFDT" (*selected ion flow drift tube*) gemessen. Diese Messungen dienen hier vor allem der Spurengasanalyse in der Luft und sind insbesondere für die Medizin und die Umweltphysik von Bedeutung.
- *Chemische Physik*: Im Labor für chemische Physik geht es ebenfalls um Reaktionen zwischen Ionen und Molekülen. Im Unterschied zum obigen Labor werden dazu nur etwas andere Apparaturen verwendet, nämlich eine sogenannte „SIFT" (*selected ion flow tube*) und eine „FALP" (*flowing afterglow Langmuir probe*).
- *Plasmaphysik*: Plasma ist ein Gemisch aus positiv und negativ geladenen Teilchen, zumeist aus Elektronen und positiv geladenen Ionen. In diesem Zustand befinden sich mehr als 99% der Materie des Universums, das heißt, daß die nicht ionisierte Schicht um die Erdoberfläche und die Erde selbst einen Ausnahmezustand darstellen. Durch die Fusionsforschung gewann die Plasmaphysik sehr an Bedeutung. Eine Voraussetzung für die Energiegewinnung aus der Kernfusion ist ein stabiles Plasma, welches jedoch wegen der häufig auftretenden Störungen schwer herstellbar ist. Diese Plasmainstabilitäten zu erklären bzw. zu verhindern, ist ein Forschungsschwerpunkt im Plasmalabor in Innsbruck.

Das *Institut für Allgemeine Physik* in Wien ist in fünf Forschungsbereiche gegliedert, denen etwa gleich große Arbeitsgruppen (AG) entsprechen. Diese unterteilen sich meist weiter in drei oder vier Kleingruppen zu etwa zwei bis fünf Personen, welche an einer ihren Forschungszwecken gemäßen Apparatur arbeiten.

- Die AG *Atomare Stoßprozesse und Plasmen* beschäftigt sich mit Wechselwirkungen von ein- oder mehrfach geladenen Ionen mit Atomen bzw. Molekülen und Metall- oder Isolatoroberflächen, welche Bedeutung für die Kernfusionsforschung haben. Für diese Stoßprozesse werden sogenannte ECR (*electron cyclotron resonance*)-Ionenquellen und Ionenstrahlapparaturen verwendet.
- Die AG *Laser- und Ionenphysik* befaßt sich mit Grundlagen der Wechselwirkung von Ionen- und Laser Strahlung mit Metallen, Isolatoren und

biologischen Präparaten, wobei neben Experimenten auch Computersimulationen gemacht werden, z.B. die Simulation vom Wachstum dünner Schichten. Ein weiterer Schwerpunkt liegt in medizinischen Anwendungen, welche in Zusammenarbeit mit verschiedenen Kliniken durchgeführt werden. Letztere umfassen etwa die Abtragung von biologischem Gewebe mittels Laserstrahlung; die Entwicklung eines Gerätes zur Herstellung von biologischen Kontaktlinsen und Hornhauttransplantationen, sowie die eines Gerätes zur Perforation von Goretexgeweben, die als Venenersatz verwendet werden können.

- Die AG *Oberflächenphysik* untersucht u.a. Legierungseinkristalloberflächen von Katalysatormetallen auf ihre Topographie und chemische Zusammensetzung mittels verschiedener oberflächenanalytischen Verfahren (Rastertunnelmikroskopie (STM), Ionenstreu-, Augerelektronen- und Röntgenphotoelektronenspektroskopie). In Zusammenarbeit mit dem Institut für Angewandte Physik wird weiters Grundlagenforschung zum Wachstum dünner Bleischichten auf Kupfereinkristallen mit dem STM betrieben. Technische Schichten dieser Art dienen als Gleitlagerbeschichtungen von hochbeanspruchten Dieselmotoren.
- In der AG *Physikalische Meßtechnik und Akustik* werden Schwingquarzsensoren für Schichtdicken- und Viskositätsmessungen von Flüssigkeiten untersucht und entwickelt. Weiters wurde in Zusammenarbeit mit verschiedenen Instituten und Firmen ein auf Ultraschall basierendes System zur „Zellrückhaltung" für Bioreaktoren entwickelt, welches um ein Vielfaches effizienter als bisher übliche Zellfilter arbeitet.
- Die AG *Plasmatechnik* umfaßt die Erzeugung künstlicher Diamantschichten mittels plasmaunterstützter Materialabscheidung, die Untersuchung plasmachemischer Reaktionen und die Analyse von Festkörper, Korngrenzen und Oberflächendiffusion von Schwefel- und Phosphorverunreinigungen in poly- und einkristallinem Eisen.

3.2 Labors und Apparaturen

Die Tätigkeit der Arbeitsgruppen wird von einer Mechanik- sowie einer Elektronikwerkstätte durch teilweisen Selbstbau von Experimentiergeräten, Eigenentwicklungen im Bereich der Elektronik und Anwendung elektronischer Rechner für Datenerfassung und – auswertung u.v.m. unterstützt. Eine wesentliche Aufgabe dieser Werkstätten ist auch die Reparatur schadhafter Teile.

Die Laborräume sind unterschiedlich groß, und dementsprechend sind eine oder mehrere Apparaturen dort untergebracht. Wenn hier recht ungenau von Maschinen, Apparaturen und Geräten die Rede ist, so sollte man sich um so mehr vor Augen halten, daß es sich stets um ein Konglomerat von Geräten dieser oder jener Art handelt. Die Apparaturen sind ständig im Wandel begriffen, d.h. es werden immer wieder Teile ausgebaut, dazugebaut oder ersetzt. Die ursprünglichen Apparaturen verändern sich also mit den Jahren, wobei es schwer wäre, hier Durchschnittsalter angeben zu müssen; fest steht, daß sie eine Geschichte haben. Manchmal gehen Geräte auch – nicht nur innerhalb des Institutes – sondern weltweit auf Reisen, um anderswo in andere Apparaturen ein- oder angebaut zu werden.

An einer Apparatur arbeiten meist mehrere Leute, was aber nicht heißen muß, daß sie am selben Experiment arbeiten. Vielmehr sind mit ein und derselben Apparatur viele verschiedene Experimente möglich. Da diese aber meist nicht gleichzeitig durchgeführt werden können, müssen diese Arbeiten koordiniert werden. Teamarbeit ist also immer – selbst wenn man nicht am gleichen Experiment arbeitet – von Belang.

Nicht nur einem physikalisch und technisch unkundigen Menschen erscheinen diese, der Forschung dienenden Apparaturen als sehr komplex, sondern auch den Physikstudenten, die erstmals ein Forschungslabor betreten. Um sich von diesen unübersichtlichen Haufen von Metallen, Kabeln, Leitungen, unterschiedlichst geformten Kästen mit Knöpfen und Anzeigen, Flaschen, Gashähnen, usw. ein Bild machen zu können, wollen wir auf zwei Apparaturen näher eingehen und die fehlenden Bilder durch Fotografien ersetzen.

3.2.1 Ionen-Molekül-Reaktionen an der Apparatur SIFDT

Die in Innsbruck stehende Apparatur SIFDT (*Selected ion flow drift tube*) können wir der Übersichtlichkeit halber in Produktions-, Reaktions- und Analyseteil gliedern. Dieser Aufbau läßt bereits erkennen, wozu eine

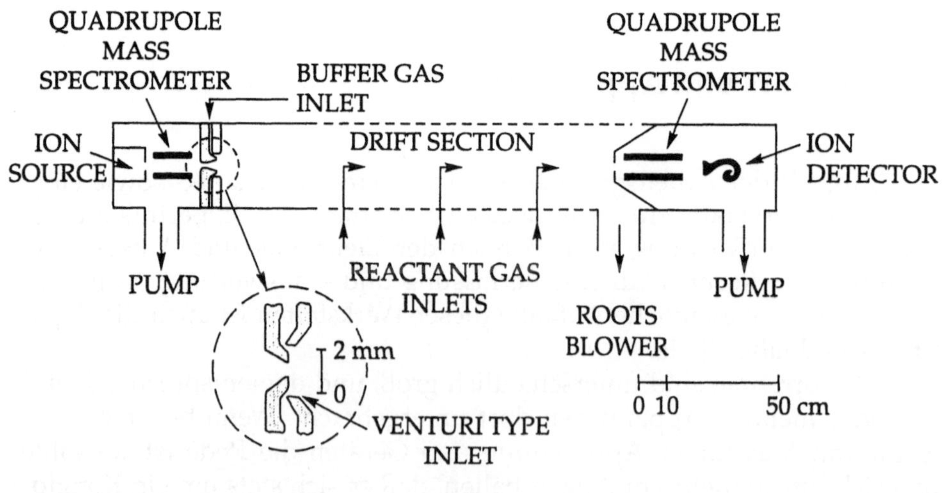

Abb. 1

solche Apparatur im wesentlichen dient: Zum einen geht es um die Produktion ionisierter Teilchen, zum anderen geht es um die Eigenschaften bzw. Reaktionen dieser Teilchen.

Ein wesentliches Moment bei der Produktion ionisierter Teilchen ist der Vorgang der Ionisierung, welcher zumeist durch Elektronenstöße erfolgt. Die Veränderungen dieser Teilchen bzw. Reaktionen mit anderen neutralen Teilchen finden alle unter Vakuum und genau festgelegten, meßbaren Bedingungen statt, wodurch diese Apparaturen sehr sensibel sind. Die Messung der Veränderungen bzw. Reaktionen von Ionen erfolgt zumeist durch ein Massenspektrometer, einem Gerät, welches die verschiedenen Teilchen bezüglich ihrer Massen selektiert. Diese Massenanalyse ermöglicht es, die einzelnen Teilchen genau zu identifizieren.

Eine schematischen Darstellung der SIFDT ist in Abb. 1 festgehalten. Die wichtigsten Bestandteile im Produktionsteil dieser Apparatur sind die Ionenquelle und das Quadrupol Massenspektrometer. Hier werden Ionen produziert und bezüglich ihrer Massen selektiert. Im anschließenden Reaktionsteil, der sogenannten *drift section*, reagieren diese Ionen mit Gasen, wobei es zu vielen Stößen zwischen den Ionen und den Gasmolekülen kommt. Im Analyseteil der Apparatur werden die Reaktionsprodukte mit Hilfe eines Massenspektrometers bestimmt. Die Apparatur SIFDT sieht folgendermaßen aus:

Abb. 2

Abb. 3

Die weißen Zettel in Abb. 2, die mit Klebestreifen an der Apparatur
befestigt wurden, sind mit der Aufschrift „Achtung Hochspannung" versehen. Dadurch erweckt diese Apparatur einen nicht ganz ungefährlichen
Eindruck. Im Vordergrund sind einige Gasflaschen zu sehen. Diese müssen immer wieder ausgewechselt werden.

Die Pumpen befinden sich zumeist im unteren Teil der Apparatur. Die
Maschinen auf der Ionenphysik haben alle mehrere Pumpen, die der Erzeugung des Vakuums dienen. Der Druck des Vakuums wird an Druck-
meßgeräten abgelesen. Wenn der notwendige Druck nicht mehr gegeben
ist, müssen bestimmte Teile ausgebaut, ausgeheizt und gereinigt werden,
was oft sehr viel Zeit kosten kann.

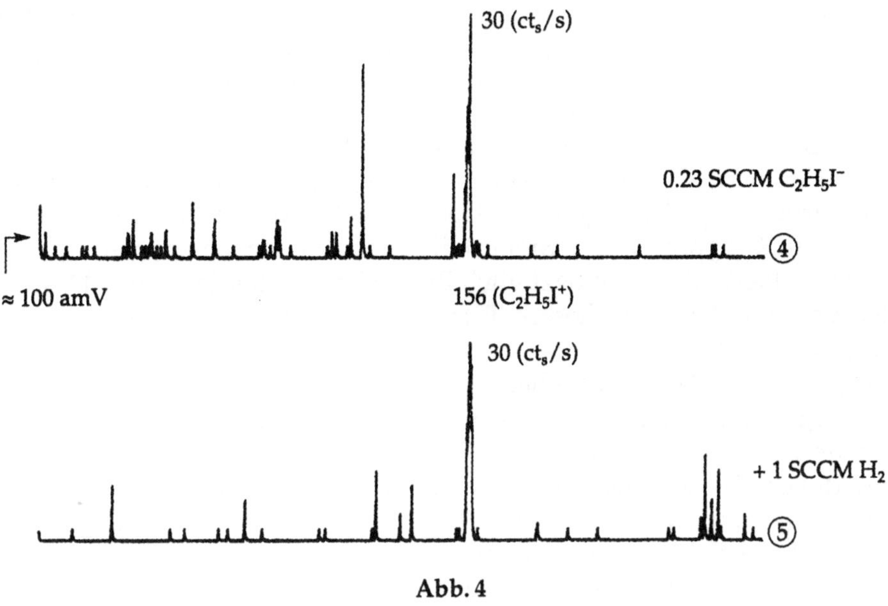

Abb. 4

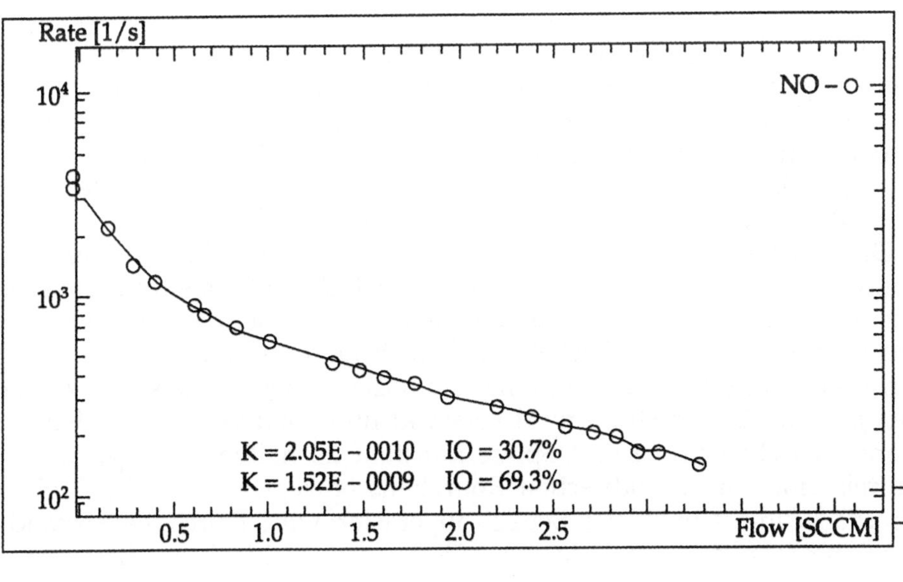

Abb. 5

Ein für die Messung sehr wichtiger Wert ist das sogenannte „Signal", welches die Anzahl der zu messenden Teilchen angibt. Wenn das Signal nicht gleichmäßig oder zu gering ist, müssen Messungen abgebrochen und mit der Fehlersuche begonnen werden, was wiederum manchmal sehr zeitaufwendig sein kann. Das Signal dieser hochsensiblen Geräte kann bereits durch geringfügige Einflüsse von außen, wie zum Beispiel durch das Vorbeigehen von Leuten oder durch das Betätigen eines Lichtschalters beeinträchtigt werden.

In Abb. 3 sind Geräte der Apparatur „SIFDT" zu sehen, welche der Analyse dienen. Die runde, weiße Anzeige im mittleren Gerät dieses Geräteturms zeigt das Signal an. Das obere Gerät mit den vier großen, schwarzen Knöpfen ist der Steuerteil eines Massenspektrometers, welches dazu dient, die Ionen bezüglich ihrer Massen zu selektieren. Das von unten vorletzte Gerät in diesem Turm ist ein Schreiber, welcher Massenspektren aufzeichnet. Ein Massenspektrum ist zum Beispiel – in verkleinerter Form – in Abb. 4 zu sehen.

Meßergebnisse werden aber auch vielfach über den Computer gespeichert und dann ausgedruckt. Mit Hilfe von Meßprogrammen können dann Meßergebnisse eine Form annehmen, wie sie zum Beispiel in Abb. 5 zu sehen ist und welche bereits eine erste Auswertung der Ergebnisse darstellt. Derartige Kurven können die angestrebten Ergebnisse wiedergeben und finden somit auch Eingang in die wissenschaftliche Literatur.

3.2.2 Oberflächenphysik am STM

Das in den achtziger Jahren entwickelte Rastertunnelmikroskop (*Scanning Tunneling Microscope, STM*) ist das derzeit leistungsfähigste Verfahren zur direkten Darstellung von Oberflächenstrukturen. Mit dem STM in Wien werden Grundlagenuntersuchungen an technisch relevanten Oberflächen, wie zum Beispiel an den Oberflächen von – für die Katalyse interessanten – Platin-Nickel-Legierungen durchgeführt.

Das Prinzip des STM's, das hier schematisch dargestellt ist, beruht darauf, daß bei Annäherung einer feinen Nadel, deren Spitze im besten Fall aus nur einem Atom besteht, an eine leitfähige Probe (meist Legierungen aus Kupfer, Blei, Platin, Nickel, etc.) im Abstand von ca. einem Nanometer, nach Anlegen einer Spannung, ein sogenannter Tunnelstrom zu fließen beginnt. Dieser Strom wird verstärkt und dazu verwendet, den Abstand zwischen Probe und Spitze konstant zu halten. Die Spitze wird mittels eines piezoelektrischen Röhrchens bewegt, so daß die Probenoberfläche in einem kleinen Bereich abgerastert wird. Durch die Abstandsregelung folgt die Spitze der Oberfläche; gleichzeitig kann diese Bewegung als „Landkarte" der Oberfläche am Bildschirm dargestellt werden. Im Idealfall können so die Atome einer Oberfläche „abgetastet" und „abgebildet" werden; man spricht dann auch von atomarer Auflösung.

Obwohl das STM grundsätzlich auch an der Luft und in Flüssigkeiten funktionieren würde, sind für atomare Auflösung Ultra-Hoch-Vakuum-Bedingungen (UHV) unumgänglich, um die erforderliche Sauberkeit der Probe und Spitze während der Messung zu gewährleisten.

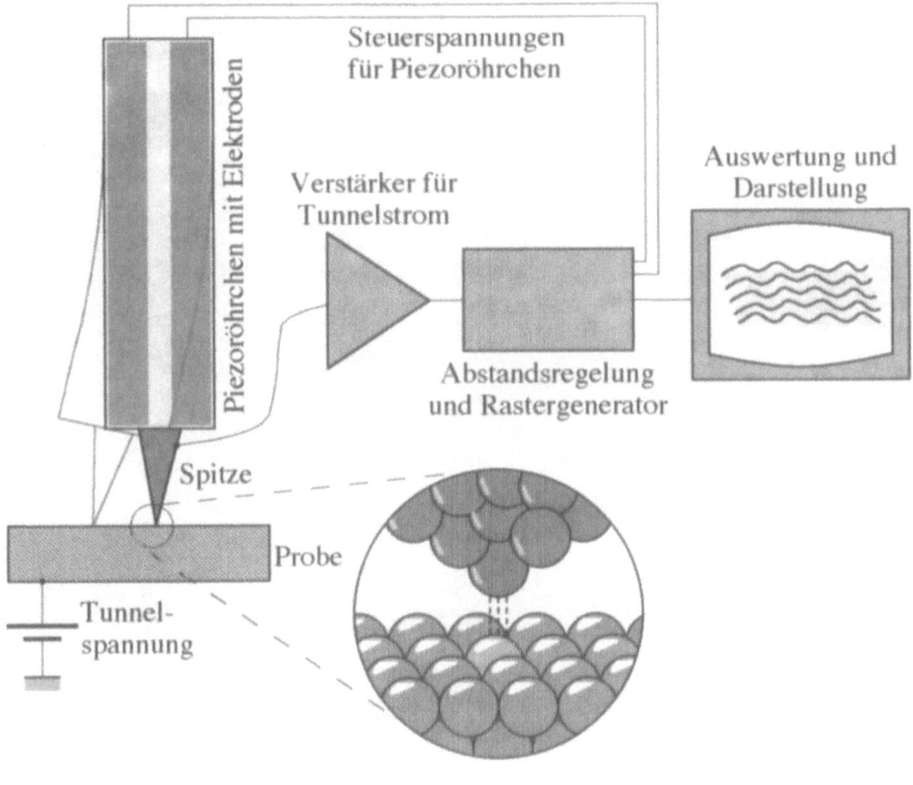

Abb. 6

In Abb. 7 sind die wichtigsten Teile der gesamten Anlage zu sehen. Der Edelstahlzylinder im Vordergrund ist die Präparationskammer, in der die Proben behandelt werden können. Hier können die Proben gereinigt, erhitzt und mit Metallen bedampft werden. Durch ein Ventil ist sie mit der Hauptkammer (der große quer liegende Zylinder), in der die eigentliche Messung stattfindet, verbunden. Ein sogenannter Magnetstab (das Rohr, das durch die Achse der Präparationskammer verläuft) dient dazu, die Proben von einer Kammer in die andere zu schleusen. Sichtbar sind weiters die Konstruktion der Schwingungsdämpfung (Massen und Federn, rechts unten im Bild), die bei derartig hochsensiblen Messungen unbedingt erforderlich ist, eine Vakuumpumpe (unten Mitte) und die Kontroll- und „Steuertürme" im Hintergrund. Nicht im Bild sind die, an der gegenüberliegenden Wand stehende Steuerelektronik der Feinannäherung der Spitze und der „Auswertecomputer". Dieser Computer liefert schließlich Bilder am Bildschirm, wie zum Beispiel jenes in Abb. 8, wo eine Atomlage Blei auf Kupfer zu sehen ist. Die einzelnen Bleiatome haben eine scheinbare Höhe von 0.01 nm und bilden ein hexagonales Gitter. In

Abb. 7

Abb. 8

den schwarzen Bereichen fehlen Bleiatome, an den weißen Stellen liegen
die Atome höher.

Ein Bild wie dieses gibt das STM einem nicht „freiwillig", sondern man
muß es oft nach unzähligen Versuchen „herauskitzeln". Von ungefähr 1000
Bildern sind vielleicht fünfzig von dieser Qualität. Davon wird wiederum
nur ein Teil in wissenschaftlichen Publikationen weiter verwendet. Manchmal sind die Bilder nicht eindeutig, und es ist notwendig, sie durch
andere oberflächenanalytische Methoden zu ergänzen, etwa durch die
Augerelektronenspektroskopie (AES). Eine entsprechende Vorrichtung
befindet sich ebenfalls in der Hauptkammer.

3.3 Ausbildung und Organisation der Forschung

Nach dem Vorhergehenden ist es offensichtlich, daß die Arbeiten an einem Institut der experimentellen Physik recht verschieden sein können.
Sie reichen von Programmieraufgaben und Simulationsrechnungen, der
Konstruktion und dem Bau von Apparaturen, z.B. einer Ionenquelle, bis
zu dem, was man sich üblicherweise unter der Arbeit eines Physikers
vorstellt, nämlich dem Experimentieren, d.h. im engeren Sinne Messen.
Tatsächlich beträgt die Meßarbeit aber nur einen geringen Teil der Arbeit
eines Physikers. Die eigentliche Arbeit des Physikers, seine Ausbildung
sowie Organisation der Forschung sollen nun umrissen werden.

Die Ausbildung des graduierten Physikers beträgt mindestens fünf Jahre. In den ersten zwei Jahren lernt er Grundlagen der Physik, aber auch
sehr viel Mathematik, ein wenig Chemie und Elektronische Datenverar-
beitung. Die Vorlesungen werden durch Rechenübungen und durch Labor-
übungen erweitert, in denen kürzere, vorgegebene Aufgaben bewältigt
werden müssen, und man häufig verwendete Meßgeräte, wie z.B. das
Oszilloskop kennenlernt. In den verbleibenden Jahren wird einerseits die
Ausbildung in theoretischer Physik (Quantenphysik, Elektrodynamik und
Relativitätstheorie) vertieft und andererseits durch diverse Projektarbeiten die praktische Arbeit gefördert. Der Student kann aus einem Katalog
verschiedener, meist experimenteller Projektarbeiten nach seinem Interesse wählen.

Dies ist der Zeitpunkt, wenn der Student zum erstenmal selbst an
Forschungstätigkeiten beteiligt ist. Für die meisten ist es ein ziemlicher
Sprung von den theoretischen Vorlesungen in die praxisorientierten Labors. Ein Projektpraktikum bedeutet etwa ein Monat lang den ganzen
Tag Arbeit in einem Labor, wobei eine bestimmte, in diesem Zeitraum
bewältigbare Aufgabe, meist von einem Assistenten oder Doktoranden
(in Österreich auch: Dissertant), der im Regelfall auch der Betreuer ist,
gestellt wird. Der Student schließt diese Arbeit mit einem ungefähr 20-
seitigen Protokoll, das vom Assistenten benotet wird, ab.

Diese Praktika werden auch Vorbereitungspraktika genannt, da sie als Vorbereitung für die Diplomarbeit gedacht sind. Das mit dem Vorbereitungspraktikum in Wien vergleichbare Praktikum in Innsbruck wird als Laborpraktikum bezeichnet. Dabei geht es weniger um die Arbeit an einem bestimmten Projekt, als vielmehr um das Kennenlernen sämtlicher Labors und Apparaturen an diesem Institut. Die Diplomarbeit, die sehr häufig und im besten Falle direkt an eines der Praktika anschließt, umfaßt eine ca. einjährige experimentelle Praxis in einem bestimmten Labor, welche durch eine etwa 100 seitige schriftliche Arbeit abgeschlossen wird. Der Diplomand sollte bereits (möglichst) selbständig eine eigene Aufgabe behandeln. Er arbeitet dabei dennoch eng mit einem Doktoranden bzw. Assistenten (Dozenten) zusammen und beteiligt sich auch schon an wissenschaftlichen Papieren (es wird stets der englische Ausdruck *Papers*[204] verwendet). Mit der Diplomarbeit und einer kommissionellen Prüfung schließt der Student sein Studium ab.

Der Großteil verläßt danach die Universität, manche jedoch beginnen ein mindestens zweijähriges Doktoratstudium. Die Doktoranden, die gemeinsam mit den Diplomanden, wohl den Hauptteil der praktischen Arbeit tragen, führen nicht nur die Experimente durch, sondern schreiben auch die Papers und stehen häufig in einem Angestelltenverhältnis, d.h. sie werden aus Projektgeldern, die aus Bundesmitteln eingeworben werden, für ihre Tätigkeit bezahlt. Der Doktorand, der ebenfalls mit einer schriftlichen Arbeit (Dissertation) und einer Prüfung abschließt, wird entweder direkt von einem Professor, Dozenten oder einem Post-doc Assistenten betreut. Wohlgemerkt nimmt die Betreuung in diesem streng hierarchischen System nach oben hin ab, wie auch die Selbständigkeit wachsen sollte. Ebenso nimmt die administrative bzw. organisatorische Tätigkeit (etwa das Einwerben finanzieller Mittel) zu, die natürlich beim Institutsvorstand den Höhepunkt erreicht.

---

[204] *Papers* sind kürzere Publikationen in wissenschaftlichen Fachzeitschriften, in denen Forschungsergebnisse in stark geraffter Form erscheinen. Neben den wissenschaftlichen Zeitschriften dienen hauptsächlich Konferenzen, auf denen man sich in Form von Posters (Schautafeln) bzw. Vorträgen präsentiert, der nationalen und internationalen Kommunikation.

4 Probleme und Themenbereiche

Den schwedischen ArbeitsforscherInnen wurde immer wieder vorgeworfen, daß es ein Widerspruch wäre, über implizites Wissen zu reden. Dies ist jedoch nur ein scheinbarer Widerspruch. Denn praktisches Wissen kann sehr wohl – zumindest bis zu einem gewissen Grad – diskutiert, analysiert und reflektiert werden. Die diskutierten Fertigkeiten können aber auf diese Weise nicht erworben werden. Es ist also zu unterscheiden zwischen praktischem Wissen und der Reflexion über praktisches Wissen. Beides zugleich ist nicht möglich, da – wie bereits gezeigt – die Analyse einer Handlung während der Handlung eine Störung bewirkt.

Normalerweise besteht auch nach einer Handlung – sofern sie problemlos verlaufen ist – nicht das Bedürfnis, sie zu analysieren. Die Reflexion über praktisches Wissen ist nur dann sinnvoll, wenn Probleme auftreten. Dann beginnen die jeweiligen Praktiker sehr oft von sich aus darüber nachzudenken, warum etwas nicht funktioniert hat, wodurch zugleich auch ein Einblick in das Funktionieren der Praxis gegeben wird, wie dies Janik folgendermaßen auf den Punkt bringt: „It is first when problems arise [...] that we get a glimpse of what is involved in the epistemological complexity of practice."[205] Verschiedene Handlungsweisen bzw. Praktiken, die an sich nicht primär sprachlicher Natur sind, werden also gerade dann zur Sprache gebracht, wenn Probleme oder Krisensituationen auftreten. Dann wird versucht, die jeweiligen Handlungen zu reflektieren und zu analysieren, um diese Reflexionen bzw. Analysen dann wieder in die jeweilige Handlung zu integrieren und dadurch – wenn möglich – das Problem zu beseitigen.

Auch in unserer Fallstudie in der experimentellen Physik erschien uns der Ansatz bei Problemen als sehr sinnvoll. Gerade weil es in dieser Form der Arbeitsforschung um eine gemeinsame Reflexion mit den jeweiligen Praktikern über ihre Arbeit geht, eignet sich dafür der Ausgang von Problemen sehr gut. Dabei ging es uns gerade darum, jene Problembereiche zu finden, die dem jeweiligen Interviewpartner ein persönliches Anliegen waren. Es waren also gerade die Aussagen interessant, die über das allgemeine Geplauder hinausgingen, die also davon zeugten, daß sich der jeweilige Interviewpartner etwas dazu überlegt hat.

---

[205] Allan Janik: *The Concept of Knowledge in Practical Philosophy*, S. 42.

4.1 „Lötkolbenphysik" und die „eigentliche" Physik?

Die Teilung in experimentelle und theoretische Physik stellt – zumindest gemäß der Erfahrung eines experimentellen Physikers – keine wertneutrale Klassifizierung dar:

> Das ist ganz bezeichnend, wie Experimentalphysiker von den theoretischen Physikern genannt werden. Die werden meistens herablassend als Lötkolbenphysiker bezeichnet; von der Theorie aus sind das halt die, die ein bißchen herumbasteln, und wenn halt zufällig etwas herauskommt, dann ist es ganz schön.

Mit der pejorativen Bezeichnung „Lötkolbenphysik" wird hier jene Arbeit bezeichnet, die den Experimentalphysiker vom theoretischen Physiker unterscheidet, nämlich die Arbeit im Labor, das heißt der Umgang mit den verschiedenen Apparaturen und Geräten. Daß diese Arbeit einen niedrigeren Stellenwert hat als zum Beispiel die Interpretation von Meßergebnissen, kommt auch in der Aussage eines Diplomanden deutlich zum Ausdruck, der bereits über ein Jahr mit dem Umbau einer Apparatur beschäftigt ist, ohne „eigentliche" Ergebnisse vorweisen zu können:

> Ich habe mir erwartet, daß der Umbau nicht so lang ausfällt, [...] daß man sozusagen den physikalischen Gehalt leichter herausbekommt aus der Apparatur, und dann die Daten, die man hat, auswerten kann; daß man mehr Zeit hat, die Physik, die dahintersteckt, zu erfassen; daß man wirklich die Daten hat, die vergleichen kann mit irgendwelchen Papers, mit Ergebnissen von früher, mit anderen Ergebnissen, die dann irgendwie interpretieren, dann irgendein Poster machen, Seminarvortrag halten und das in die Diplomarbeit so einbringen. [...] Die eigentliche Physik. Ich meine, Physik ist alles. Physik ist natürlich auch, daß ich mir überlege, wie muß ich die Schraube konstruieren, aus was für einem Material darf die Schraube sein, damit ich keine Probleme habe in der Apparatur bei den Temperaturen usw. Damit fangt es schon an. Diese Probleme sind auch Physik.

Dieser Diplomand sagt hier deutlich, daß die Arbeit im Labor nicht als die „eigentliche" Physik angesehen wird, daß die „eigentliche" Physik „dahintersteckt" und man sie erst „herausbekommen" muß. Wenn er abschließend noch betont, daß die Konstruktion von Schrauben auch Physik ist, zeigt er dadurch letztlich nur, daß die „eigentliche" Physik etwas anderes beinhaltet. Es scheint also, daß auch innerhalb der experimentellen Physik – zumindest aus wissenschaftlicher Sicht – die Arbeit im Labor eher zweitrangig ist. Dies hängt natürlich damit zusammen, daß der wissenschaftliche Wert einer Arbeit an der Produktion von Papers gemessen wird. Die Arbeit im Labor ist aber nicht für die Darstellung in Papers geeignet, wie dies obiger Diplomand sehr genau erkennt:

> Das was ich effektiv wissenschaftlich verwerten kann, ist in wenigen Wochen leicht gemacht. Das ist das Problem. [...] Für das Labor ist es sicher wertvoll, was wir

gemacht haben, sehr wertvoll. [...] nur wenn ich das in meiner Diplomarbeit erwähne und irgendeine Publikation, eine wissenschaftliche, machen soll, dann kann ich nicht hineinschreiben: ich habe bei der Maschine die Heizung optimiert und dies und jenes. Das waren einfach viele Tätigkeiten, die aus Probieren und viel Zeitaufwand resultiert sind. Es waren Maschinenbautätigkeiten; und so was ist nicht das Niveau, das man in einem Paper dann braucht.

Dadurch daß die Arbeit im Labor im Paper kaum dargestellt wird, verliert sie indirekt auch an wissenschaftlicher Bedeutung. Das heißt jedoch nicht, daß sie nicht auch als sehr reizvoll erfahren werden kann, wie dies ein anderer Diplomand folgendermaßen zum Ausdruck bringt:

Den theoretischen Physiker interessiert nur, warum läuft das physikalisch überhaupt ab und versucht, das herauszufinden über mathematische Modelle. Der Experimentalphysiker möchte natürlich – wie soll man sagen – die Liebe zur Technik oder so ähnlich.

Dieser Diplomand wertet hier mit dem „nur" die Arbeit des theoretischen Physikers sogar ab und dreht dadurch sozusagen die „offizielle" Wertung um. Während er aber die Tätigkeit des theoretischen Physikers noch relativ gut zu beschreiben vermag, fehlen ihm ganz symptomatisch für die Arbeit des experimentellen Physikers die Worte. Den Gedanken führt er dann folgendermaßen fort:

Natürlich ist das Auswerten interessant, das ist physikalisch interessant, vom Fach her. Aber den Bastler in dir selber oder den Spieltrieb befriedigt mehr, das Experiment durchzuführen und zu wissen, was da jetzt genau los ist.

Aber auch wenn die Arbeit im Labor persönlich sehr reizvoll sein kann, hat diese Arbeit allein dadurch, daß sie in wissenschaftlichen Publikationen kaum erwähnt wird, einen niedrigeren Stellenwert.

Ein erfahrenerer Physiker interpretiert diese Bewertung folgendermaßen:

Ich sehe das fast als eine Art Überbleibsel von dieser Polarisierung in unserer Philosophie, wonach das sogenannte Geistige als etwas Höherwertiges gilt als das Körperliche. [...] Und die Theoretiker beschäftigen sich halt mit etwas sogenanntem Geistigen, weil sie nur sich hinsetzen, und ihre Gleichungen da lösen usw., während die Experimentalphysiker dazu verurteilt sind, auch manchmal einen Schraubenzieher zu nehmen, um irgendwas zu verstellen oder selber was zu basteln, eben mehr manuell zu arbeiten.

Hier wird der grundlegende Unterschied zwischen der Arbeit des experimentellen und des theoretischen Physikers angesprochen, der im folgenden noch genauer ausgeführt wird:

Die Hauptprobleme sind sicher die Komplexität der heutigen Untersuchungsmethoden und der Apparatur. So eine Maschine, wie wir sie da haben, die ein

> sogenanntes Plasma erzeugt, mit dem man dann experimentieren soll, ist halt einfach eine sehr komplizierte Maschine, wo man auf die verschiedensten Sachen achten muß, damit man es richtig hinkriegt, damit man das Versuchsmedium erzeugt, mit dem man dann eben arbeiten kann. [...] Also es ist einfach ein ziemlich komplexer Apparat, den man allein schon deswegen bedienen können muß, damit man sich überhaupt einmal das Versuchsmedium bereitet. Und dann fangt es erst an. Dann fangt es erst an mit den Experimenten. Während der Theoretiker nimmt eben das von vornherein an; der hat eben ein Plasma.

Während also ein experimenteller Physiker sehr viel Zeit und Arbeit investieren muß, um überhaupt sein Versuchsmedium wie zum Beispiel ein Plasma zu erzeugen, stellt ein theoretischer Physiker ein Plasma symbolisch dar, ohne es tatsächlich produzieren zu müssen. Das sind zwei völlig verschiedene Tätigkeiten und dadurch auch – wie eine Physikerin feststellt – zwei unterschiedliche Welten:

> Weil ein Experimentalphysiker muß sich halt, also der Mehrteil der Arbeit ist ein Herumschlagen mit irgendwelchen technischen Problemen. Und das wird halt immer übersehen, daß die meiste Zeit wirklich mit Reparieren draufgeht und neuen Sachen bestellen und was weiß ich, was allem. Mit dem muß sich ein Theoretiker überhaupt nicht herumschlagen. Der sitzt vor seinem Blatt Papier und rechnet. – Das ist eine andere Welt. [...]

Der wesentliche Unterschied liegt also im Medium, mit dem gearbeitet wird. Auch wenn es dem experimentellen gleich wie dem theoretischen Physiker um Ionen, Moleküle, Plasmen oder was immer geht, bedeutet das für einen experimentellen Physiker – zumindest wenn er im Labor arbeitet – etwas anderes als für einen theoretischen Physiker. Dieser muß nämlich mit den diversen Apparaturen und Geräten hantieren, was mit einem „Herumschlagen mit irgendwelchen technischen Problemen" verbunden ist, während sich das Arbeitsmedium des theoretischen Physikers auf Papier und Bleistift und natürlich den Computer beschränkt. Er setzt sich primär mit Symbolsystemen auseinander, während der Experimentalphysiker von greifbarer Wirklichkeit ausgeht. Das heißt, daß die Arbeit des theoretischen Physikers von vornherein in schriftlicher Form vorliegt. Die Arbeit des Experimentalphysikers im Labor ist hingegen großteils eine manuelle Arbeit und müßte daher erst in eine schriftliche Form gebracht werden, um überhaupt in Papers dargestellt werden zu können. Vielleicht ist bereits dieser Unterschied im Arbeitsmedium mit einer Wertung verbunden.

4.1.1 Theorie und Experiment

Der grundlegende Unterschied zwischen Theorie und Experiment, der bereits angesprochen wurde, wird im folgenden von einem Physiker, der mehrere Jahre im Labor gearbeitet hat, genauer ausgeführt:

> Ein Theoretiker kann das ideell immer einfach definieren. Der kann einfach sagen, heute mache ich dieses Gedanken- oder Modellexperiment, und die definieren die Voraussetzungen. Für einen experimentellen Physiker kann das niemals so sein, daß er sich das definieren kann. Für einen experimentellen Physiker ist es so, daß er einfach die Voraussetzungen schaffen muß, indem er eine Apparatur aufbaut, die eben betreibt und dann anhand von Meßergebnissen – die er glauben kann oder nicht, normalerweise glaubt man denen, wenn die Meßgeräte stimmen – kann er einfach sagen, so jetzt habe ich diese Bedingungen erreicht. Dann habe ich sie da, diese Bedingungen, dann kann ich mit meinem Experiment, das ich durchführen möchte, starten.

Hier wird deutlich, wie schwierig – verglichen mit der rein theoretischen Definition von Voraussetzungen – es ist, Versuchsbedingungen real zu schaffen. Selbst Meßgeräte können täuschen, wie hier in einem Nebensatz bemerkt wird. Dieser Physiker fährt dann fort, indem er noch einmal den wesentlichen Unterschied zwischen Experiment und Theorie zusammenfaßt:

> Von diesem tatsächlichen Vorhandensein da lebt und stirbt das Experiment. Für einen Theoretiker ist das keine Frage. Der definiert sich das und das ist da. Die rechnen in dieser Dimension. Die ganzen Randeffekte, was experimentell da noch dabei sind, die hat der weg, weil er sich das sehr klar und sich das so definiert, wie er das haben möchte. Das hat der Experimentalphysiker nie. Das sind einfach völlig ideale Verhältnisse.

Der Theoretiker kann also von idealen Verhältnissen ausgehen, da er sie nur symbolisch darzustellen braucht und sie nicht wie der Experimentalphysiker tatsächlich produzieren muß. Bei der tatsächlichen Produktion können diese idealen Verhältnisse überhaupt nicht bzw. nur annäherungsweise hergestellt werden. Insofern trifft die Klarheit und Genauigkeit der theoretischen Definition auf das Experiment nicht zu, wie dies auch ein anderer Physiker mit langjähriger Erfahrung feststellt:

> Theoretisch weiß man, wie es vielleicht sein könnte. Aber dann gibt es wieder eine Verschmutzung. Die Wirklichkeit ist eben viel komplizierter; läßt sich eben nicht so genau fassen. [...] Theoretische Physiker tun sich das so zurechtlegen, wie das dann berechenbar ist. Aber in der Natur ist das nicht so. In der Natur ist das immer viel komplexer.

Es handelt sich hier zwar nicht um Natur, sondern um künstlich hergestellte Zustände im Labor. Vakuum bzw. ionisierte Atome sind „natürlich" nur im Weltall anzutreffen. Aber diese Laborbedingungen sind bereits so komplex, daß eine exakte Beschreibung nur in einfachen Fällen möglich ist, wie dies obiger Physiker aufzeigt:

> Das ist eben auch ein Problem in der Physik: in einem einfachen Fall kann man alles exakt beschreiben und vorhersagen. [...] In der experimentellen Physik hat man immer experimentelle Bedingungen, die viel komplexer sind, als sie leicht sozusagen mit einem simplen Modell beschreibbar wären.

Wegen dieser Komplexität der experimentellen Bedingungen erscheint
gerade Anfängern das Funktionieren von Apparaturen zufällig, wie dies
ein Diplomand folgendermaßen zum Ausdruck bringt:

> Wieso es gut geht und wieso schlecht, ist eine andere Frage, glaube ich. Das hat,
> glaube ich, mit Physik gar nichts mehr zu tun. Das ist, glaube ich, nur mehr Statistik
> oder Zufall. – An manchen Tagen da schaltest sie [die Maschine] ein, brauchst nichts
> mehr tun, hast ein super Signal und es läuft alles. Dann gibt es Tage, da tust du ganz
> gleich, da schaltest sie ein mit den gleichen Bedingungen vom Vortag und ist nichts.
> Das hat dann aber nichts mit Verständnis zu tun, sondern dann heißt es einfach
> probieren ein bißchen: was könnte ich da ändern an diesen Spannungen, daß mehr
> Signal daherkommt usw.

Erfahrene Physiker müssen weniger auf den Zufall zurückführen. Sie wissen zumeist um verschiedenste Einflüsse auf das Experiment Bescheid,
wie zum Beispiel folgender Physiker, der die Erfahrung gemacht hat, daß
sich der Lift auf die Stabilität auswirkt, wenn er dies auch sehr vorsichtig
formuliert:

> Scheinbar scheint da der Lift Einfluß zu haben; wenn der Liftmotor läuft, wenn viel
> mit dem Lift gefahren wird, merkt man das auch – daß die Stabilität nicht mehr so
> gut ist wie in der Nacht [...] Das sind einfach dann Langzeiterfahrungen, daß man
> die ideale Zeit findet, wo man denkt, aha, da ist es immer schon stabil gewesen; also
> miß ich am liebsten dann am Morgen, wenn noch keine Lifte fahren.

Dieser Physiker hat auch festgestellt, daß Bauarbeiten in der Nähe der
Laboratorien die Messungen negativ beeinflußt haben, sodaß er die
Meßzeiten entsprechend geändert hat. In einem anderen Labor wurden
Zusammenhänge zwischen Signalschwankungen und einer kaputten Neonröhre festgestellt. Diese Schwankungen verliefen parallel zum Flackern
der Neonröhre – erklärbar durch das gemeinsame Stromnetz. Solche Einflüsse beziehen sich auf ganz konkrete Experimente. Die Kenntnis dieser
manchmal sonderbar erscheinenden Einflüsse kann daher nur durch Erfahrung erworben werden.

Aber es gibt auch Situationen, in denen selbst erfahrene Physiker keine
Erklärung mehr finden. So beendet zum Beispiel ein Physiker eine Eintragung ins Laborbuch folgendermaßen: „Hoffnung auf mehr Signal." Das
zeigt, daß selbst bei genauer Kenntnis der Apparatur ihr Funktionieren
nicht genau vorhergesagt werden kann, weil eben – wie bereits gesagt –
das Experiment wesentlich komplexer ist als die dazugehörige Theorie.
Auch bei der Konstruktion und dem Bau verschiedener Teile wird dies
deutlich:

> Der N. z.B. muß einen Monochromator bauen und konstruiert ihn natürlich auf-
> grund von theoretischen Berechnungen. Da gibt es Simulationsprogramme, die
> halt diese Elektronenbahnen und das alles berechnen, rein theoretisch. Und es hat
> sich aber gezeigt, daß das in der Praxis dann keineswegs so ausschaut. Daß da dann

ganz andere Faktoren plötzlich eine Rolle spielen, die in der Theorie nicht vorkommen, weil dieses Vakuum, wie man es dort definiert, ein ideales Vakuum ist [...].

Die Theorie scheint also in der Praxis an Bedeutung zu verlieren, auch wenn natürlich die Theorie eine unbedingte Voraussetzung ist, um physikalische Experimente auf sinnvolle Weise durchzuführen. Aber letztlich entscheidet nicht die theoretische Möglichkeit, sondern die technische Realisierbarkeit über die Durchführbarkeit von Experimenten, wie dies auch zwei Dissertanten erkennen:

A: Bei der Auflösung bei der Massenspektrometrie – weil ich bin Vorlesung gegangen. Da redest du auch über Auflösung und so. Da wird das einfach so theoretisch abgehandelt. Der Peak schaut so aus und ist so weit auseinander. Und dann im Labor machst du das genauer; weil entweder es funktioniert gut und du hast eine gute Auflösung. Dann merkst du erst, wie wichtig das ist.
B: Also was ist, ist so: In der Theorie sagt man einfach: ja und dann ist es so und dann ist es so. Daß aber viel Anstrengung dahinter ist, daß eine gute Auflösung kriegst; das ist dem Theoretiker wurscht.
A: Also das ist in der Vorlesung ungesagt geblieben. Die sagen dir einfach: ja, es gibt die Möglichkeit, daß du das und das tun kannst, dann wird das andere schlechter. Und man muß einen Kompromiß finden oder so.
B: Der Professor meint immer, wenn das und das nicht geht, dann müssen wir uns ein bißchen mehr anstrengen, dann geht wieder was. [...] So was kann einer nie sagen, der im Labor arbeitet, weil der weiß, daß wir so weit kommen; da haben wir uns ja auch schon höllisch angestrengt. Das geht nicht so einfach: „Ja, da müßt ihr das noch einstellen, dann geht es schon." So ist es nicht.
A: Ich habe ihnen [dem Professor und dem Assistenten] erklärt, das und das kommt heraus und das und das geht nicht. Und die meinen: „Dann muß man halt das und das tun." Das sind genau die zwei, die nicht an der Maschine sind. Und alle anderen sagen nichts, weil die wissen ja, was für eine Anstrengung dahintersteckt.
B: „Der soll an irgendeinem ganz normalen Parameter drehen, ein bißchen, und dann wird das schon so." Weil die wissen ja, da besteht ein Zusammenhang zwischen dem da und dem da, und wenn das so ist, muß das und das passieren.
A: Nur fangst du dir dann wieder eine andere Schwierigkeit ein.
B: Ja. Und da ist man begrenzt. Da kann man nicht einfach irgendwo drehen, dann ist die Grenze wo anders. [...] Das geht leider nicht. Aber so wird das manchmal dargestellt.

Der Hinweis auf theoretische physikalische Zusammenhänge ist für diese beiden Dissertanten angesichts ihrer Probleme bei der experimentellen Arbeit unbefriedigend. Da im Experiment eine Wirklichkeit tatsächlich geschaffen werden muß, während sie in der Theorie nur symbolisch dargestellt und auf mathematische Modelle reduziert wird, sind gerade bei experimentellen Problemen theoretische Ratschläge zumeist unzulänglich. Denn diese Ratschläge gehen zumeist an den konkreten, technischen Problemen vorbei, die mit der Komplexität der experimentellen Bedingungen zusammenhängen.

4.1.2 Theoretische und praktische Arbeitsweisen

Die Beschäftigung mit Theorien und die Arbeit im Labor scheinen auch mit verschiedenen Arbeitsweisen verbunden zu sein. Beim Lernen im Labor ist die persönliche Erfahrung von grundlegender Bedeutung, wie dies eine Diplomandin folgendermaßen zum Ausdruck bringt:

> Das Lernen an der Apparatur ist sehr persönlich, d.h. es nutzt nichts, wenn dir das jemand im Büro erklärt. Dann gehst ins Labor, dann kannst du es wieder nicht mehr. Du mußt dort stehen und an den Knöpfen drehen. Du mußt ständig den Zeiger im Kopf haben. Wie geht der, wenn ich da in diese Richtung drehe. Wie geht der, wenn ich in diese Richtung drehe. Du mußt Werte vergleichen können [...]. Und wenn du das nicht selber tust und damit deine Erfahrungen machst, dann, glaube ich, ist es unmöglich, die Apparatur in den Griff zu kriegen. Ich meine, rein theoretisch verstehen, wie sie funktioniert, das kann man, glaube ich, ohne Probleme lernen; jetzt einmal prinzipiell, wie sie funktioniert oder funktionieren sollte. Aber dann effektiv zu sagen: sie funktioniert jetzt nicht, weil das und das kaputt ist oder weil das und das nicht stimmt. Dafür braucht es sehr viel Erfahrung.

Ein rein theoretisches Verständnis der Apparatur ist also völlig unzulänglich, um sie dann auch wirklich bedienen zu können, sondern sie muß erfahren werden. Das Wort „Erfahrung" besagt bereits, daß es um eine Wirklichkeit geht, daß – wie obige Diplomandin dies ausdrückt – „du jetzt wirklich mit einem Alltag konfrontiert bist, nicht mehr mit dem Zettel und deinem Bleistift, wo du das hinschreiben kannst."

Dieses Erfahrungen Sammeln im Labor wird häufig als ein „Herumprobieren" bzw. „Spielen mit der Maschine" beschrieben. Eine Physikerin stellt dieses „Herumprobieren" am Beispiel der Einstellung eines Lasers folgendermaßen dar:

> Bei einem Laser willst du halt, daß der eine gewisse Leistung hat. Und damit er diese Leistung hat, mußt du irgendwelche Größen verändern, um die Leistung zum Beispiel zu erhöhen; genauso damit eine Glühbirne heller scheint zum Beispiel, mußt du halt auch eine höhere Spannung anlegen und was weiß ich was machen. Da gibt es halt ganz viele Faktoren, die zusammenspielen, jetzt mußt du halt ausprobieren: wenn ich das verändere, was muß ich dann beim anderen machen, damit ich den Effekt erziele, den ich haben will. Da veränderst du immer alle Teile, da probierst du halt durch. [...] Verändern einzelner Parameter, minimal verändern und schauen. Was die Theoretiker den Experimentalphysikern vorwerfen, daß sie mehr probieren als vorher denken, eigentlich nur probieren und vorher nicht denken, daß alles auf Zufall beruht, was sie machen. [...] Also eben viel zu ungenau.

Für diese Physikerin ist das experimentelle Arbeiten ein „Ausprobieren, Verändern und Schauen". Diese Arbeitsweise führt sie auf die Komplexität der experimentellen Bedingungen zurück, darauf, daß „halt ganz viele Faktoren zusammenspielen". Sie zeigt hier aber auch, daß dieses Probieren von Theoretikern kritisiert wird und führt diese Kritik im folgenden noch weiter aus:

> Die Arbeitsweise von Praktikern ist anders und deshalb wird sie kritisiert, weil es
> nicht zulässig ist für einen Theoretiker, wie ein Experimentalphysiker arbeitet. [...]
> Daß er zu viel probiert, anstatt vorher das durchzudenken. Also daß einfach viel
> auf Zufall beruht, wird behauptet. Wenn etwas Neues entdeckt worden ist – Zu-
> fallstreffer, – was auch wirklich wahr ist. Ich glaube wirklich, daß viele große Errun-
> genschaften einfach Zufall waren.

Gemäß ihrer Aussage wird also die Arbeitsweise von Experimentalphysikern
niedriger eingestuft als die von Theoretikern, weil sie weniger genau
durchdacht ist. Auch die experimentelle Arbeitsweise spiegelt also die
Wertung wider, die mit dem Begriff „Lötkolbenphysik" verbunden ist.

Eine andere Physikerin beschreibt das experimentelle Arbeiten ebenfalls als ein „Ausprobieren" und „Spielen" und zeigt, daß diese Arbeitsweise nicht genau durchdacht sein kann:

> Es ist so, daß du jetzt nicht genau überlegst, wenn ich jetzt den Knopf drehe, dann
> passiert das. Das kann man gar nicht. [...] Das mußt du einfach ausprobieren. Das ist
> für mich ein Spielen. Du weißt nicht, was geht, – ob das Signal kommt; du hoffst
> einfach.

Bereits das Wort „Experimentieren" beinhaltet diese Arbeitsweise. Das
heißt aber nicht, daß diese Arbeitsweise theoretischen Physikern gänzlich
unbekannt ist, wie ein Dissertant einwirft:

> Obwohl der Theoretiker kann auch sagen, rechnet er mit der Formel das aus und
> spielt ein bißchen herum. Das kannst du auch sagen. Nimmt er halt die Wellen-
> funktion vom Wasserstoffatom und schaut wie es beim Argon geht oder so. Ein
> guter Theoretiker kann mit dem auch spielen. Dagegen unsereins ist froh, wenn er
> die Wasserstoffgleichung ausrechnen kann. Sicher können die auch spielen. Man
> kann auch mit den Formeln spielen. Aber da muß man halt gut sein.

Auch ein theoretischer Physiker meint, daß die Arbeit eines Theoretikers
sehr wohl mit einem „Ausprobieren" verbunden ist, welches er folgendermaßen beschreibt:

> Ja, es fangt ja schon beim Ansatz an, bei der mathematischen Formulierung des
> Modells. Da muß man ja auch schon ausprobieren: kann man dieses Modell ver-
> wenden oder muß man ein anderes Modell verwenden; kann man z.B. vollkom-
> men klassisch rechnen oder muß man relativistisch rechnen, kann man teilweise
> relativistisch rechnen, kann man das unberücksichtigt lassen oder muß man diesen
> Term da mitnehmen, wenn ich jetzt eine Entwicklung mache [...] ist das eine
> Näherungsformel; daß ich einfach sage, kann ich nach dem zweiten oder dritten
> Glied aufhören, reicht die Genauigkeit aus. Das sind alles Sachen, die man eigentlich
> ausprobieren muß. Das merkst du erst dann, wenn es wirklich ausprobiert hast
> und es funktioniert. Das ist schon vom Anfang her – und dann bei der Rechnung
> selber ist das natürlich auch ein Probieren. Das ist ja nicht so klar, wenn du da den
> Ansatz einmal hast, wie du den löst. Das sind ja meistens nicht so Standardprobleme,
> sondern man muß sich da auch jeweilige Methoden überlegen, wie kann man das
> lösen.

Er zeigt auch, daß die Arbeit eines Theoretikers mit Frustrationen verbunden sein kann und mitunter sehr „schweißtreibend" ist:

> Aber man muß sagen, man hat als Theoretiker genauso Frustrationen. [...] Ja, wenn du z.B. tagelang rechnest und feststellst, daß dein Ansatz falsch war. Dann waren die ganzen Tage ja sinnlos. Ich meine, es war nicht sinnlos, weil man ja weiß, was der Fehler war. Aber im Prinzip war es natürlich sinnlos. Das kannst du wegschmeißen und noch einmal anfangen. [...] Ja, das kann passieren, daß das Ganze überhaupt nichts nützt, und du mit einem neuen Ansatz probieren mußt. Oder eben diese numerischen Probleme, die hauptsächlich Theoretiker betrifft. Durch die Auswertung von den jeweiligen Formeln [...]. Die Numerik ist an sich ein Kapitel für sich, weil – bis es dann einmal läuft – das ist ja auch ein Entwicklungsprozeß letztendlich, – schweißtreibend. Weil da muß man sich auch z.B. überlegen in der Numerik, welche Näherungen nimmt man, welchen Näherungsalgorithmus kann man denn verwenden, ist der genau genug, ist der schnell genug; die Zeit ist ja auch wichtig; du kannst ja nicht wochenlang auf Resultate warten. Ja, da kann es dann natürlich auch sein, daß man einen falschen Algorithmus z.B. wählt, der überhaupt nicht zu dem Problem paßt. Das könnte ja auch passieren. Oder man kommt z.B. drauf, daß ein diffiziler Fehler im Programm war, kann ja ein reiner Vorzeichenfehler z.B. sein. Aber auf die Ergebnisse wirkt sich das aus. Da mußt du dann zuerst einmal draufkommen [...].

Hier wird deutlich, daß zwischen einer fertigen Theorie und der Arbeit an einer Theorie zu unterscheiden ist. Auch eine Theorie muß erst gemacht werden und ist dadurch mit praktischer Arbeit verbunden, auch wenn sich diese Arbeit auf keine unmittelbar erfahrbare Wirklichkeit bezieht, sondern allein auf die Handhabung von Symbolen.

Der wesentliche Unterschied zwischen der Arbeit eines experimentellen und der eines theoretischen Physikers liegt also im Medium, mit dem gearbeitet wird. Dieser Unterschied im Medium führt aber zu unterschiedlichen Problemen, wie dies auch obiger Theoretiker erkennt, der sich folgendermaßen von der Arbeit eines experimentellen Physikers abgrenzt:

> Da [bei der Arbeit an der Apparatur] gibt es die entsprechenden manuellen Probleme natürlich. Ich meine handwerkliche Probleme.[...] Die habe ich natürlich nicht. Das ist klar. Und dann lauft es natürlich auch darauf hinaus, man muß das Gerät entsprechend justieren. Daß man dann, wenn es entsprechend eingestellt ist, auch messen kann. Diese Probleme habe ich natürlich nicht. Bei mir spielt sich das natürlich auf einer abstrakteren Ebene ab; weil es sind Formeln eben, mein Werkzeug.

Ein Theoretiker hat es also – bedingt durch das Arbeitsmedium – nicht mit konkreten handwerklichen Problemen zu tun, wie dies beim experimentellen Physiker der Fall ist. Seine Probleme liegen vielmehr auf einer abstrakteren Ebene. Diese unterschiedliche Abstraktionsstufe wird besonders deutlich, wenn man bedenkt, daß Fehler bei der Arbeit an der Apparatur weitaus konkretere Schäden verursachen können, als dies beim Umgang mit Formeln der Fall ist.

Interessant ist aber auch, daß der theoretische Physiker in obigem Zitat Formeln als sein „Werkzeug" betrachtet. Dadurch betont er eigentlich auch das praktische Moment bei der theoretischen Arbeit. Zugleich zeigt sich aber auch, daß die Unterscheidung in theoretische und praktische Arbeitsweisen etwas problematisch ist. Denn letztlich ist auch die Arbeit eines Theoretikers eine Praktik.

Experimentelle PhysikerInnen kontrastieren immer wieder die experimentelle Arbeit im Labor mit Theorien. Dabei denken sie wohl primär an fertige Theorien, so wie sie sie selbst durch das Lernen auf theoretische Prüfungen kennengelernt haben, aber weniger an die theoretische Arbeit. Das wird auch in folgendem Abschnitt deutlich.

4.1.3 Von der Theorie in die Praxis

Der Beginn der Arbeit im Labor wird von den meisten DiplomandInnen als eine einschneidende Wende in ihrem Studium erlebt. Zuvor haben sie hauptsächlich theoretische Prüfungen absolviert, die mit der praktischen Arbeit im Labor nichts zu tun haben. Ein erfahrener Physiker beschreibt diese Situation folgendermaßen:

> Ich habe das Gefühl, daß das eine ganz andere Arbeit ist als das, was man vorher im Studium macht; und daß die Leute überhaupt nicht wissen, was auf sie zukommt im Rahmen der Diplomarbeit, damit meine ich übergeordnet im Rahmen dessen, was man dann später als Physiker tut, wenn man eben forscht.

Diese Diskrepanz zwischen der theoretischen Ausbildung und der praktischen Arbeit im Labor bestätigt eine Physikerin, die den Beginn ihrer Diplomarbeit folgendermaßen beschreibt:

> Das war eigenartig. Ich habe mir echt gedacht: „Ja, was mache ich da jetzt eigentlich?" Ich habe mir gedacht: „Ist das jetzt das, was ich machen muß?" Da bin ich mir irgendwie komisch vorgekommen, daß du irgendwie nur gelötet hast die ganze Zeit oder so Organisatorisches einfach hast machen müssen oder zum Techniker hast gehen müssen und sagen: „Ja, ich brauche jetzt den und den Spiegel und der muß so und so groß sein." So Aufträge geben. Das war ganz eigenartig. [...] Das war dann plötzlich die Realität eigentlich. Und solange man lernt auf Prüfungen, bist du irgendwie total naiv und immer in dieser eigenartigen Welt des Lernens. Ja, es war ganz eigenartig am Anfang – unerwartet.

Gemäß ihrer Erfahrung gibt es keinerlei Zusammenhang zwischen ihrer vorhergehenden Ausbildung und der praktischen Arbeit im Labor:

> Da habe ich auch das Gefühl, daß wir nicht die entsprechende Ausbildung gehabt haben einfach; daß wir ständig auf Prüfungen gelernt haben und dann verlangen sie Dinge von dir, die du nie gelernt hast. Da habe ich mir echt gedacht, das kann irgendein 16-Jähriger, der aus Vergnügen lötet, kann das hundertmal besser als ich.

Ich bin mir total deplaziert vorgekommen, so mit gewissen Dingen. Wenn du
überlegen mußt, wie lang muß jetzt das Kabel sein und das darf da nicht umknik-
ken oder das darf nicht sein. Wenn einer einen Elektronikbaukasten hat, dann kann
er das besser.

Die Studenten haben vor ihrer Diplomarbeit zwar auch Praktika absolviert, aber die sind – wie ein Physiker meint – mit der Arbeit im Labor
nicht zu vergleichen:

Die [vorhergehenden Praktika] sind ja alle – wir nennen das „Stöpselpraktikum".
Da ist ja alles vorgegeben. Das ist ein fix und fertiger Versuch, wo vielleicht noch
eine Beschreibung da ist: drehe Knopf A, dann schalte Schalter B, dann lese Instru-
ment C ab. Und das Ergebnis ist bekannt. Das sind klassische Versuche; – schon
anschauliche, die für manche einen pädagogischen Wert haben. [...] Aber das hat
dann nichts mehr mit dem Labor zu tun, – vor allem das funktioniert auch und ist
meistens doch relativ einfach. Während das wahre Laborleben eben im wesentlichen – so wie es bei uns ist – aus einem sehr komplexen Maschinensalat besteht, wo
die Hauptaufgabe ist, zu schauen mit viel Kunst, daß alle Geräte zum gleichen
Zeitpunkt richtig funktionieren und das tun, was man will.

Die Experimente im „Stöpselpraktikum", die immer funktionieren, können also keinen Eindruck vom „Maschinensalat" im Labor und den damit
zusammenhängenden Problemen vermitteln. Ein anderer Physiker mit
langjähriger „Laborerfahrung" zeigt, daß die Grundpraktika das Problem, das sich bei der Arbeit im Labor stellt, überhaupt nicht berühren:

Bei den Grundlagenpraktika sind relativ einfache Experimente, die so oft durch-
probiert worden sind, daß immer der Wert 1,3 zum Beispiel herauskommen muß;
während bei den Experimenten im Labor vom Wert 0 bis 1,3 alles herauskommen
kann zum Beispiel, und da das eigentliche Problem beginnt. Da gilt es nämlich zu
überlegen, warum kommt eben nicht exakt der Wert 1,3 wie man ihn zum Beispiel
erwartet, heraus. Und das Streben in den Grundpraktika ist einfach nur mit aller
Gewalt diese Werte herauszukriegen, ohne sich eigentlich großartig Gedanken zu
machen, warum der tatsächlich herauskommen muß; sondern das ist eben über
Studentengenerationen schon so gewesen und deswegen muß das jetzt auch bei
diesem Versuch, der gerade durchgeführt wird, so sein. [...] Und im Labor ist eben
die Problemstellung etwas anders. Da kann man von vornherein davon ausgehen,
daß dieser Wert nicht herauskommt. Und dann ist es so, daß eine Diskussion beginnt, warum kommt das nicht heraus; haut dies oder das oder jenes wirklich nicht
hin. Und da beginnt wirklich die Diskussion, wo man eigentlich sein gesamtes
Grundwissen oder einen Großteil seines Grundwissens, was man sich bis jetzt erworben hat, in die Waagschale werfen muß, [...] um zu versuchen, dem Problem da
näherzukommen.

Es wird hier zwar auch deutlich, daß theoretisches Wissen sehr wohl von
Bedeutung ist – jedoch in Zusammenhang mit einem konkreten praktischen Problem. Aber gerade diese Anwendung von theoretischem Wissen
auf konkrete praktische Probleme wird im vorhergehenden Studium nicht
gelernt, da Studenten theoretisches Wissen in erster Linie darum lernen,

um es dann bei Prüfungen zu reproduzieren und nicht, um es auf konkrete Probleme anzuwenden. Und in den Praktika werden diese Probleme – wie gesagt – überhaupt nicht zugelassen. Es wird also sozusagen eine Scheinwelt aufgebaut, die im Labor zusammenfällt. Das führt letztlich dazu, daß viele Anfänger von der Arbeit im Labor enttäuscht sind, wie dies ein Physiker, der das bereits mehrfach beobachtet hat, beschreibt:

> Von der Theorie wird sicher der Eindruck vermittelt, daß physikalische Systeme exakt vorhersagbar sind. Und erst die moderne Chaosforschung hat da irgendwie mehr Einblicke gebracht in der Form, daß es ganz konkrete physikalische Systeme gibt, die extrem sensitiv von den Anfangsbedingungen abhängen, von äußeren Bedingungen, sodaß es nie möglich sein wird, die Anfangsbedingungen bei zwei aufeinanderfolgenden Experimenten z.B. exakt bis zur letzten Kommastelle eines Parameterwertes so einzustellen, daß dann wieder genau das gleiche Ergebnis herauskommt. Das ist ja inzwischen bekannt. Aber es ist sicher einstweilen noch so, daß viele Leute, die mit theoretischen Vorstellungen daherkommen, meinen: Man wähle die Anfangsbedingungen so, und das Ergebnis ist so. Daß die dann vielleicht im ersten Moment von den Experimenten hier enttäuscht sind; oder daß sie meinen, da haben irgendwelche geheimnisvollen, magischen äußeren Einflüsse schuld daran; oder daß sie dann womöglich auch meinen, die Leute, die daran arbeiten, sind irgendwo schlampig. Das kann auch eine Rolle spielen, sicher. Aber es ist zweifellos so, daß es eben Systeme gibt, die so extrem von den äußeren Bedingungen abhängen, so empfindlich, daß man gar nichts machen kann; daß man als Versuchsperson sogar irgendwo hilflos davorsteht.

Während des theoretischen Studiums wird also ein Glaube an die genaue Vorhersagbarkeit physikalischer Systeme aufgebaut, der dann im Labor oft recht abrupt zerstört wird. Die Komplexität der experimentellen Bedingungen und die damit verbundenen Probleme können sogar – wie hier gezeigt wird – bis zu völliger Hilflosigkeit führen.

Auch die Arbeitsweise im Labor ist für die meisten Studenten neu und wird von vielen als unbefriedigend erlebt, wie dies ebenfalls ein erfahrener Physiker beobachten kann:

> Es ist auf einmal für manche total unbefriedigend gewesen, weil sie auf einmal da sitzen, und es ist nichts zu tun. Aber durch das Dasitzen lernen sie etwas, jetzt überspitzt formuliert. In den vorhergehenden Praktika da ist eben genau vorgeschrieben, was zu tun ist. Aber da lernt man nicht, was man dann tun muß. Das ist einfach die Fähigkeit dann, so ein Labor zu betreiben. Und das ist oft sehr ineffektiv, wie die Leute langsam hineinwachsen.

Während also in den Grundlagenpraktika genau vorgeschrieben wird, was zu tun ist, gibt es bei der Arbeit im Labor keine genaue Anleitung mehr. Eine solche kann es auch nicht geben, weil man im Labor laufend mit unerwarteten Ereignissen konfrontiert wird. Dadurch verzögert sich natürlich die Arbeit. Es wird hier sehr bezeichnend von einem „Hineinwachsen" gesprochen, welches auch tatsächlich als sehr ineffektiv erlebt werden kann, wie dies die Aussage eines Diplomanden zeigt:

> Bei uns war eigentlich die Hauptaufgabe aus dem Material, was wir da im Labor haben, das aufzubauen; sollte womöglich nichts kosten. Und deswegen haben wir eigentlich die meiste Zeit damit vertrödelt, so Teile zu suchen und so Übergangsflansche bauen zu lassen vom Mechaniker und solche Sachen. Und das ist der Grund, warum es langsam gegangen ist, weil wir da einfach keinen Fortschritt gesehen haben. Wir haben den ganzen Tag arbeiten wollen, haben aber nicht können, weil wir mehr oder weniger warten haben müssen, bis der Mechaniker uns das gemacht hat oder bis wir uns überlegt haben, wie könnten wir das Teil – wir brauchen ein bestimmtes Teil – wie könnten wir das durch die Teile, die wir da haben, ersetzen. So eine Arbeit war das.

Andererseits bietet diese scheinbar ineffektive Arbeitsweise aber mehr persönlichen Freiraum. Im Gegensatz zum theoretischen Lernen, bei dem das Gebiet genau vorgegeben ist, kann man – wie ein anderer Diplomand feststellt – bei der Arbeit im Labor mehr seinen persönlichen Interessen nachgehen:

> Bei Prüfungen ist das Thema ganz scharf und konkret vorgegeben. Da gibt es ein Skriptum und da gibt es eine Prüfung dazu. Bei einer Prüfung mußt du das und das und das und das und das wissen. In einem Labor da kannst du – sagen wir einmal – innerhalb von zwei Monaten, wenn der A. und ich gleichzeitig auf die Maschine eingeschult werden, dann kann sein, daß er sagt, was ich wahrscheinlich noch gar nie gehört habe und umgekehrt. Wenn wir aber zwei Monate auf eine Prüfung lernen, da gibt es das nicht. Was das heißt, – daß sich jeder ein bißchen, – den einen interessiert das ein bißchen mehr, der schaut sich das genauer an, den anderen interessiert das ein bißchen mehr und schaut sich das genauer an. Also das Gebiet ist nicht mehr so scharf abgegrenzt, wie das bei einer Theorieprüfung zum Beispiel ist. [...] Das Gebiet ist einfach viel weiter. Man hat, kommt mir vor, mehr Freiheit sich für das zu interessieren, was einen mehr interessiert, und das andere ein bißchen auf der Seite zu lassen.

Dadurch wird das Wissen, das man sich im Labor angeeignet hat, persönlicher und wird nicht mehr so leicht vergessen, wie dies nach theoretischen Prüfungen häufig der Fall ist. Wenn einmal der Sinn dieser Arbeitsweise erkannt wurde, wird sie – vor allem rückblickend betrachtet – durchaus nicht mehr als ineffizient angesehen, wie dies hier ein Dissertant schildert:

> Die Arbeit im Labor war ein Sprung, ein gigantischer Sprung. Ich meine, in dem einen Jahr Labor habe ich sicher mehr gelernt als in den vier Jahren Vorlesungen vorher; weil sich einfach die Gebiete verzahnt haben langsam; man hat wirklich einen Kasten gehabt und nicht mehr die Schubladen, auch wenn man sich vorher bemüht hat, Verbindungen zwischen den einzelnen Schubladen herzustellen. Das Ganze beginnt erst dann durch das praktische Tun.

Dieser Dissertant drückt mit der bekannten „Schubladen"-Metapher aus, daß es im Labor weniger um die Anhäufung von neuem Wissen geht als vielmehr um die „Verzahnung" des bereits vorhandenen Wissens. Dieses Herstellen von Verbindungen gelingt ihm erst durch das praktische Tun

und ist mit einer neuen Form der Begriffsbildung verbunden, die er vom
theoretischen Lernen her nicht kennt.

4.1.4 Theoretische Begriffe und experimentelle Praktiken

Obiger Dissertant beschreibt diese neue Form der Begriffsbildung folgendermaßen:

> Im Labor tun sich einfach die ganzen Bilder, die du lernst, oder theoretischen Sätze
> verbinden; die wachsen zusammen; weil du von da was brauchst, von da etwas
> brauchst und brauchen tust du das eigentlich für etwas Drittes. Das Dritte hast du
> gelernt, das verstehst. Und die anderen zwei Sachen gehören dazu, die brauchst du,
> um das umzusetzen oder um das besser zum Gehen zu bringen. Und dann mußt
> du dich damit beschäftigen. Und damit lernst du es auch, weil du es dann in Verbin-
> dung bringst mit etwas, was du schon kannst, wie jedes Lernen aufgebaut ist. Du
> assoziierst, aha das und das und das und das brauche ich, weil ich das machen
> möchte. Und da muß ich das und das berücksichtigen, beim anderen muß ich das
> mehr überlegen, wie das da ist usw. Da wachst das dann zusammen. [...] Die Begrif-
> fe werden weiter, weil sie zusammenwachsen. – Das ist paradox.

Hier beschreibt er, daß bei der praktischen Arbeit das Wissen als Ganzes
benötigt wird und nicht mehr in „Schubladenform". Dadurch wächst das
Wissen zusammen, wobei er eine interessante Paradoxie aufzeigt: „Die
Begriffe werden weiter, weil sie zusammenwachsen." Er beschreibt hier
eine gewisse Vernetzung der Begriffe, die in der Alltagssprache ganz
natürlich ist. Beim theoretischen Lernen hatte er es doch bisher mit klar
definierten Termini zu tun, wodurch die einzelnen Begriffe eindeutig
voneinander getrennt wurden. Insofern ist dieses allmähliche Zusammenwachsen der Begriffe durch die Arbeit im Labor eine grundlegende Wende bei der Wissensaneignung. Dadurch bekommt das erworbene Wissen
erst einen „wirklichen Sinn", was dieser Dissertant folgendermaßen zum
Ausdruck bringt:

> Vorher waren es Worte, die Hülle waren, ohne Inhalt. Inzwischen sind es Worte mit
> Inhalt, wo ich mir wirklich etwas vorstellen kann, da wo ich ein Bild habe davon.

Hinzu kommt bei der Arbeit im Labor die Auseinandersetzung mit greifbarer Wirklichkeit, die beim theoretischen Lernen fehlt. Obiger Dissertant zeigt, daß dadurch die Begriffe mit wesentlich mehr Assoziationen
verbunden werden, als wenn nur mit Symbolen gearbeitet wird:

> Beim theoretischen Lernen hast du nur die Buchstaben vor dir. Du tust die aufsau-
> gen und wieder von dir geben. Aber jetzt hast du die vielen Sachen, was du im Kopf
> hast, vermehrt um das, was du getan hast. [...] Die wachsen bei dir einfach im Kopf
> zu einer neuen Assoziation, zu einer neuen Idee zusammen. Wenn du eine Mes-
> sung gemacht hast, dann weißt du genau, ja da ist jetzt das dabeigewesen. Da war
> eine späte Nacht oder das ist gut gelaufen oder was weiß ich.

Ein anderer Physiker zeigt am Beispiel „Vakuum", was dieser Begriff aus rein theoretischer Sicht bedeutet und was dieser Begriff für ihn als Experimentalphysiker bedeutet:

> Ein Vakuum ist ein theoretischer Begriff, den ich einfach in Zahlen ausdrücke mit einer gewissen Dichte. [...] Vakuum ist immer eine geringere Dichte als der Raumdruck, also der Druck bei Raum- oder Standardbedingungen, – das definiert man dann halt als Vakuum. Man kann sagen, ja da irgendwo im Universum draußen hat es die und die Dichte, ja, im Mittel 10 hoch irgendwas Teilchen pro cm³. Was das aber wirklich bedeutet und was das ist, das muß man vielleicht im Labor erfahren, weil man muß mit dem ja arbeiten, man muß ja Vakuum produzieren, man muß wissen, welche Schwierigkeiten man hat. Das hat mit dem Theoretischen eigentlich nicht so viel zu tun. [...] Also ich sehe, wenn ich über Vakuum nachdenke, wenn ich laborbezogen über das nachdenke, immer die Produktion von einem Vakuum. Ich sehe da immer sehr stark miteingeschlossen sicher die dazu notwendigen Geräte, das wären in dem Fall die Pumpen. Welche Bereiche die überdecken, wie du die aneinanderreihen mußt, daß ich also stufenförmig, in einem Stufenprinzip, an das Vakuum herankomme, das ich haben möchte. Wo dann einfach wirklich eine Grenze ist, weiter kann ich so mit den gängigen Dingen nicht kommen. Und was man dann darüber hinaus bei besserem, sehr gutem Vakuum einfallt, das ist dann draußen im Universum oder im Weltall draußen, daß einfach die Dichte so gering ist. Da nähere ich mich dann wirklich vielleicht dem Vakuum, das einfach die Theoretiker mit der geringen Dichte definieren. Aber das ist vielleicht dann nicht mehr ein sehr greifbares Vakuum.

Sein Begriff von Vakuum beinhaltet also sehr konkrete Vorstellungen, die sich auf die Arbeit im Labor beziehen. Er verbindet mit diesem Begriff alles, was er tun muß, um ein Vakuum zu produzieren. Der theoretische Begriff „Vakuum" ist hingegen eine reine Definition, ein bloßer Formalismus, der mit der greifbaren Wirklichkeit in keinem unmittelbaren Zusammenhang steht und daher für die tatsächliche Produktion von Vakuum nicht viel nützt. Ein Theoretiker, der nur mit Vakuum als definierten Begriff arbeitet, kann deshalb – gemäß der Meinung von obigem Physiker – nicht Vakuum erfahren:

> Es wird wenig Theoretiker geben, die Vakuum erfahren. Vakuum erfahren kann ich eigentlich nur praktisch. [...] Wenn ich praktisch arbeiten beginne, habe ich eine ähnliche Voraussetzung wie ein Theoretiker; weil da weiß ich, ein Vakuum ist das und das, das ist eine Zahl. Wenn ich da herangehe, um Vakuum zu produzieren, über Vakuum etwas lernen möchte – Lernen im Hinblick darauf, daß ich es produzieren muß – dann muß ich sagen, habe ich eine Lernphase durchzumachen. Diese Lernphase endet dann einfach, würde ich sagen, mit Vakuum erfahren. Das kann ich einfach nur praktisch machen.

Dieser Physiker zeigt hier, daß sowohl theoretische als auch experimentelle Physiker zuerst Vakuum als einen definierten Begriff erlernen. Bei der Arbeit im Labor geht es jedoch um die Produktion von Vakuum d.h. um eine praktische Tätigkeit, bei der theoretische Begriffe, die letztlich nur für die Arbeit mit Papier und Bleistift geeignet sind, keine unmittelbare Bedeutung haben. Der Begriff „Vakuum" bekommt daher durch die Arbeit im Labor eine neue Bedeutung, aber nicht mittels einer expliziten Definition, sondern durch die praktische Tätigkeit. Experimentelle Physiker haben also eine Lernphase durchzumachen, die bei der Definition von Vakuum beginnt und mit dem Erfahren von Vakuum endet. So verbindet ein experimenteller Physiker dann mit einem Druck von 10^{-5} Torr eine wirkliche Erfahrung:

> Was stellt man sich vor unter einem Druck von 10^{-5} Torr? Und ein experimenteller Physiker, der das einmal produziert hat, und der das mit einem Meßgerät messen kann, der weiß, was das bedeutet: wie lang es zum Beispiel dauert, wenn ich die Pumpen einschalte, wie lange ich das pumpen lassen muß, daß ich das erreichen kann. Das ist einfach das Vakuum Erfahren. Für einen Theoretiker ist, wenn ich sage: „Vakuum 10^{-5} Torr", das ist da, fertig, das ist definiert. Wie es dazu kommt, der Weg dazu, ist für den Theoretiker unwichtig. Der definiert das, weil er von diesen Definitionen ausgehend sein Modell baut. Aber ein Praktiker, dem genügt diese Definition überhaupt nicht, der muß das da haben. Das ist die Grundvoraussetzung für viele Experimente. Das muß er erreichen und haben. Und oft vergehen Tage, Wochen, bis man das bewerkstelligen kann – Vakuum.

Dieser Physiker zeigt hier wieder den grundlegenden Unterschied zwischen Definitionen und greifbarer Wirklichkeit auf. Während es dem experimentellen Physiker im Labor um die oft sehr zeitaufwendige Herstellung von Vakuum geht, geht es dem theoretischen Physiker nur um eine Zahl, mit der er sein Modell aufbaut.

Aber auch der experimentelle Physiker muß seine Arbeit im Labor zu Papier bringen, das heißt die Meßergebnisse, die er aus dieser Arbeit gewonnen hat. Die Arbeit selbst wird nicht erwähnt. Auch er muß also wieder zurück zur Zahl, das heißt – um auf obiges Beispiel zurückzukommen – zum Druck von 10^{-5} Torr. Der experimentelle Physiker arbeitet also mit zwei verschiedenen Begriffen von Vakuum. In schriftlichen Arbeiten operiert er mit Vakuum als definierten Begriff und im Labor erfährt er, was er alles tun muß, um ein Vakuum herzustellen, wobei diese Erfahrung in wissenschaftlichen Publikationen nicht zur Sprache kommt.

4.2 Beziehung Mensch-Maschine

Für die meisten Diplomanden in der experimentellen Physik beinhaltet die Diplomarbeit den Umgang mit einer oft sehr komplexen Apparatur. Der Umgang mit solchen Apparaturen muß erst – zumeist sehr mühevoll – erlernt werden, allerdings nicht theoretisch, sondern durch persönliche Erfahrungen. Dies schildert eine Diplomandin – wie bereits weiter vorne zitiert – folgendermaßen:

Das Lernen an der Apparatur ist sehr persönlich, d.h. es nutzt nichts, wenn dir das
jemand im Büro erklärt. Dann gehst ins Labor, dann kannst du es wieder nicht
mehr. Du mußt dort stehen und an den Knöpfen drehen. Du mußt ständig den
Zeiger im Kopf haben. Wie geht der, wenn ich da in diese Richtung drehe. Wie geht
der, wenn ich in diese Richtung drehe. Du mußt Werte vergleichen können [...]. Und
wenn du das nicht selber tust und damit deine Erfahrungen machst, dann, glaube
ich, ist es unmöglich, die Apparatur in den Griff zu kriegen. Ich meine, rein theoretisch verstehen, wie sie funktioniert, das kann man, glaube ich, ohne Probleme
lernen; jetzt einmal prinzipiell, wie sie funktioniert oder funktionieren sollte. Aber
dann effektiv zu sagen: sie funktioniert jetzt nicht, weil das und das kaputt ist oder
weil das und das nicht stimmt. Dafür braucht es sehr viel Erfahrung.

Hier werden bereits zwei verschiedene sensorische Erfahrungen angesprochen, die beim Lernen an der Apparatur sehr wichtig sind: das Drehen an den Knöpfen und das Beobachten des Zeigers. Aber gerade das
Sensorische ist ein Bereich, der innerhalb der Physik nicht abgehandelt
wird, wie ein Diplomand feststellt:

Das ist ja ganz wichtig, das Sensorische. Wenn ich z.B. ein Vakuumventil aufmache.
Da greife ich mit der Hand und drehe es. [...] Obwohl man da auf den ersten Blick
wahrscheinlich sagt, nein, das ist nicht wichtig. Oder als verschlossener Techniker,
sagt man, das ist ja ein Blödsinn. Aber dennoch, wenn ich die Apparatur angreife,
dann habe ich diesen sensorischen Reiz, der eben unersetzlich ist und der den
Menschen ausmacht. Der aber bei uns natürlich nicht abgehandelt wird. Der ist
wichtig, daher gibt es ja auch das, daß ich etwas blind einstellen kann. Weil ich eben
hingehe und hingreife, weil das habe ich eben drinnen, wie wenn ich zum hundert-
sten Mal eine Vase töpfere. Und das kann man schwer schriftlich fassen. [...] Weil
der Kontakt, das Sensorische, oder auch der Kontakt zwischen den Menschen, da
spielen sich Dinge ab, die in unserer physikalischen Beschreibung, also sprich auch
digitalen Beschreibung, nicht vorhanden sind.

Im folgenden zeigt dieser Diplomand die Unvereinbarkeit der Ästhetik
und Sensorik mit der Physik auf:

Über Ästhetik und Sensorik wird nicht gesprochen. Das wird verschwiegen. Also in
wissenschaftlichen Papers steht nichts davon. Nur die ganz Großen, die sozusagen
schreiben dürfen was sie wollen, weil sie schon genug geleistet haben, die gehen
interessanterweise darauf ein. Also, wenn ich da z.B. etwas hineinschreiben würde
über die Ästhetik der Maschine, dann würde das der L. oder wer das korrigiert,
sofort herausstreichen. Man lernt sozusagen wissenschaftliche Paper zu schreiben,
da gibt es gewisse Spielregeln und an die muß man sich halten. Auch insbesondere
deshalb, weil es sonst nicht publiziert wird. Also das ist nicht irgendwie eine Farce
vom L., sondern eigentlich im Endeffekt von den Papers. [...] Weil das die Spielregeln der Physik im allgemeinen sind. Physik besteht ja darin, daß man bestimmte
Fragen ausgrenzt. Gewisse Fragen dürfen nicht gestellt werden, sonst wäre die
Physik ja nicht so erfolgreich. Weil insbesondere die Wiederholbarkeit, und alle
diese Sachen, die muß gegeben sein. Wenn es da um so ästhetische Dinge geht,
dann ist das ja bei Gott nicht wiederholbar.

Für einen „eingefleischten Physiker" ist es daher – gemäß der Aussage dieses Diplomanden – nicht erlaubt, etwas „im Gefühl zu haben":

Bei uns gibt es immer nur das Hirn und die Formel. Aber der erfahrene Experimentator geht halt hin und hat das im Gefühl. [...] Wenn man einen Physiker anredet, dann wird er einem sofort recht geben, daß Physik etwas Partikuläres ist und daß beim Experiment sehr viel Nicht-Physikalisches dazu kommt. Aber wenn es ein eingefleischter Physiker ist, dann nennt er dieses Nicht-Physikalische einfach so komplexe Daten, daß man das nicht mehr einfach darstellen kann, aber wenn man das wollte, dann könnte man das.

Im folgenden soll nun auf diese verschiedenen sensorischen und auch emotionalen Erfahrungen in bezug zur Maschine eingegangen werden – bzw. auf die wegen ihrer Komplexität nicht mehr darstellbaren Daten.

4.2.1 Angst und Hemmung vor der Maschine

Der Beginn der Arbeit mit einer noch nicht vertrauten Apparatur ist sehr oft mit Angst, zumindest mit einer Hemmung verbunden. Eine Physikerin beschreibt, wie es ihr diesbezüglich ergangen ist, folgendermaßen:

Am Anfang bin ich davorgestanden und habe mir gedacht, ma Hilfe, tausend Kabel, ich habe nicht gewußt, wo was wie hingeht und überhaupt und habe immer natürlich üben müssen. Die ganzen Kabel waren ausgesteckt und ich habe dann wieder am nächsten Tag versuchen müssen zu rekonstruieren, wie muß ich jetzt das alles verbinden, damit das funktioniert.

Hier zeigt sich die Angemessenheit der Bezeichnung „Maschinensalat", die ein Physiker – wie bereits zitiert – verwendete. Im folgenden beschreibt sie ihre Hemmung vor der Maschine, die mit ihrer Hilflosigkeit angesichts dieses Maschinensalates verbunden war:

Also Hemmung vor der Maschine, also ich würde sagen vor den Maschinen, weil meistens ist es nicht nur ein Gerät, sondern immer mehrere Geräte, die aneinander angeschlossen sind, aneinander gekoppelt sind; wenn also so zehn Geräte vor dir stehen, dann bin ich dann gehemmt, weil ich nicht weiß, wo ich anfangen soll; am Anfang war das halt so. Da steht man davor, – und ich war total erschreckt, weil das so viele sind. Ja, ich habe nicht gewußt, wo ich anfangen soll. [...] ich habe das Gefühl, ich weiß nicht, wie jede einzelne Maschine funktioniert. Und wie soll ich sie überhaupt miteinander verkoppeln können. Wie soll ich wissen, wenn ich da drehe, was dann da unten passiert, wenn ich nicht einmal weiß, was die Maschine überhaupt macht; weil so hat man ja irgendwie nicht eine Ausbildung, daß einem gesagt wird, ja das und das Gerät kann das und das und das ist eine andere; das wird einem nicht genau erklärt.

Diese Physikerin schildert hier ihr völliges Unverständnis der Maschine, welches bei ihr zu einem Gefühl der Handlungsunfähigkeit führt. Auch in der Äußerung eines Diplomanden kommt dieses Unverständnis zum Ausdruck, wenn er dies auch nüchterner schildert:

> Am Anfang ist es mir schwer gefallen zu verstehen, welcher Teil jetzt wofür verantwortlich ist von dem Gerät. [...] Für mich war das eine schwarze Box, und ich drehe an ein paar Knöpfen, sehe dann einen Zeiger ausschlagen, und die Sache hat sich gehabt.

Ein Dissertant erzählt, daß sein Betreuer ihm zwar zusah, als er anfangs die Apparatur bediente, aber das Zusehen allein erschien ihm damals als ungenügend:

> Ich habe mir gedacht: „Kann man das schon so machen, daß ich jetzt einfach probiere, das einzuschalten, und er schaut, ob ich nichts falsch mache. Ist es dann nicht schon zu spät? Weiß der schon, was ich da alles hinmachen kann?" oder so.

So wie dieser Diplomand hier haben viele Anfänger davor Angst, etwas kaputt zu machen. Die praktische Arbeitsweise, das heißt das „Herumprobieren" und „Spielen mit der Apparatur" ist jedoch – wie bereits gezeigt – mit einem gewissen Risiko verbunden. Genau durchdacht kann gemäß der Aussage einer Dissertantin der Umgang mit der Apparatur überhaupt nicht sein:

> Es ist so, daß du jetzt nicht genau überlegst, wenn ich jetzt den Knopf drehe, dann passiert das. Das kann man gar nicht. [...] Das mußt du einfach ausprobieren.

Das heißt aber nicht, daß völlig planlos an der Apparatur „herumexperimentiert" wird, worauf eine andere Dissertantin hinweist:

> Probieren mit einem gewissen Hintergrund natürlich; nicht einfach probieren auf Schauen, was die Maschine aushaltet. Gezieltes Probieren, würde ich das nennen, wo man nicht weiß, was herauskommt, aber zumindest habe ich eine ungefähre Ahnung, was könnte sein.

Ein Dissertant bringt aber doch ganz explizit zum Ausdruck, daß dieses Probieren für ihn mit Risiko verbunden ist:

> Für mich, glaube ich, war das Wichtigste das Probieren. Schauen, probieren, und wenn's geht okay und wenn – also schon irgendwie mit ein bißchen Vorsicht – aber sicher manchmal so, daß irgendwie etwas hätte kaputt werden können oder so.

Es wird des öfteren darauf hingewiesen, daß Studenten, die vorher eine Höherbildende Technische Lehranstalt (HTL) besucht haben, einen großen Vorteil bei der Arbeit im Labor haben, da sie mit dieser Arbeitsweise und vielen Geräten bereits vertraut sind. Im folgenden beschreibt eine Physikerin, wie sie im Vergleich zu einem HTL-Abgänger an die Apparatur herangegangen ist:

> Jemand, der HTL gegangen ist, der ist vorher gewohnt, daß er da anders hingeht,
> gleich herumspielt und probiert. Also ich bin nicht hingegangen und habe herum-
> gespielt und probiert, weil ich habe gar nicht gewußt, wo ich anfangen soll zu spielen.
> Da sind da 20 Knöpfe herum, da drehst so herum, dann verändert sich irgendetwas,
> dann kannst du das aber eigentlich nicht erklären, was sich da verändert hat.

Ein Dissertant, der selbst eine HTL absolviert hat, bestätigt dies, wenn er
erkennt, welche Schwierigkeiten viele Gymnasiasten im Vergleich zu ihm
selber haben:

> Ich hab halt fünf Jahre HTL gemacht und ich war vier Jahr im Labor, und da hab ich
> vier Jahr lang mit allen möglichen elektronischen Geräten gearbeitet.[...] Da war es
> dann einfach, ja das schaltet man einmal ein und dann braucht es das und das.
> [...]Und die anderen, die vom Gymnasium gekommen sind, die haben das bis
> dorthin nie gemacht. Und der hat sich das wirklich überlegen müssen, wie funktio-
> niert jetzt das Ding.

Praktische Fertigkeit zeigt sich also gerade darin, daß es nicht mehr notwendig ist zu überlegen, was zu tun ist. Anfänger haben hingegen – wie
dieser Dissertant feststellt – eine sehr durchdachte Arbeitsweise. Viele
Anfänger haben auch – wie dies bereits in mehreren Zitaten deutlich
wurde – den Wunsch nach möglichst genauen Erklärungen, eine Arbeitsweise, die sie von der Theorie her gewohnt sind. Erklärungen mögen
zwar auch hilfreich sein. Das Wichtigste ist jedoch, sich auf die Apparatur
wirklich einzulassen und dadurch Erfahrungen zu sammeln. Erst dadurch
wird es möglich, die notwendige Sicherheit zu gewinnen, wie dies auch
eine Physikerin erlebt hat:

> Daß ich sicherer geworden bin, das ist einfach dann mit der Zeit gekommen, indem
> ich das einfach immer wieder gemacht habe. Zuerst immer hingeschaut habe und
> dann immer wieder selber probiert habe und irgendwann dann habe ich gewußt, ja
> das und das und das muß ich machen und dann kommt das und das raus, was ich
> haben will. Hauptsache viel Übung und Erfahrung.

Diese Physikerin, die den Beginn ihrer Arbeit im Labor als sehr unangenehm erlebt hat, stellt hier fest, daß sie mit zunehmender Erfahrung
immer sicherer geworden ist, ohne einen genauen Zeitpunkt der Wende
angeben zu können. Eine Dissertantin machte eine ähnliche Erfahrung:

> Früher habe ich kaum alleine messen können. Und jetzt eben sehr viel. Allein die
> Sicherheit dadurch. [...] Sicherheit gewinnst du erst, wenn es selber machst.

Trotzdem verspürt sie auch jetzt noch immer wieder eine Hemmung:

> Es ist manchmal immer noch die Hemmung da. – Bei den Sachen, die ich nicht
> verstehe. [...] Es gibt viele Hemmungen, nicht eine einzige Hemmung, sondern du
> traust dich einmal das zu machen, dann das. – Man wird in dem Bereich sicherer,
> dann in dem.

Hier zeichnet sich ein gewisses Wechselspiel zwischen Sicherheit und Hemmung ab, welches eine Dissertantin, die oft ihre Arbeit an der Apparatur für längere Zeit unterbrechen mußte, noch viel drastischer erlebte:

> Ich habe [...] nicht dauernd an der Maschine arbeiten können. Wenn ich wieder zwei, drei Monate dort war, das war super. Da bist du alleine da, da weißt du, jetzt tu ich das, jetzt tu ich das. Und wenn einmal was kommt, was unerwartet ist, da weißt du dir zu helfen. Dann bin ich wieder ein halbes Jahr oder was weg, und dann muß ich wieder an die Apparatur. Inzwischen haben irgendwelche Leute was umgebaut. Dann schaust du schon wieder einmal in deine Aufzeichnungen nach, welcher Knopf ist der erste, den du einschalten mußt, welcher der zweite, welcher der dritte. [...] Dann dauert es wieder so eine Woche, zwei – so eine mühsame Arbeit; du gehst richtig mit Gribbeln an die Maschine, du traust dich nicht recht, bis du das wieder einmal im Gefühl hast, dann geht es wieder.

Es gibt also verschiedene Arten von Hemmungen, die immer wieder überwunden werden müssen. Und nur wenn die Hemmung überwunden wurde, ist es möglich Erfahrungen zu sammeln und dadurch Sicherheit zu gewinnen. Denn „Angst ist der größte Gegner auf dem Weg, die praktische Fertigkeit zu bekommen", wie ein erfahrener Physiker zu berichten weiß.

4.2.2 Sehen, Hören, Riechen, Tasten

Das Arbeiten an der Apparatur beansprucht alle Sinnesorgane. Es handelt sich also um eine sehr komplexe Erfahrung, die den Einsatz des ganzen Körpers erfordert. Das Wichtigste dabei ist sicherlich das Schauen, das bereits mehrfach erwähnt wurde und in Verbindung mit dem Probieren sogar als Beschreibung der Arbeitsweise im Labor diente: „Probieren und Schauen." Im folgenden zeigt auch ein Dissertant die Bedeutung des Schauens in Verbindung mit dem Drehen an Knöpfen auf:

> Du hast einen Haufen Parameter und du schaust, was passiert, wenn ich jetzt an diesen Parametern drehe, – du schaust gerade, was passiert; du mußt wirklich einen Schritt weggehen von der Apparatur meinetwegen und schauen; was hat sich jetzt geändert – aha, aha, aha, aha. [...] Du mußt die ganzen Anzeigen irgendwie im Blick haben. Und wenn du genau davor stehst, dann siehst du das nicht.

Dieses intensive Schauen führt dann später oft zur Verinnerlichung von Zeigerstellungen, wie dies eine Diplomandin folgendermaßen beschreibt:

> Ich glaube, daß viele, die an der Apparatur längere Zeit arbeiten, technische Daten durch visuelle Eindrücke repräsentieren. Der Zeiger auf der Temparaturanzeige oder der Druckanzeige soll zum Beispiel in einer bestimmten Stellung auf der Skala sein. Das wird repräsentiert. [...] Also ein Erfahrener, der oft hingeschaut hat, der weiß, da sollte der Zeiger sein. Und wenn der sich umdreht und tut etwas anderes, dann zwei Minuten später schaut er zurück, und im Vorbeigehen sieht er die

> Temparaturanzeige oder etwas anderes, und die ist jetzt nicht dort, wo sie sein soll,
> dann kommt sofort das Alarmsignal. Dann wird nachgeschaut, ob das vorher ge-
> paßt hat oder ob das jetzt paßt.

Hier wird geschildert, wie sehr Erfahrene oft Zeigerstellungen verinnerlicht haben, sodaß sie im Vorbeigehen Veränderungen wahrnehmen können. Sie brauchen also ihre Aufmerksamkeit nicht mehr bewußt auf die
Zeigerstellungen zu richten und bemerken doch, wenn etwas nicht in
Ordnung ist.

Die Verinnerlichung von Zeigerstellungen kann aber auch zu einem Problem werden, wenn eine Umstellung auf Digitalanzeigen erfolgt,
wie dies ein erfahrener Physiker schildert:

> Es gibt wenig Zeiger jetzt. Es sind jetzt meistens Digitalanzeigen und die sind für
> Leute, die Zeiger gewohnt sind, sicher nicht so gut wie für die Leute, die keine
> Erfahrung haben.

Von ebenfalls sehr großer Bedeutung bei der Arbeit an der Apparatur ist
das Hören. Es sind zwar ständig Geräusche im Labor. Aber für erfahrene
Physiker sind zumeist ganz bestimmte Geräusche von besonderer Bedeutung. Ein Physiker kennt zum Beispiel den Ton der Pumpen sehr genau,
sodaß er Fehlerquellen sofort hören kann:

> Du kannst also wirklich hören, wenn eine Pumpe eingeht, weil du so trainiert bist,
> daß du an der Apparatur, an der du arbeitest sofort am Ton erkennst, ob jetzt eine
> Pumpe ausgefallen ist oder nicht. [...] Ich höre, wenn es nicht mehr geht oder ich
> höre, wenn ein Gaseinbruch ist und solche Dinge. Das hört man alles, das kriegt
> man alles mit.

Eine Physikerin beschreibt ein Geräusch, das ihr „richtig in den Knochen
steckt":

> Das dramatischste Geräusch war, da hat es immer, wenn ich die Sonde, die ich da
> gehabt habe, zu schnell in das Helium eingetaucht habe, da hat es immer so einen
> Luftballon aufgeblasen. Und das Geräusch habe ich sofort gehört. Kannst du dir
> das vorstellen? Das hast du nicht gesehen – so ein dicker oranger Gummi, fast wie
> von einer Wärmflasche, nicht ganz so dick, aber elastischer. Und das ist so ein
> Sicherheitsluftballon, und wenn sich der aufbläst, dann ist zu viel Helium verdampft
> und dadurch hat sich der Luftballon aufgeblasen, und dann mußt du sofort etwas
> ändern, weil der Luftballon – schig – wird total riesig, und das Geräusch, wenn der
> Luftballon sich aufbläst und entlang von dem Metallgefäß herunterrutscht, das ist
> richtig in den Knochen gesteckt, das habe ich sofort gehört, dann bin ich nur mehr
> gerannt.

Diese Fähigkeit, bestimmte Geräusche zu identifizieren, kann manchmal
auch zu unnötigen Schrecksekunden führen, wie dies ein Dissertant erfahren hat:

> Wenn irgendein Geräusch nicht mehr da ist oder anders tut, dann hört man das
> sofort. [...] Ich weiß noch genau, wie vom R. der Plasmastand aufgebaut wurde; da
> ist eine Turbopumpe ein- und ausgeschaltet worden. Da war es dann zwei Sekun-
> den ein Streß für denjenigen, der an der großen Maschine war, weil der hat gedacht,
> das ist seine Turbopumpe.

An diesen Beispielen wird deutlich, wie stark verinnerlicht bestimmte Geräusche im Labor sein können, sodaß bestimmte Geräusche geradezu „in den Knochen stecken".

Neben dem Schauen und dem Hören kann es im Labor auch wichtig sein, ein geschultes Geruchsorgan zu haben. Manchmal ist gemäß der Aussage eines erfahrenen Physikers das Riechen sogar wichtiger als das Hören:

> Wenn etwas nicht stimmt, dann rieche ich das. Gerade wenn ein physikalischer
> Apparat nicht funktioniert, dann ist irgendetwas heiß. Hören tut man auch. Ja, aber
> das ist zu spät. Wenn man etwas hört, dann ist schon etwas kaputt. Riechen muß
> man es.

Bestimmte Arbeiten an der Apparatur erfordern hingegen wieder sehr viel Fingerspitzengefühl. An manche Einstellungen muß man sich – wie ein Dissertant feststellt – geradezu herantasten:

> Das ist im Prinzip halt Spielerei. Du mußt das so gut wie möglich justieren in gewisser
> Weise, und dann mußt du dich einfach spielen. Und wie du das halt machst dann, wie
> du dich herantastest an die richtige Einstellung, das ist halt eine Erfahrungssache.

Auch im folgenden Zitat beschreibt ein Diplomand ein sehr diffiziles Wissen, das in den Fingern liegt:

> Die Ionenquelle ist leicht einzustellen bis zum Ladungszustand 9+. Höhere Ladungs-
> zustände muß man rauskitzeln. Da braucht man einfach – ein Gespür.

Die Arbeit im Labor ist also mit sehr differenzierten Sinneswahrnehmungen verbunden, die sich ein Anfänger nur aneignen kann, wenn er selbst die Apparatur und die damit verbundenen Wahrnehmungen erfährt. Dabei muß seine Wahrnehmung zuerst einmal gerichtet werden, wie dies ein Dissertant folgendermaßen ausdrückt:

> Als Nesthocker da hockst du da; da hockst und schaust, was der vor dir dir bei-
> bringt. Da hast du praktisch eine statische Bewegung und zielgerichtete Sinnesor-
> gane.

Welche Stadien dabei ein Anfänger zu durchlaufen hat, soll noch genauer herausgearbeitet werden. Dieser Lernprozeß kann aber nicht ohne Einbringung der eigenen Person erfolgen. Häufig entwickelt sich sogar ein sehr persönlicher Bezug zur Maschine.

4.2.3 Emotionaler Bezug zur Maschine

Während des Laborpraktikums werden die meisten Studenten zum ersten Mal mit dem Laborgeschehen konfrontiert. Dabei werden jedoch die Arbeit im Labor und die verschiedenen Apparaturen eher aus der Distanz betrachtet, wie dies ein Diplomand folgendermaßen schildert:

> Im Laborpraktikum hat es dich selber nicht so betroffen. Da hast du halt mitgearbeitet, dann hat der eine gesagt, du sollst das tun oder das tun. Da warst du mehr oder weniger Handlanger, du hast nichts gebracht, aber wenn du nichts getan hast, war es auch wurscht. Da warst du halt da, hast schon gelernt, aber es war dir wurscht, ob es einen Fortschritt gemacht hat oder nicht – mir zumindest.

Bei der Diplomarbeit ist diese Distanzierung nicht mehr möglich. Gerade am Anfang wird aber die Apparatur häufig als chaotisch und undurchschaubar erlebt. Dementsprechend wird auch oft ein unangenehmes Gefühl mit der Apparatur verbunden. Ein Diplomand empfindet die Apparatur geradezu als „unheimlich".

> Am Anfang war mir die Maschine unheimlich irgendwie, undurchschaubar, so kompliziert.- Da ist ein Kabel, unaufgeräumt; – das ist alles so wirr.

Ein anderer Diplomand erlebt sie anfangs sogar als unsympathisch:

> Mir war die Maschine am Anfang nicht sympathisch. Aber ich habe dann zu ihr so eine Beziehung aufgebaut.

Auch ein anderer Diplomand nimmt wahr, daß mit der Zeit eine Beziehung zur Maschine entsteht, sodaß sie zu einem Teil des eigenen Lebens wird:

> Ich glaube, die Arbeit, also Diplomarbeit, wie man sie da macht, kann man nicht mehr total vom Leben trennen und vielleicht soll man auch nicht. Das gehört einfach ein bißchen zum Leben dazu, zum eigenen. Dazu gehört auch die Maschine natürlich, – wenn man ein Jahr lang arbeitet.

Der Bezug zur Apparatur zeigt sich auch daran, daß den Maschinen gerne Namen gegeben werden. Ein Diplomand meint:

> Wenn die Maschine keinen Namen hätte, dann würde sie von uns einen kriegen, ganz sicher. Die kann nicht einfach keinen Namen haben, geht nicht. – Wir schimpfen ja auch ein bißchen mit der Maschine usw. oder sagen: „Heute geht sie wieder gut."

Hier wird auch zum Ausdruck gebracht, daß die Apparatur gerne personifiziert wird. Obiger Diplomand hat dafür sogar ein konkretes Beispiel:

> Zum Beispiel war bei den zwei Kleinen [zwei neue Diplomanden], das war jetzt
> gerade vorgestern oder so, da ist irgend etwas nicht gegangen, dann haben wir
> gesagt, weil wir halt dazukommen, dann haben wir sie gefragt, ob sie heute schon
> geflucht haben in der Frühe. Dann haben sie gesagt, ja heute haben sie geflucht und
> mit der Maschine geschumpfen. Dann haben wir gesagt, ja das ist klar, dann geht
> sie nicht.

Auch wenn diese Personifizierungen zumeist auf scherzhafte Weise gemacht werden, ist dabei doch deutlich ein emotioneller Bezug zur Maschine erkennbar.

Ein erfahrener Physiker meint, daß notwendig eine Beziehung zur Apparatur aufgebaut wird, wenn hingebungsvoll an ihr gearbeitet wird:

> Der Wunsch, ein Verhältnis herzustellen zu den Experimentiergeräten [...] – das hat
> jedermann; kann gar nicht anders. Das hängt damit zusammen, daß man die Dinge
> mit großer Hingabe machen muß. Das kann man nur machen, wenn man eine
> Beziehung aufbaut.

Die hingebungsvolle Arbeit an der Apparatur führt gemäß der Aussage
dieses Physikers sogar dazu, daß die Apparatur zu einem Spiegelbild der
Persönlichkeit desjenigen wird, der an ihr arbeitet:

> Der eine kann mit einer schlampig aufgebauten Apparatur leben. Ein anderer kann
> das nicht. [...] Normalerweise mit einer fremden Apparatur, wenn ich sie kennen-
> lerne und in Betrieb nehme, dann ändere ich sie, biege sie mir zurecht, bis sie
> meinen Vorstellungen entspricht. Dann kann ich nämlich auch intuitiv das Richtige
> tun, – nur weil sie meinem System entspricht. Wenn sie jemand anderer nach einem
> anderen System gebaut hat, dann kann ich nicht intuitiv damit das Richtige tun.

Aber auch wenn man sich eine fremde Apparatur zurechtbiegen kann, so
wird doch immer wieder betont, daß man zu einer Apparatur, die man
selbst aufgebaut hat, einen stärkeren Bezug hat, wie dies im folgenden
auch eine Diplomandin zum Ausdruck bringt:

> Wenn man eine Apparatur aus den Einzelteilen aufgebaut hat, dann ist es etwas
> anderes, als wenn man sie hingestellt kriegt und man arbeitet halt. Das ist ganz was
> anderes. Das ist klar. Wenn ich selber irgendwas baue, dann habe ich sicher einen
> stärkeren Bezug dazu.

Die Arbeit an der Apparatur ist manchmal aber auch mit sehr großen
Frustrationen verbunden, wie dies in der Äußerung eines Diplomanden
deutlich wird:

> Es ist aber auch schon vorgekommen, daß wir drei-, vier-, fünfmal pro Woche die
> Apparatur ausgepumpt haben. Das wird dann irgendwann deprimierend, demo-
> ralisierend, weil man dann immer Arbeiten macht und sich denkt: jetzt und jetzt
> geht sie, jetzt habe ich den Fehler gefunden und man nimmt sich Zeit, daß man
> abends um zwölf Uhr noch schnell etwas einbaut, damit die Apparatur über Nacht

wieder absaugen kann, und dann schaltet man einen Tag später wieder ein und es
ist deprimierend festzustellen, daß es sich halt nicht geändert hat, daß der Fehler
immer noch auftritt, – das kann passieren. Und wenn das zu oft hintereinander
passiert, dann frage ich mich manchmal, was das für einen Sinn hat.

Ein erfahrener Physiker, der bereits einige frustrierte Diplomanden gesehen hat, meint, daß gerade die Hilflosigkeit vor der Apparatur oft zu
ihrer Personifizierung führt:

> Wenn sie hilflos vor der Apparatur stehen und sich fragen, warum spinnt es heute?
> Warum zeigt sich plötzlich ganz was anderes als bei der letzten Messung? Ist heute
> der Luftdruck anders oder der Wasserstand des Inns? Solche Scherze werden dann
> öfters gemacht: das hängt vom Wasserstand vom Inn ab usw., ob die Apparatur
> funktioniert oder nicht. Da kommen vielleicht oft auch magische Vorstellungen
> herein: man muß sich irgendwie wohlverhalten, damit die Apparatur sich auch
> wohlverhält. Da gibt es auch so lustige Posters, auf denen dann steht: Zeig einer
> Maschine niemals, daß du wütend oder nervös bist oder so; sie wird sich sofort
> rächen; eben dadurch, daß sie nicht gescheit funktioniert. Und je größer der Zeit-
> druck ist, unter dem du stehst, desto schlechter funktioniert die Maschine – aus
> lauter Boshaftigkeit. [...] Daß die Maschine irgendwie fast zum Lebewesen erklärt
> wird.

Wenn man bedenkt, wie empfindlich diese Apparaturen auf die unter-
schiedlichsten Einflüsse reagieren, sind die verschiedenen Projektionen,
die von außen betrachtet manchmal recht belustigend wirken, durchaus
verständlich – und manchmal vielleicht sogar zielführend? Denn ein sensi-
bler Umgang mit der Apparatur scheint von sehr großer Bedeutung zu
sein, wie dies in der Äußerung eines Dissertanten zum Ausdruck kommt:

> Ich spiele gerne Gitarre. Bei mir hat die Gitarre eher den Stellenwert von einer
> guten Freundin, weil ich mich da wirklich gut ausdrücken kann. Ich kann mich
> darauf abreagieren, ich kann meine Freude ausdrücken. Das kann ich bei der Appa-
> ratur sicher nicht. Apparatur ist eher in die andere Richtung. Da muß ich fein damit
> umgehen, damit sie mir etwas liefert. [...] Die Maschine hat eher ein nehmendes
> Element als die Gitarre. Die Gitarre hat eher ein gebendes Element.

Der emotionale Bezug zur Apparatur kann also sehr vielfältig sein und
hängt natürlich stark von der Persönlichkeit desjenigen ab, der an ihr
arbeitet.

4.2.4 Vom „diffusen Haufen" zum „verlängerten Lebensnerv"

Die verschiedenen sensorischen und emotionalen Erfahrungen in bezug
zur Maschine verlaufen natürlich nicht parallel zueinander, sondern sind
ineinander verwoben. Zudem läßt sich an diesen Erfahrungen eine Entwicklung ablesen, die im folgenden genauer herausgearbeitet werden
soll.

Die meisten Studenten beschreiben den ersten Eindruck von der Apparatur als sehr chaotisch. Sie wird als „diffuser Haufen", als „undurchschaubar", als „wirr" usw. wahrgenommen. Dieser chaotische Eindruck ist zudem oft mit Angst bzw. Hemmung verbunden.

Häufig wird am Beginn die Apparatur auch als sehr groß wahrgenommen. Dies ist sicherlich darauf zurückzuführen, daß die Studenten bei der Diplomarbeit im Labor erstmals mit diesen Maschinen in Berührung kommen. In den Praktika vor der Diplomarbeit haben die Studenten hauptsächlich mit einzelnen Geräten gearbeitet, sodaß die Größe einer solchen Apparatur, die sich aus vielen Geräten zusammensetzt, bei den neuen Diplomanden Staunen hervorruft, wenn nicht Schrecken:

> Am Anfang ist mir das immer überdimensional groß vorgekommen alles, da stehst du so davor und das ist so hoch und so breit und du weißt gar nicht, wo du anfangen sollst.

Dieser Eindruck der Größe ist anfangs oft auch – abhängig von der jeweiligen Apparatur – mit einer deutlichen Wahrnehmung der Lautstärke verbunden:

> Also am Anfang war es gewaltig, gewaltig und laut vor allem. Mit der Zeit hörst du das wirklich nicht mehr [...] die lauten Kühlungen, die da waren, oder die Gebläse oder was weiß ich, was alles; das habe ich zum Schluß auch nicht mehr gehört.

In obiger Äußerung macht eine Physikerin deutlich, daß ein Gewöhnungsprozeß einsetzt, der die subjektive Wahrnehmung verändert. Das heißt für sie hier, daß sie im Laufe der Zeit die hohe Lautstärke nicht mehr wahrgenommen hat.

Genauso wie – subjektiv empfunden – die Lautstärke abnimmt, wird auch gemäß der Erfahrung einer Dissertantin mit zunehmender Vertrautheit die Apparatur kleiner:

> Am Anfang war die Maschine für mich viel größer und komplizierter. – Und wenn man sich dann auskennt – und merkt, wieviel herum ist, was nicht so wichtig ist, – schrumpft die Maschine.

Auch wenn diese Äußerung mit einem scherzhaften Unterton gemacht wird, ist sie doch sehr interessant. Hier wird deutlich, daß das „Schrumpfen" der Maschine mit der Gewinnung von Überblick und Erkenntnis verbunden ist. Die Apparatur wird als Einheit wahrgenommen, wobei sich der Blick auf das Wichtige richtet und das Unwichtige in den Hintergrund rückt. Dadurch wird eine gewisse Struktur der Maschine, die anfangs als chaotisch wahrgenommen wurde, erkennbar.

Das allmähliche Erkennen einer Struktur kommt auch in folgender Äußerung eines Diplomanden deutlich zum Ausdruck:

> Zuerst ist das irgendein diffuser Haufen, wo man nicht so genau weiß, was wo ist,
> und dann lichten sich halt die Geheimnisse ein bißchen – vor allem im ersten Monat.

Aus der „chaotischen Ansammlung von Geräten" wird mit der Zeit „ein Ganzes", wie dies ein Dissertant sehr anschaulich schildert:

> Am Anfang ist das eine chaotische Ansammlung von Geräten. Und je länger du
> damit arbeitest und weißt, was das einzelne Gerät macht, dann findest du heraus, ja
> das Ganze wird zu einem Ganzen. [...] Das Ganze ist zusammengewachsen. Du hast
> es praktisch geschafft, die ganzen Zahnräder ineinanderzuschieben. Du siehst prak-
> tisch das Ganze als Weg von zum Beispiel dem zu untersuchenden Medium. Das
> kommt da herein, das und das macht das, das nächste ist das und das, das Teil macht
> das und das und dann geht das so weiter bis halt hinten dann entsprechend den
> Output hast.

Mit dieser Wahrnehmung der Apparatur als Einheit entwickelt sich auch ein emotionaler Bezug zur Maschine, wie dies ein Diplomand folgender-maßen beschreibt:

> Mit der Zeit identifiziert man sich mit der Maschine. Das ist einfach unsere Maschi-
> ne. Ich glaube, ganz isoliert die Sache zu betrachten [...], sich total zu trennen von
> dem und zu sagen, das ist nur eine Meßapparatur, das ist Stahl und das ist zusam-
> mengeschweißt und ein paar Schrauben sind dran und ein paar Zeiger und ein paar
> Knöpfe und das bediene ich nur und fertig, aus. So kann es ja nicht sein. [...]

Hier kommt deutlich zum Ausdruck, daß die Apparatur nicht mehr in Teilen wahrgenommen wird, sondern als Einheit. Diese ganzheitliche Sicht-weise der Apparatur scheint in einem gewissen Zusammenhang mit der „Identifikation" mit ihr zu stehen. Denn es ist kaum möglich, sich mit Teilen, das heißt hier Schrauben, Zeigern, Knöpfen und Stahl zu „identifi-zieren". Obiger Diplomand hat für diese ganzheitliche Sichtweise und die damit verbundene Identifikation auch ein konkretes Beispiel:

> Zum Beispiel wenn an der Maschine im anderen Labor irgend jemand ein Ventil
> wegnimmt, weil er es eben braucht, dann ist mir das wurscht. Aber wehe der klaut
> ein Ventil von unserer Maschine, auch wenn es nicht so wichtig ist, auch wenn es
> gar nicht brauchst – weil das gehört irgendwie zusammen, das ist ein Ding.

Geht es am Anfang zunächst einmal nur darum, überhaupt eine Grund-struktur der Maschine zu erkennen, wird mit zunehmender Erfahrung und Vertrautheit die Wahrnehmung immer differenzierter. Der Einblick in die Apparatur wird sicherlich vertieft, wenn man auch das Innere der Apparatur kennenlernt. Eine Dissertantin verbindet die Öffnung der Ap-paratur mit „richtigen Aha-Erlebnissen":

> Und wenn dann an der Maschine etwas kaputt ist, und du machst dann auf, und du
> schaust dann hinein, und du siehst das; das sind dann richtige Aha-Erlebnisse.

Dadurch wird der Blick immer differenzierter. Anfangs ist es – wie ein Diplomand betont – wichtig, „daß man einmal lernt, wo man hinschauen muß, welche Parameter wichtig sind". Später werden – wie bereits gezeigt – die wichtigen Parameter geradezu verinnerlicht, wodurch es auch möglich wird, sehr schnell Störungen zu erkennen.

Es ist aber nicht nur wichtig, sehen zu lernen, sondern auch das Gehör wird mit zunehmender Erfahrung immer geschulter. Zu Beginn wird meistens sehr wenig gehört, wie folgendes Beispiel deutlich zeigt:

> Zum Beispiel am Anfang hat uns der Betreuer gesagt: „Jetzt hörst du das und das". Da habe ich noch überhaupt nichts gehört. Er hat immer gesagt: „Hörst eh, jetzt ist diese Pumpe weniger belastet oder mehr." Ich habe da nichts gehört, gar nichts, nur daß halt die Pumpe läuft.

Eine Physikerin, die bereits längere Zeit im Labor gearbeitet hat, kennt hingegen die Geräusche im Labor sehr genau. Sie wird – wie sie so schön sagt – gerade bei „dumpfen" Geräuschen „hellhörig":

> Es sind ja viele Geräusche im Labor, du bist immer mit einem Ohr bei der Apparatur, du horchst ja dauernd drauf, du kennst ja das Geräusch. Und sobald du irgendetwas anderes hörst, so ein dumpfes Geräusch, dann wirst du eh schon hellhörig. Aber das kommt auch nur, wenn du die Maschine kennst; sonst ist das für dich lauter Lärm.

Diese „Hellhörigkeit" setzt – wie hier auch gesagt wird – eine große Vertrautheit mit der Apparatur voraus. Das, was anfänglich nur als „Lärm" empfunden wurde, wird mit der Zeit zu bedeutungstragenden Geräuschen und Tönen. Wenn man dabei an Musik denkt, so wird diese Assoziation durch die Äußerung eines Diplomanden bestärkt. Auf die Frage, wie er die Apparatur, an der er schon länger arbeitet, im Vergleich zu anderen Apparaturen hört, meint er – wenn auch mit einem ironischen Unterton: „Unsere Maschine singt am schönsten." An diesem fast schon ästhetischen Erlebnis wird auch deutlich der emotionale Bezug zur Maschine erkennbar.

Daß der emotionale Bezug zur Apparatur eng mit der Beherrschung der Apparatur verbunden ist, kommt in folgender Äußerung eines erfahrenen Physikers deutlich zum Ausdruck:

> Man muß ein Gefühl für die Apparatur bekommen bis dahingehend, daß man der Apparatur einen Namen gibt und mit der Apparatur regelrecht spricht, weil man sich das Vehikel so verinnerlicht hat mit jeder Schraube letztendlich, daß man dann relativ schnell auch hören kann, wenn irgendeine Pumpe dann nicht mehr läuft.

Eine Diplomandin bringt diesen Zusammenhang noch deutlicher zum Ausdruck:

> Ich glaube, daß man die Apparatur so gefühlsmäßig nur dann beherrschen kann, wenn man auch stark gefühlsmäßig gebunden ist irgendwie an diese Apparatur.

> D.h. ich arbeite viel mit der Apparatur und baue mir eine emotionelle Bindung auf
> und bin dann irgendwann fähig, das einfach zu spüren, heute funktioniert sie, die
> Apparatur. Und das kann ich aber nicht, wenn ich diese emotionelle Bindung ein-
> fach nicht habe, wenn das für mich einfach ein Arbeitsgerät ist oder irgendwas, was
> da einzuschalten ist, dann ist das ganz anders, als wenn ich da eine persönliche
> Beziehung habe.

Denn eine differenzierte Wahrnehmung kann – wie sie meint – nicht
erzwungen werden, sondern setzt eine emotionale Bindung voraus:

> Wenn du dich gar nicht so dafür interessierst, dann mußt du dich dann quasi zwin-
> gen, auf das zu schauen und zu hören. Wenn du aber emotionell an die Apparatur
> gebunden bist, dann siehst du jede Kleinigkeit. Wenn da irgend jemand irgendwas
> verändert hat an der Apparatur, dann fällt dir das sofort auf. Während ich, wenn ich
> da nur hingehe zum Arbeiten, mir das vielleicht gar nicht auffällt. – Und ich damit
> aber natürlich sehr schnell auch eine Fehlerquelle finden kann, wenn ich das ge-
> fühlsmäßig dann einfach mache. Also glaube ich, daß die emotionelle Bindung
> durchaus förderlich ist dieser Beherrschung der Apparatur.

Ein Physiker, der eine Apparatur alleine aufgebaut hat und jahrelang mit
ihr beschäftigt war, bezeichnet diese sogar als seinen „verlängerten Lebensnerv", wodurch eine Verbindung zwischen Mensch und Maschine
deutlich hervorgehoben wird. Die einheitliche Wahrnehmung der Apparatur wird sozusagen erweitert, indem auch der Mensch, der an ihr arbeitet, zu einem Teil dieser Einheit wird.

Es läßt sich also bezüglich der Wahrnehmung der Apparatur eine Entwicklung feststellen vom „diffusen Haufen" über eine strukturierte Einheit zum „verlängerten Lebensnerv".

4.3 Experimentelle und andere Fertigkeiten

Da implizites Wissen in direktem Zusammenhang mit Erfahrung steht, ist
es nur selbstverständlich, daß man bei den Erfahrensten, welche gemeinhin als Experten bezeichnet werden, danach suchen sollte. Tatsächlich
beziehen sich fast alle Fallstudien zu dieser Thematik auf den Experten
und es schien auch uns ganz natürlich, die Frage nach dem Experten zu
stellen. Wer ist Experte in der Physik? Was ist ein Experte? Wie wird man
Experte? Wo findet man und wie zeigt sich ein Experte? Und: haben diese
Fragen überhaupt Sinn?

Einleitend werden wir uns sehr allgemein mit der erfahrenen Person
auseinandersetzen, um uns dann anhand von zwei „Beispielen", der Fehlersuche und der Messung, der näheren Betrachtung der Aneignung von
Geschick und Fertigkeiten und des Erlernens praktischer Fähigkeiten unter besonderer Berücksichtigung des „Fortgeschrittenen" widmen. Neben dem Begriff Erfahrung wird dabei der Begriff Intuition auftauchen,

so daß wir in einem eigenen Abschnitt erörtern wollen, ob er von ähnlicher Wichtigkeit ist. Wichtigkeit ist auch der Titel des darauffolgenden Abschnittes, der Beispiele institutionell vernachlässigter, weil nicht-fachlicher Fähigkeiten bringt, die aber für den Erfolg des Physikers nicht weniger ausschlaggebend sind als fachliche. Es sind dies ebenso Paradebeispiele eines nicht-öffentlichen, sondern impliziten Diskurses. Zum Abschluß des Kapitels stellen wir – gleichsam als Anhang – eine Auswahl aus Vergleichen mit Autofahrern, die wir des öfteren zu hören bekamen, zusammen und setzen uns mit diesen ihren Lieblingsvergleichen nicht ohne ironisches Zwinkern auseinander.

4.3.1 Experten!?

Beginnen wir also ganz naiv damit, die Frage kurz und einfach zu formulieren: Was ist ein Experte? Und sehen wir, was die Anworten entfalten.

> Ein Experte – ist eine schwierige Frage; weil das reicht nicht aus, ein Gerät zu bedienen; das kann jeder Techniker. Den kann ich einfach hinstellen und sagen, drehe an dem und dem Knopf, und das und das soll dann herauskommen oder kommt heraus. Da brauche ich kein Studium. Ein Experte ist einer – der muß das erstens einmal bedienen können, der muß aber auch wissen, was, wo und warum funktioniert; d.h. der weiß, wenn ich jetzt da drehe an dem Knopf, dann passiert das und das; das passiert einfach. Das ist eine Art Erwartungshaltung, die aber eigentlich zu 99% in Erfüllung geht, weil er eben aus seinem eigenen Erfahrungsschatz, das einfach schöpfen kann. Und wenn jetzt ein Problem auftritt, dann ist ein Experte auch der, der weiß, wo das krampft, der praktisch die Fehlersuchprozedur entsprechend gestaltet, daß sie möglichst ökonomisch und zielführend ist. Das kann auch ein Laie in dem Sinn nicht, das kann auch kein Ingenieur. Der muß dann den Service anrufen. Experte ist: Bediener, Ingenieur und Servicemann. Der muß aber das Geschick haben, das dann auch zu richten. Der muß ein bißchen das Elektronische und das Mechanische auch im Hinterkopf haben. Das ist für mich dann wirklich ein Experte. Der kennt die Apparatur wirklich in- und auswendig in dem Sinn. [...] Der ist sicher der schnellste im Beheben von Fehlern. – Das wird man natürlich, um so mehr Fehler man in seiner eigenen Einschulphase oder Entwicklungsphase am Gerät – wenn man das überhaupt so sagen will, darf – miterlebt hat. Wenn du an der Apparatur arbeitest und es hat nie einen Fehler gegeben, dann wirst du nie ein Experte.

In diesem längeren Ausschnitt ist eigentlich schon fast alles enthalten, was uns im folgenden beschäftigen wird. Doch herausragend ist, daß uns hier eine additive Formel als Definition des Experten geliefert wird: Experte ist gleich Bediener plus Ingenieur plus Servicemann. Der Experte ist also mehr als jemand, der nur das Gerät bedienen kann, er „weiß" auch wie („was, wo, warum") es funktioniert; aber auch damit nicht genug; er kann die Apparatur auch reparieren, und zwar – und damit hebt er sich von den anderen als Experte ab – schneller als alle anderen. Das Bild des Experten, das hier umrissen wird, entspricht wohl der Person, die sich in

allen Belangen mit einem Gerät am besten „auskennt". Es ist eine Art
„Global-Experten"- Vorstellung, auf die wir noch zu sprechen kommen
werden. Der „Partial-Experte", also z.B. der „expertenhafte" Servicemann
oder der Bedienungsexperte, wird hier nicht in Betracht gezogen. Dennoch werden hier die im Physiklabor entscheidenden, mit dem Experten
häufig verbundenen Handlungen angesprochen: die Bedienung und die
Fehlersuche.

Im Schlußteil des Zitates werden dann noch zwei Hinweise gegeben:
Der Experte hat Geschick – das allgegenwärtige Schlagwort verläßt uns
auch in diesem Kapitel nicht – und er hat einen Hinterkopf, in dem etwas
drin ist. Im Falle des Zitates: Elektronisches und Mechanisches. Es kann
aber bestimmt auch etwas anderes sein. Dieses etwas, das wir umgangs-
sprachlich auch oft Hintergrundwissen nennen (der Begriff implizites Wissen wäre hier in seiner weiter gefaßten Bedeutung auch zutreffend), zählt
neben anderen zur Grundvoraussetzung des Expertendaseins. Das Ex-
pertenwissen geht also über das „Vorderkopfwissen" hinaus. Er „blickt"
weiter, er kann ...

> Ein richtiger Experte kann die Ergebnisse für die Maschinerie gleich verwerten,
> interpretieren und hat gleich Ideen, wie der physikalische Prozeß abläuft. [...] Da
> würde ich nicht mehr beherrschen sagen, sondern verstehen. [...] Beherrschen heißt,
> genau zu wissen, wenn ich da drehe, hole ich immer mehr Signal heraus oder so.
> Das kann man wissen, ohne zu wissen, wie die physikalischen Prozesse sind. [...]
> Zuerst lernst du sie zu bedienen, dann beherrscht du sie und dann verstehst du sie.
> [...] Wenn du dann das Bild siehst und gleich weißt, wie der physikalische Prozeß
> abläuft – das ist dann das Verstehen.

Wiederum ein begriffliches Tripel, das uns hier geboten wird, um die Frage
nach dem Experten zu klären, doch diesmal nicht additiv, sondern kumula-
tiv: bedienen, beherrschen, verstehen. Wie ein „Lernparcours", der durchlaufen werden muß, markieren sie den Weg zum Experten. Ihre Wechselbe-
ziehungen bleiben unhinterfragt. Ihre Reihenfolge erinnert an Anfänge der
„kolonialistischen" Ethnologie: zuerst unterwerfen, dann verstehen lernen.
Die Maschinerie als das Fremde, das stets gefährlich ist, dem erst gezeigt
werden muß, wer Herr ist, und dem dann erst eine fruchtbare Basis in
Form von Verstehen abverlangt wird. Aber zurück zum Experten, das Zitat,
das so verlockend beginnt, als würde es den Experten durch den Begriff
„Verstehen" vollständig charakterisieren, entpuppt sich schließlich (im letzten Satz) als Definition des Verstehens durch den Experten – als Zirkel.
Dennoch weist das Zitat auf einen weiteren Punkt hin, nämlich die Rolle
der Theorie („Wissen wie der physikalische Prozeß abläuft"). Der Experte
kann „gleich" die experimentell gewonnenen Ergebnisse physikalisch deuten. Er sitzt somit sozusagen am Angelpunkt Praxis-Theorie.

Die äußerst vagen Vorstellungen, die uns bisher die Suche nach dem
Experten bescherte, werden durch die folgenden pragmatischen Überlegungen vollends zerstört.

Irgendwo ist auf seinem Gebiet jeder eigentlich mehr oder weniger ein Experte. Der Trend geht eigentlich schon eher dahin, daß die Probleme, die wir hier behandeln, vom technischen und vom physikalischen Standpunkt aus teilweise schon so speziell sind, daß man sich ein gewisses Expertentum schon aneignen muß, um zu wissen, warum dieses oder jenes Bauteil gerade diese oder jene Reaktion zeigt, und wie sie eben zum Beispiel im Zusammenspiel mit der gesamten Apparatur wirkt, und welche physikalischen Gedanken und welche physikalischen sonstigen Sachen noch dahinterstehen. Und es ist eben so – deswegen ist es auch wichtig, daß die Hierarchie eigentlich zustande kommt – daß eben normalerweise der Professorenbau, der einen relativ guten physikalischen Überblick hat, welche Arbeiten, wo gemacht worden sind; die aber häufig den Bezug zu dem technischen Problem verloren haben. [...] Und insofern sind vielleicht sogar die Mitarbeiter am Nabel des Experiments eher noch Experten als derjenige Oberbetreuer in Form eines Professors, der zum Beispiel – wie ich schon sagte – das technische Know-how nicht mehr hat und das Fingerspitzengefühl einfach auch nicht mehr hat, was auch nicht geht, und was man auch nicht verlangen kann.

Zwei wichtige, voneinander nicht unabhängige Aussagen werden hier vorgebracht. Erstens: Jeder ist (auf seinem Gebiet) Experte. Und zweitens: Die Experten sind die Jungen und nicht die Alten.[206] Das folgende Zitat erläutert die erste These und gibt an, wie man so ein Experte werden kann:

Aber Experte kann man auf einem Teilgebiet, auf einem winzigen Teilgebiet sehr bald sein. Ich kann bald der Experte sein, was das Stoßsysteme Protonen mit Lithium-Atomen anbelangt, weil da gibt es halt nur vier, fünf Leute auf der Welt, die an dem System arbeiten. Und wenn ich da die ganze Literatur zusammentrage, dann füllt die zwei Ordner vielleicht, und wenn ich selber das System einmal durchgemessen habe, dann weiß ich, auf was es ankommt, vielleicht noch ein paar Theorien selber gerechnet habe, dann bin ich der Experte auf dem Gebiet. Und wann immer wer etwas wissen will über Protonen und Lithium, dann kann er mich fragen und ich kann ihm sagen... So ein Experte kann man sehr schnell sein, aber das ist natürlich kein Experte auf einem größeren Gebiet.

Das Problem, das sich uns hier stellt, ist, daß es eine Spezies gibt, die wir als Partial-Experten bezeichnet haben. Diese trifft man immer und überall. Der Global-Experte scheint nicht nur nicht zu existieren, sondern kann auch gar nicht existieren, denn dazu ist „die" Physik (die Wissenschaft) ein zu großes, zu verästeltes und vor allem – im Gegensatz zum Schachspiel etwa – offenes Gebiet. Dieses spezielle Partial-Expertentum ist individuell und kollektiv zugleich. Es zeichnet sich durch seine eigene soziale

---

[206]   Dieser spezielle Sachverhalt macht die Suche nach dem Experten in einem physikalischen Institut einer Hochschule so schwierig, ja fast unmöglich. Die aus der Hypothese „Implizites Wissen findet sich bei Experten" folgernde Anleitung zur Suche nach dem erfahrenen Schachspieler, der langjährig beschäftigten Krankenschwester, dem stets mit dem gleichen Flugzeugtyp fliegenden Piloten, trifft auf den Physiker nicht zu, denn *den* Physiker gibt es nicht.

Organisation aus, es gibt nicht den Mann für alles, sondern es gibt für alles einen Mann oder eine Frau.

> Die Klassifizierung der Experten hat ja auch manchmal durchaus etwas Eigennütziges. Einer wird auch gerne zum Experten gemacht, weil den kann man dann mit solchen Sachen beauftragen; deshalb gibt es dieses Expertentum sicher – zumindest an diesem Institut. Man braucht sozusagen nicht vorm Macintosh sitzen und zwei Stunden überlegen, sondern man holt den Experten und der sagt es einem in fünf Minuten. Der ist für das zuständig, der ist für das zuständig. Das ist auch deshalb, weil man sich nicht damit auseinandersetzen will, weil die meisten bequem sind. Und so wird eben einer irgendwie zum Experten abgestempelt, aber vielleicht ist er es auch gar nicht, vielleicht ist er nur so gutmütig, daß er es erklärt.

Bei diesem kollektiven Blickwinkel kehrt sich auch das „zum Experten werden" in ein „zum Experten gemacht werden" um.

Interessant auch die zweite These (nicht die Alten, sondern die Jungen sind Experten), die im folgenden nochmals genauer analysiert wird.

> Die Frage ist, ob es nicht – und das ist ein persönlicher Gedanke – ob nicht die Expertenschaft wieder abnimmt. Ob nicht bei vielen Professoren, sicher nicht bei unserem, aber bei vielen Professoren, die Expertenschaft meiner Meinung nach wieder abnimmt, weil man sich im Laufe der Zeit zu weit von der Physik entfernt. Man übernimmt immer mehr und mehr Verwaltungskram, immer mehr und mehr Lehre, läßt die Physik immer mehr von anderen Leuten ausführen. Da geht nicht mehr die direkte Linie, für mich führt ein Doktorand ein Experiment durch, und ich stehe manchmal daneben und diskutiere mit ihm die Ergebnisse; sondern ich bin jetzt einmal der Ordinarius, und ich habe einen Dozenten und der hat einen u.s.w., und ich lasse mir nur noch das berichten, was nicht einmal der Dozent selber gemessen hat und so weiter und so fort, und dann wird der Informationsfluß immer schlechter und immer indirekter. Man hat dann zwar sehr viel politische Arbeit geleistet in den diversen Gremien u.s.w., man hat dann aber sozusagen das spezielle Expertentum verloren, hat nur noch das Expertentum des vielleicht großen Überblicks, [...] aber nicht mehr der Details, was zu Hause im Labor passiert.[207]

Die Frage nach dem Experten in der Physik bzw. im Physiklabor kann nur durch die Erweiterung „Wofür?" sinnvoll gestellt werden. Und selbst dann muß weiter differenziert werden, denn „der" Experte für Wasserschlauchklemmen läßt sich genauso schwer finden wie ein Experte für Quantenmechanik.

Ein letzter Versuch das Konzept des Experten noch zu retten, bestand darin, nicht nach einer Definition zu suchen, sondern die Frage „Wie erkennt man eigentlich einen Experten?" zu stellen.

---

[207] Diese Abnahme bzw. Verlagerung der Expertenschaft in Bezug auf den Professor wird uns auch im nächsten Kapitel unter dem Titel „Der Physiker als Manager" noch einmal beschäftigen.

> Du kannst, glaube ich, während dem Meßbetrieb überhaupt nicht entscheiden, ob
> das ein Profi ist oder nicht. Du kannst erst was darüber sagen, wenn er ein Problem
> hat, – derjenige der daran arbeitet. Sobald ein Problem auftritt, kannst du dann
> Aussagen treffen; davor nicht leicht.

Bevor wir eine Antwort auf unsere Frage überhaupt erwarten dürfen, –
so meint der Interviewte – müssen wir uns mit dem nächsten Abschnitt
auseinandersetzen.

4.3.2 Fehlersuchen und Problemerkennen

Warum spielt das Fehlersuchen und -beheben (ich spreche hier hauptsächlich von technischen Fehlern, also solchen die am Gerät auftauchen, aber
auch von Rechenfehlern oder Fehlern der Modellierung) überhaupt so
eine große Rolle in der experimentellen Physik? Die Antwort kann hierauf
ganz praktisch aussehen: weil sie, wenn wir einen zeitlichen Maßstab
anlegen, zu den häufigeren und auch langwierigeren Tätigkeiten des Physikers gehören. Der Regelfall ist sozusagen nicht das Funktionieren, sondern das Nicht-Funktionieren.

> Das schwierigste an der experimentellen Physik ist einfach das, daß wenn du sehr
> viele Geräte hast, alles gleichzeitig funktioniert. Es gibt so viel, es braucht nur eine
> Sache ausfallen und dann geht nichts mehr. Man hat mir auch gesagt, daß das
> Schwierigste bei meiner Dissertation sei, alles zur gleichen Zeit hinzukriegen.

Es ist also – wenn das hier auch ein extremer Fall ist – nicht verwunderlich, daß das Erlernen der Fähigkeit des Fehlersuchens einen sehr hohen
Rang einnimmt, was eine Kollegin so formulierte:

> Wie du das überhaupt angehen kannst, da irgendwie Fehler zu suchen. Also das
> war für mich das Wichtigste eigentlich. Weil wenn es funktioniert, dann funktio-
> niert es. Aber es funktioniert eben zu 95% nicht, und im Grunde bist du eh nur
> dauernd dabei, das zum Funktionieren zu bringen; weil es einfach unendlich viele
> Fehler gibt, die du machen kannst – oder die man selber machen kann, die passie-
> ren können unabhängig von dir; – daß du ein Gefühl dafür kriegst, wo du ansetzen
> sollst.

Fehlersuchen und -beheben sind Tätigkeiten, mit denen man erst im Labor konfrontiert wird. Es gibt auch sozusagen keine theoretische Einführung in „Wie suche ich Fehler?". Sondern man wird ins kalte Wasser
gestoßen: Fehlersuchen und -lösen lernt man durch Fehler bzw. aus Fehlern.

> Das ist natürlich klar: um so mehr Sachen kaputt werden, um so mehr lernst du;
> weil die Apparatur aufgerissen werden muß, was richten mußt. Zuerst schaust du
> einmal zu, dann darfst du das einmal selber machen, und dann kannst du das
> wirklich selber. Oder wenn du mitarbeitest mit dem Superviser, so quasi, dann

> siehst du: ja, das Problem, wie geht der das an, aso. Oder jetzt haben wir kein Signal,
> dann sagt der: o.k. geh hinten umi und fahr mit dem Magneten an die oder die
> Stelle. Dann hörst du es: klack macht es, und dann funktioniert das wieder. Dann
> erklärt er das: ja das ist das und das. Das war der [...] Und das stoßt sich zusammen,
> und wenn man mit dem Magneten hinfährt, dann geht das weg, und dann funk-
> tioniert das wieder. Irgendwann einmal weißt du das. Wenn du das zwei-, dreimal
> tust oder gesehen hast, dann weißt du: o.k. das ist da hinten drinnen, das ist das
> Problem, und zack es funktioniert wieder. Und wenn es nicht weggeht, dann muß
> man wieder ausbauen und muß irgend etwas anderes probieren. Mit der Zeit
> lernt man das.

Es gibt keinen expliziten Diskurs der Fehlersuche. D.h. es gibt kein Buch
„Grundregeln der physikalischen Fehlersuche" und auch keine Vorlesung
ähnlichen Titels. Es ist auch klar warum: weil es solche Regeln entweder
nicht gibt oder sie sind trivial; und weil das theoretische Lernen hier eine
sehr geringe Rolle für die Praxis spielt. Man lernt das, was einem der
Betreuer über den Umgang mit Fehlern beibringt und das, was man
selber aus seinen „eigenen" Fehlern lernt.

Es macht immer wieder stutzig, wie viel Positives man Fehlern und
Problemen abgewinnen kann. Auf der einen Seite, der physikalischen,
sind sie dem Weiterkommen hinderlich, auf der anderen Seite, der didak-
tischen, förderlich. Beide Seiten bedingen sich aber gegenseitig. Der Umgang mit ihnen ist also folglich ein höchst prekärer, und die Einstellung
„Fehlersuchen überlasse ich lieber anderen" sicher die falsche. Sehen wir
uns ein Beispiel der Fehlersuche einmal genauer an:

> Ich habe selbst ganz große Magnetspulen gebaut, selber gedreht und so. Das war
> eine eigene Technik, wo ich Glück gehabt habe, daß ich sie erlernt habe. Die isoliert
> man dann ab diese Spulen, dann habe ich sie eingebaut, und dann hat es bei dieser
> Isolation einen kleinen Kurzen gegeben. Und weil das zwei Spulen waren und
> parallel waren, – ich weiß jetzt nicht mehr so genau – wurde die Spannung doppelt
> so hoch. Das heißt wir haben durch die Spulen nur noch die Hälfte des Stroms durch
> bekommen. Das war ein Fall. Nach einer gewissen Zeit bin ich dann draufgekommen
> und habe den Kurzen beseitigt. Ein oder zwei Monate später ungefähr ist bei der
> kleinen ECR-Quelle, die inzwischen längst die S. übernommen hat... das Gerät hat
> bisher immer 500 Ampere geliefert, jetzt plötzlich nur noch 250. Die S., die sich eben
> nicht so sehr damit beschäftigen wollte, bringt es in die E-Werkstätte und sagt: „Das
> Gerät bringt plötzlich nur noch 250 Ampere, schaut's es euch an." Ich bin – glaube
> ich – gerade drei Tage weg gewesen. Die E-Werkstätte arbeitet an jedem Gerät etwa
> drei Tage, hat es zerlegt, das ist ein riesiger Koloß, elendig mühsam. Ich komme
> zurück, die S. schildert mir das Problem. Bei mir hat es schon einmal geklingelt:
> Aha, Hälfte. Ich gehe hin in die E-Werkstätte, schau das Gerät an, gehe hin zu den
> Spulen ganz automatisch ohne zu überlegen, innerhalb einer Sekunde, und sehe,
> daß der eine Kontakt bei der Spule an der Erde, am Gestell, angekommen ist. Dann
> gebe ich ein ganz ein kleines Streiferl Isolierpapier hin, und siehe da. Die E-Werk-
> stätte hat solche Augen gemacht. [...]

Es ist eine paradigmatische Schilderung der Fehlersuche, die von der
Erfahrung über das Aha-Erlebnis bis zum Analogieschluß vieles enthält.

Interessant ist aber vor allem das Szenario als Ganzes, das den Umgang mit Fehlern verdeutlicht. Wir haben die S., die „sich eben nicht so sehr damit beschäftigen wollte" und das Gerät weitergibt, wir haben dann die E-Werkstätte, die eigentlich für so etwas zuständig ist und eine eher systematische dreitägige Fehlersuche startet, aber doch erfolglos bleibt, und wir haben natürlich den Helden, den Experten, der nur „eine Sekunde" zur Reparatur benötigte. Was für die großen Augen der E-Werkstätte nach Zauberei aussehen mag, ist für den Experten einfach Erfahrung. Doch vielfach verschwinden diese Erfahrungen, die hier noch deutlich ausgesprochen wurden, in den Hintergrund und werden namenlos. Der Experte „tut dann nur noch das Richtige, ohne recht erklären zu können, warum".

Wie spezifisch oder wie allgemein sind diese Fehler also?

> Das Interessante ist ja, daß das bei allen Geräten gleich ist. Also gestern erst holt mich wer, bei der Steckdose kommen die 220 Volt nicht heraus, er hat alles ausprobiert. [...] Ich habe das Gerät zum ersten Mal gesehen: ha, bei der Steckdose liegt die Spannung nicht an, beim Trafo ja; dann verfolge ich das Kabel zurück zur Steckdose; dann sehe ich, daß es da noch Sicherungen gibt; dann prüfe ich die Sicherungen; aha, eine Sicherung ist kaputt. Es fehlt bei manchen der Wille. Man darf irgendwie keinen Spundus davor haben. Die Dinge liegen auf der Straße, das ist vielleicht ein gutes Bild, der eine geht halt darüber und der andere sieht es. [...] Man muß irgendwie den Blick schärfen.

Wenn das nun bei allen Geräten so ähnlich ist, kann es dann oben erwähntes Regelbuch nicht doch geben? Tatsächlich sind die einzigen Regeln, die allgemein abgeleitet werden können, wie z.B. „Checke von A bis Z" oder „Untersuche zuerst die empfindlichen Elemente", nicht sehr befriedigend oder sagen wir so, deren Anwendung macht einen nicht zum Experten. Nein, denn wenn man Experte werden will, dann muß man sozusagen die Augen offenhalten und „seinen Blick schärfen". Und seinen Blick schärft man, indem man viel schaut, aber auch reflektiert.

> Wie gesagt ich glaube, daß Erfahrung einfach eine sehr wichtige Komponente ist. Erfahrung, verschiedene Sachen gesehen haben, und doch einiges über die Physik und über die Grundlagen, auf denen die Dinge beruhen, zu wissen. Und wenn man das richtig kombiniert, dann kann man eine große Klasse von Problemen auch lösen.

Woran man einen Experten erkennt – und das war ja schließlich die Frage – reduziert sich im Falle der Fehlersuche auf einen profanen – oder sollte ich sagen, sportlichen – Grundsatz: der Experte ist schneller. Drei Tage stehen da z.B. gegen eine Sekunde. Aber er ist nicht nur bei der Fehlersuche schneller, sondern – was vielleicht noch wichtiger ist – bei der Einschätzung bzw. dem Erkennen, ob eine Fehlersuche oder eine Fehlersuchstrategie überhaupt sinnvoll ist.

Jemand, der lange an einer Apparatur gearbeitet hat, erkennt sehr früh, ob es einen Sinn hat, da noch weiter zu machen oder nicht. D.h. wenn zum Beispiel der O. an der Apparatur probiert, ein Signal zu finden, dann macht er das eine Viertelstunde und sagt dann: „Nein, so hat das keinen Sinn", und probiert dann etwas anderes aus. Beim R. dauert das vielleicht schon eine Stunde oder so, bis der sagt: „Nein, eigentlich hat es so keinen Sinn." Bei mir dauert das vielleicht halt einen ganzen Tag, bis ich dann sage: „Nein, eigentlich habe ich den ganzen Tag herumprobiert. Es ist nichts gegangen. Also muß irgendwo anders der Fehler liegen."

4.3.3 Messen und Interpretieren

Wenn man auch angeblich während des Meßbetriebs überhaupt nicht sagen kann, wer Experte ist und wer nicht, sondern nur dann, wenn Fehler auftreten, wollen wir uns in diesem Abschnitt dennoch mit der Tätigkeit des Messens auseinandersetzen. Messen, d.h. das Erheben von Daten, ist stets in irgendeiner Weise an Interpretation gekoppelt. Daher sollten wir zuerst ein wenig Klarheit in den Zusammenhang zwischen Messung und Interpretation bringen.

Ich glaube, eine Messung, das macht die Maschine. Die Daten in der Maschine, das ist sicher nicht interpretiert, das ist das rein Gemessene. Und die Interpretation passiert wahrscheinlich an der Schnittstelle zum Menschen, weil der ja selber nicht objektiv wahrnimmt. Wenn du dir ein Bild anschaust und ich mir ein Bild anschaue, und beide sind vom STM, dann sehe ich sicher andere Sachen als du, weil ich einfach schon weiß, auf was ich schauen muß. Deshalb interpretierst du es sicher anders als ich. Das ist halt etwas rein Subjektives, und da kommt dann die Erfahrung wieder ins Spiel, oder wie viel man schon gesehen hat, oder was einem andere erzählen, oder was man sich selber überlegt.

Die Begriffe auf diese Weise zu trennen und mit Maschine bzw. Mensch zu identifizieren, erscheint im ersten Augenblick als brauchbar. Aber inwiefern ist die Auswahl, welche Messungen ich die Maschine durchführen lasse, nicht auch Teil meines Interpretationsprozesses?

Das ist eigentlich ein fließender Übergang, weil du während dem Messen schon Sachen siehst, die du in irgendeiner Form interpretieren mußt, weil ... du mußt dir während dem Messen schon Gedanken darüber machen, was du eigentlich vor dir siehst, weil sonst hat das ganze Messen keinen Sinn. Weil sonst mißt du Sachen, die du nicht verstehst. So kannst du dann zwar sehr viele schöne Bilder machen, die du vielleicht auch irgendwann interpretierst, aber dir entgeht einfach sehr viel. Auch insofern Gedanken darüber machen, weil es wahrscheinlich auch verschiedene Erklärungen dafür gibt, was man vor sich sieht. Es stellt sich immer die Frage, was man da sieht, ob das das ist, was man sehen will, ob das irgendein Artefakt ist, ob das ein Effekt ist, der von der Spitze kommt, ob das Schmutz, der auf der Oberfläche ist oder so. Also insofern muß man schon während dem Messen interpretieren, sonst läuft man Gefahr, in eine völlig falsche Richtung zu gehen. Es hat auch insofern keinen Sinn, wenn man sozusagen wie ein Computer messen würde und einfach Bilder machen würde, dann würde ja vielleicht, ja, eins von hundert Bildern einen Sinn haben.

Messung und Interpretation sind also untrennbar ineinander verstrickt. Eine Schnittstelle, an der man einen sauberen Schnitt ansetzen könnte, existiert nicht. Die Tätigkeit Messen setzt – das kommt in der Hervorhebung deutlich zum Ausdruck – bereits einen bestimmten Gedankenapparat voraus. Worin dieser besteht, ist nicht genau zu sagen, aus Erfahrung früherer Messungen, aus Wissen über den physikalischen Prozeß, etc.. Sicher ist nur, daß auch Messen – so maschinell und mechanisch es auch manchmal aussehen möchte – nicht voraussetzungslos ist. Dies gibt auch bereits jetzt einen entscheidenden Hinweis darauf, was die „Kunst des Messens" auszeichnet.

> Das ist eine Kunst, die muß man gut lernen. Also, ich habe schon enormes Glück gehabt, weil manche Bilder ausgesprochen gut sind. Bessere kann ich eigentlich nicht mehr machen, aber andere halt noch.
> Es sieht aus wie Fließbandarbeit im Grunde, und Fließbandarbeit würde man auch nicht als Kunst bezeichnen; jetzt frage ich, was ist die Kunst dabei?
> Die Kunst besteht darin, man kann den Strom verändern, man kann die Spannung verändern, man kann vor allem die Spitze behandeln, und das ist die Kunst; man kann mit Spannungsstößen, allerdings nur aufs Glück vertrauend, die Spitze behandeln, daß man einfach einen Elektronenüberschlag herstellt und die Spitze anders formt und hofft, daß die neue Form besser ist. Es ist sehr empirisch, das Ganze. Es kommen da Kochrezepte, die man halt einhaltet, eines vom S., eines vom T., eines vom D. [...]Worum es dann letztendlich geht, ist ja nicht nur Bilder zu machen, sondern bestimmte Bilder zu machen, und aus denen zu schließen – also das hat schon mehr Inhalt, als nur Bilder zu machen. Ich fühle mich fast als STM-Artist.

Der Physiker, der hier zu Wort kommt, fühlt sich also als Rastertunnelmikroskopkünstler. Ein Vergleich, der vielleicht gar nicht so weit hergeholt ist, wie er vielleicht klingt. Er gewinnt sogar noch an Überzeugungskraft, wenn man erwähnt, daß diese Bilder, von denen die Rede ist, schwarzweiß Topographien sind, die in Ausstellungen moderner Kunst kaum auffielen. Vergleichen wir aber nicht die Ergebnisse, sondern die Art und Weise, wie sie gewonnen werden, so dient uns hier das Wort Kunstfertigkeit wohl am besten. Als Künstler, der auf Glück vertraut, erscheint uns hier der messende Physiker.

Wie sieht dann eigentlich die Ausbildung bzw. der Lernprozeß eines solchen Künstlers aus oder kurz: wie wird man Künstler?

> Das ist keine Sache, die man lernt und man sagt, jetzt habe ich alles abgehakelt, sondern es ist eine Erfahrungs- und Intuitionssache, wie man mit der Spitze umgeht. Es gibt eigentlich da keine fixen, starren Kochrezepte, wo man sagt, wenn das ist, ist das, und wenn das ist, ist das. Da kann man nur sagen: naja, probieren wir vielleicht das und das, und manchmal erinnerst du dich – aus Erfahrung – beim letzten mal ist es so besser gegangen, und dann machst du das halt wieder. Es könnte genauso sein, daß der andere Weg auch funktioniert hätte. Deswegen glaube ich auch, daß man immer wieder neue Methoden probiert. [...] Das heißt, du lernst dazu und behältst das dann in deinem Repertoire. Der S. oder T. haben sicher mehr Erfahrung, weil sie schon mehr gemessen haben. Das steigt dann wieder

> relativ linear. [...] Du lernst sicher ständig dazu. Ich glaube nicht, daß man bei dem
> Gerät einmal alles weiß. [...]

Wenn wir gerade noch von Kochrezepten hörten, also von einem Korrelat
von Regeln, an die man sich halten kann, werden diese von einem anderen Physiker, der schon länger an der gleichen Apparatur mißt, bereits in
Zweifel gestellt. Tatsächlich kann man sich nach solchen Regeln verhalten,
aber sie sind keine Garantie für Erfolg, sondern dienen eher der Vermei-
dung von Mißerfolg oder mit den Worten eines Physikers „Nein, nur man
kann sich umgekehrt nicht darauf verlassen, daß etwas gut wird. Man
kann sich nur darauf verlassen, daß etwas nicht gut wird, wenn man
etwas Falsches macht – offensichtlich." Das Beispiel verdeutlicht auch den
Unterschied zum theoretischen Lernen: der Lernprozeß ist offen. Man
lernt sozusagen nicht aus. Es gibt nach einer gewissen Lehrzeit auch kein
Besser oder Schlechter mehr, sondern verschiedene „Schulen".

> Besser machen würde er jetzt gar nicht mehr sagen, er würde sagen, wie er es
> machen würde. Es gibt einfach verschieden [Lachen] Schulen. Das ist wirklich völlig
> unexakt. Es gibt die T.-Schule, der S. macht es wieder anders.

Der Begriff Schule, der dem Interviewten hier selbst ein Lachen ent-
rückt, ist keineswegs so unexakt, wie er annimmt, sondern umschreibt
vielleicht am geeignetsten Entstehung und Entwicklung bestimmter
Geschicklichkeitsformen: hier jene, die auf Messen beruht. Jeder entwik-
kelt seine eigene Art und Weise zu messen und gibt diese „Art und Weise"
natürlich weiter. Doch „natürlich" ist das eigentlich nicht, denn:

> Ein guter Teil ist Erfahrung, die man nicht weitergeben kann, weil man es selber
> nicht so bewußt wahrnimmt. Das ist meine Meinung. Ein guter Teil ist einfach... was
> man dann als Kunst bezeichnet, das ist Erfahrung, die man aber nicht für sich selber
> formuliert hat, z.B. als Anleitung, sondern das ist einfach so... aus dem Unterbe-
> wußtsein heraus. Das ist einfach die Kunst daran, daß das geht. Ich meine, der T.
> macht das wirklich gut. Der hätte wirklich genug Zeit gehabt, mir das zu erklären,
> wie man's macht. Also er weiß es selber nicht, er macht's halt dann im Moment
> richtig, und warum...
> *Das kann er dir auch nicht sagen? Und das ist unterbewußt, meinst du?*
> Ja, es ist sicher keine besondere Denkleistung dahinter, weil man denkt nicht nach
> dabei. Es ist zumindest kein konsequentes Denken, es ist eher ein intuitives Den-
> ken. Man muß einfach tricksen, bei solchen heiklen Messungen. Und ich habe sogar
> das Gefühl – aber das liegt vielleicht an meiner Lebenseinstellung – es nützt sogar,
> wenn man sich einbildet, es geht [Lachen]. Das geht sogar soweit, daß man es sogar
> wollen muß, daß es geht. Man muß positiv eingestellt sein, sonst kommt dieses
> automatisch richtige Handeln nicht.

Der Physiker bringt in diesem Interviewausschnitt die wohl deutlichste
Umschreibung von implizitem Wissen, wenn er sagt, „...was man dann als
Kunst bezeichnet, das ist Erfahrung, die man nicht für sich selber formu-
liert hat, z.B. als Anleitung...". Sobald er jedoch einen Versuch unter-

nimmt, dieses Wissen bzw. diese Kunst zu lokalisieren, verliert er sich in Spekulationen, das „Unterbewußte" betreffend.

Die Antwort auf die Zwischenfrage zeigt dann, was er unter „unterbewußt" versteht, nämlich ein dem logisch-analytischem Denken – hier konsequent genannt – entgegengesetztes, intuitives Denken. Wir haben dann auch die Weiterführung seines Gedankenganges bezüglich des Zusammenhangs von positiver Einstellung und implizitem Wissen mit aufgenommen, obwohl eine Interpretation dessen diese Arbeit hier übersteigen würde. Aber vielleicht dient sie dem einen oder anderem Leser als Reflexionspunkt. Auf weiteres Drängen, ob er denn Beispiele für einen solchen Zusammenhang nennen könne, antwortete er:

> Ja, aber ich kann nicht von Erfahrung sprechen. Aber ich kann aus anderen Lebensbereichen darauf schließen. Weil es ist nichts anderes als, ... aber mir fällt nichts ein. Eine Arbeit die Geduld verlangt. Kochen, vielleicht. [Lachen] Obwohl ich selber nicht koche. Ich weiß nicht. Aber es hat mit Physik jetzt unmittelbar nicht soviel zu tun, die Messung selber. Aber eigentlich schon. Es ist vielleicht nicht so, wie ich es mir vorstelle. [...] Sowie ich mir z.B. vorstelle, daß ich als Physiker den ganzen Tag nur nachdenke. [Lachen]

Das Zitat ist nicht leicht zu lesen, da viele Auslassungen und Ellipsen vorkommen. Aber versuchen wir, da und dort zu ergänzen. Dem Physiker fallen keine Beispiele aus der Physik ein. Doch dann plötzlich – nicht ohne gleich darüber zu lachen: Kochen. Die Assoziation kommt nicht von ungefähr, hatte er doch zuerst noch von Kochrezepten gesprochen. Kochen und Messen scheinen in Hinblick auf den Zusammenhang von Regeln und implizitem Wissen, sowie der positiven Einstellung sehr verwandt. Es stellt sich heraus, daß er auch hier nicht aus Erfahrung spricht, denn er kocht ja selber nicht. Trocken wird festgestellt, daß das Gesagte (oder Gedachte) nichts mit Physik zu tun hat. Aber gleich darauf wird die Aussage sofort noch einmal der Reflexion unterzogen, und siehe da, der Schluß weist wieder auf die Verwandtschaft hin, die in einem Satz aufgebaut, im nächsten geleugnet und hier im letzten wieder bekräftigt wird. Schließlich und endlich wird dann alles noch einmal relativiert, indem er auf die Unterscheidung von Vorstellung und eigentlichem Sachverhalt ausweicht, was noch an einem Scherz exemplifiziert wird. Das Zitat ist dichter, als es vielleicht beim ersten Lesen scheint. Es mag als Paradebeipiel für den unsicheren Umgang mit implizitem Wissen und mit dessen ungeklärter Bedeutung für die Physik und das Alltägliche gelesen werden.

4.3.4 Fingerspitzengefühl und Intuition

Intuition ist im letzten Abschnitt mehrmals angesprochen worden und schien neben Erfahrung die wichtigste Komponente zu sein, die einen Experten auszeichnet. Intuition ist natürlich ein mystifizierter Begriff und manche Physiker lassen sich gar nicht so gerne darauf ein, wie die Interviewpartner, die eben zur Verfügung gestanden haben. Wie auch immer, es ist ein Begriff, der hinterfragt werden kann, wie jeder andere, und wir werden sehen, daß er einer näheren Betrachtung nicht standhalten kann, daß er eine leichte Ausrede ist, hinter der sich anderes verstecken läßt.

> Ja, ich meine, eine gewisse Intuition ist immer dabei. Ja, freilich, ich glaube das wäre gar nicht möglich irgendeine Forschung ohne Intuition oder Kreativität zu machen. Na, weil sonst könnte man ja einen Computer hinstellen.
> *Was ist Intuition? Das ist doch ein sehr vager Begriff?*
> Ja, sehr vage.[...]Ja, also ich persönlich glaube, daß Intuition sehr viel mit Erfahrung zu tun hat.
> *Aha, wie und wieso?*
> [...]Ich glaube, daß Intuition schon mit Erfahrung und Bildung zu tun hat. Also sicher nicht eins zu eins, weil es kommt ja auch sehr stark darauf an, wie man Wissen verarbeitet, wie man sein Wissen zusammensetzt. Ich meine, Intuition ist so etwas ähnliches wie Fingerspitzengefühl oder Gefühl für etwas zu haben. Und um ein Gefühl für etwas zu haben, muß man etwas ähnliches schon einmal erlebt haben.[...]
> *Was ist denn im Labor wichtiger? Fingerspitzengefühl oder Intuition?*
> Nein, ich glaube, daß das Gefühl für etwas haben im Labor wichtiger ist – auf jeden Fall.

Die hier etwa auf die Hälfte gekürzte Diskussion ist vor allem in der Hinsicht interessant, wie der vage Begriff Intuition, von dem nicht gesagt wird, wofür er steht, noch wie man dazu kommt, durch einen ähnlichen ersetzt wird, der bei weitem konkreter ist, da er auf Erfahrung baut und nicht aus dem Nichts kommt, nämlich Fingerspitzengefühl bzw. Gefühl für etwas haben. Schließlich wird auch die letzte Frage, was denn im Labor wichtiger sei, zugunsten des neuen Begriffs entschieden. Das heißt nicht, daß wir den Begriff Intuition ersetzt oder geklärt hätten, es besagt nur eine Schwerpunktverschiebung hin zum Begriff Fingerspitzengefühl. Der Begriff Intuition läßt sich auf diese Weise zumindest annähernd ausschließen. Auf Gefühl bzw. Gespür kommen die Interviewten auch selbst oft zu sprechen, ohne daß man zuvor die Begriffe Intuition und Fingerspitzengefühl diskutiert:

> Also meiner Meinung nach gehört ja zum Experimentator ein Gefühl oder ein Gespür. Und dieses Gespür, das äußert sich eben darin, daß man mit einer gewissen Coolness hingeht und das einstellt, ohne daß er da jetzt vorher tausendmal überlegt. Der Schmäh ist ja, daß wir zwar mit physikalischen Gesetzen hantieren, aber die Geräte sich nicht danach verhalten... Das ist eben alles viel komplizierter. Und so werden Messungen eigentlich selten was... Aber wenn ich mit Gespür den richtigen Wert herausfiltere, so kommen eigentlich die besseren Ergebnisse heraus.

Aber auch bei der Fehlersuche weicht die Intuition dem Fingerspitzengefühl.

Glauben Sie, daß es so etwas wie Intuition gibt?
Das gibt's wahrscheinlich. Das sieht man auch bei anderen Leuten, bei Elektronikern, die können bei einem komplizierten Gerät, ohne viel daran herumzumessen, auf irgendeine Weise, nehmen die einen Schaltkreis heraus und ersetzen den, und das geht.
Und haben Sie eigene ähnliche Beispiele parat?
Nicht in dem Umfang. Aber Elektroniker, die einfach jeden Tag elektronische Geräte reparieren, die haben das. Gut, da gehört sicherlich ein feines Gefühl dazu, für welche Sachen leicht kaputt werden.

Wenn es auch nicht gelang, den Begriff Intuition gänzlich auszuschließen, so konnten wir ihn doch sehr einengen, denn er konnte stets auf den Begriff Fingerspitzengefühl, der eindeutig auf körperlicher Erfahrung beruht, zurückgeführt werden.

4.3.5 Die Wichtigkeit des Nebensächlichen

Unter diesem etwas obskuren Titel verbirgt sich etwas recht Handfestes, nämlich die Zusammenfassung einiger Beispiele von speziellen, nicht-fachlichen Fertigkeiten (z.B. Rhetorik, Organisation), die als nebensächlich betrachtet und behandelt werden. Und obwohl ihnen kein institutioneller Rahmen zukommt, können sie sich als ausschlaggebend für Popularität oder Erfolg eines Physikers erweisen.

Als wir wieder einmal die Frage nach der Vermittlung von Wissen stellten, bekamen wir zu unserer eigenen Überraschung eine Antwort, die völlig anders als die bisherigen ausfiel. Der Assistent begann nämlich zu schildern, wie wichtig das „Drumherum" in der Physik eigentlich ist, daß das aber nicht thematisiert wird, und außerdem nur am Beispiel gelernt werden kann, aber lesen wir selbst:

Gibt es Tätigkeiten, die Sie besser beherrschen als andere und von denen Sie glauben, daß Sie sie anderen nicht beibringen können?
Es gibt sicher Sachen, wo ich mir denke, das kann ich sehr gut. Ich denke mir nicht, das kann jemand anderer nicht. Das ist ohne weiteres denkbar, das es jemand anderer besser kann. Ich habe ja in vielen Dingen auch Vorbilder. Und ein Vorbild ist ja nur solange ein Vorbild, solange er es besser kann, als man selber. Also solange ich noch Vorbilder habe, gibt es noch Leute, die das besser können, was ich glaube, gut zu können. [...] Es gibt manchmal Dinge, von denen ich glaube, die kann man bestimmten Individuen nicht beibringen. „Das werde ich dem nie beibringen können", weil er dazu die notwendigen Voraussetzungen nicht hat. Es geht jetzt gar nicht um fachliche Fragen, sondern es geht vielleicht mehr um – was weiß ich – Sachen wie Sich-Verkaufen-Können, Sich-Präsentieren-Können. Also das ist z.B. eine Sache, von der ich glaube, daß ich sie schon ganz gut beherrsche, wie man sich selber präsentiert, wie man sich selber gut verkaufen kann. Das ist sicher eine Stärke von mir, würde ich sagen, wie man Dinge, die man gemacht hat, die sicher ordentlich sein müssen, sonst kann man nicht ... sonst kann man sich noch so gut präsentieren. Wenn man nichts Substantielles dahinter hat, wird das jeder halbwegs intelligente Physiker sofort durchschauen, daß das ein Schaumschläger

ist. Man muß also auch schon etwas vorweisen können. Aber es gibt auch Leute, die sich auch unter ihrem Wert verkaufen, weil sie sich nicht ordentlich präsentieren können. Weil sie mit ihrem Licht nicht leuchten, oder weil sie ihr Licht unter den Schemel hinstellen. Sie machen zwar sicher gute Arbeit oder auch bessere Arbeit als wir, aber sie erzählen es niemandem, sie fahren nicht auf Konferenzen, sie trommeln nicht ordentlich. Sie sind nicht omnipräsent auf den Konferenzen, auch das ist sehr wichtig.

Die Fähigkeiten, die hier als Probleme der Vermittlung angeführt werden, sind ausschließlich nicht-physikalischer Natur: Sich-Präsentieren bzw. Sich-Verkaufen-Können. Was hier mit sehr starken metaphorischen Begriffen, wie „Lichter, die leuchten" oder „ordentlich trommeln" umschrieben wird, gehört genauso zum Alltag des Physikers wie das Messen oder Fehlersuchen, mit dem kleinen Unterschied, daß es nicht publik gemacht wird. Der Bedeutung dieser „Nebensache", in der man versucht, sich „stark" zu machen, ist man sich aber natürlich bewußt, und ganz besonders der ökonomischen Bedeutung. Denn dann ist z.B. die Rede von „sich unter seinem Wert verkaufen". Wenn diesen – zumindest den öffentlichen physikalischen Diskurs betreffenden – Nebensächlichkeiten allerdings schon ein so hoher Stellenwert zukommt, wo werden sie dann gelernt bzw. gelehrt?

Ist das jetzt auch eine der Sachen, die Sie versuchen, ihren Leuten beizubringen?
Im Prinzip können sie das – meiner Meinung nach – eh nur am Beispiel. Sie hören mich vortragen, sie hören den U. vortragen; sie sehen wie wir Papers produzieren, sie lesen die Papers, sie lesen den Stil der Papers, sie schreiben vielleicht selber einmal ein kleines Paper, sie kriegen dann das Paper von mir korrigiert, sie merken in welcher Richtung das umformuliert wird. Vor allem bei der Einleitung, daß da nicht einfach steht „we have measured das und das und das", sondern daß da steht, wofür das wichtig ist und so weiter und so fort. Das muß einfach, wenn man hier am Institut in der Arbeitsgruppe teilnimmt, dann muß man das einfach mitkriegen. Das kann ich auch nicht in einer Art Seminar vermitteln. Ich kann kein Seminar machen „Wie verkaufe ich mich am besten". So ein Seminar gibt es vielleicht irgendwo, aber dafür gibt es hier keine Zeit.

Die implizite Tradition des Erlernens dieser sogenannten Nebensächlichkeiten wird hier bestätigt und das Lernen durch Praxis betont, ja sogar als einzige Möglichkeit hingestellt, wenn hier gesagt wird, daß man so etwas nicht in einem Seminar lernen kann. Stutzig macht eigentlich nicht so sehr das Faktum, daß es keinen Raum für diese Nebensächlichkeiten gibt, sondern daß auch die Wichtigkeit derselben verschwiegen wird. Sozusagen die Erkenntnis, daß man das auch lernen muß, wird dem einzelnen genauso überlassen wie das Lernen selbst. An anderer Stelle sagt ein Diplomand über diese Nebensächlichkeiten folgendes:

Also, es wird ein jeder eingestehen, daß es andere Dinge gibt, die man beachten muß, aber den wenigsten ist natürlich klar, was das ist. Oder können das effizient einsetzen, weil die wenigsten es gelernt haben.

Man weiß also – wie bereits gesagt – darüber Bescheid, aber das heißt noch lange nicht, daß man damit umgehen kann.

4.3.6 Vergleiche mit Autofahrern

Immer wieder bekamen wir im Zuge der Interviews Vergleiche zu hören, in denen die physikalische Apparatur mit einem Auto und der Experimentalphysiker mit einem Autofahrer oder Automechaniker verglichen wurde. Wir haben diese teilweise tiefsinnigen, teilweise amüsanten Vergleiche zusammengestellt und wollen sie auch nicht vorenthalten, denn sie relativieren auch auf gesunde Weise die Diskussion um implizites Wissen, welches natürlich nicht den Physikern alleine vorbehalten ist, sondern auch für Autofahrer u.a. gilt. Viele der Fragen, die wir bisher erörtert haben, hätten also wahrscheinlich auch in Fahrschulen ähnliche Antworten gefunden. Greifen wir nun einige aus dem Topf heraus.

> Die Maschine kann 180 fahren, so wie ein Auto 180 fahren kann. Das heißt bei unserer Maschine, sie kann die Massen von 1 bis 500 zum Beispiel genau auflösen; das ist einmal eine prinzipielle Sache. Und weiter, das Auto kann, sagen wir, mit einem halbwegs guten Fahrer, sagen wir, die Stoßdämpfer und die Straßenlage ist irgendwie dafür ausgelegt, daß es mit 130 irgendeine besondere Kurve hebt – das maximal Mögliche. Es ist die Frage, ob man solche Grenzen überhaupt angeben kann. Dann gibt es zum Beispiel Fahrer, die mit irgendwelchen Tricks arbeiten, und dann gehen vielleicht 133. Genauso ist es bei uns bei der Maschine: wenn einer gut damit umgehen kann, kann er sicher eventuell mehr herausholen, als man ihr eigentlich zutraut.

Das „Herauskitzeln" besonders „guter" Werte, das den Experten auszuzeichnen pflegt, wird hier dem „mit maximaler Geschwindigkeit die Kurve Kriegen" verglichen, und abgesehen vom Risiko scheint der Vergleich sehr anschaulich. Die Gemeinsamkeit der „Angst, Streß und Hemmung Problematik" beim Autofahren Lernen und beim Einstieg des Neulings in das Labor braucht wohl nicht auch noch durch Zitate belegt werden. Interessanter ist vielleicht schon der Vergleich vom Tachometer im Auto mit Anzeigen im Labor, der das Verschieben der Aufmerksamkeit und das „Blick schärfen" verdeutlicht.

> Also daß man einmal lernt, wo man hinschauen muß, welche Parameter wichtig sind. [...] Das ist wie beim Autofahren. Du schaust halt einfach weniger auf die Uhr als auf den Tacho, weil du einfach weißt, der Tacho ist wichtiger als die Uhr.

Auch die ausgeprägte Sensorik, die gewohnte Geräusche in den Hintergrund rücken und bei ungewöhnlichen aufhorchen läßt, ist im Labor und im Auto dieselbe.

Jeder sorgfältige Fahrer hört, wenn bei seinem PKW etwas falsch geht. Er hört es. Er hört ein neues Geräusch und geht dann zum Mechaniker...

Nur das Fehlerorten, das der Mechaniker dem Lenker abnimmt, nimmt dem Physiker niemand ab. Auch das Bescheid Wissen über den physikalischen Prozeß, wenn man gute Messungen machen möchte, läßt sich in Worten der Formel I beschreiben:

Das ist so wie ein Formel 1 Fahrer, der wirklich aus dem Auto das Letzte herausholt, und sicher technisch auf Zack sein muß. Ich glaube, es gibt keinen Formel 1 Fahrer, der nicht ein Konstrukteur sein könnte. Zum Teil, sicher nicht vollständig. Aber, also genauso wie wir keine vollständigen Theoretiker sind in der experimentellen Physik, aber trotzdem irgendwie was wissen müssen, um selber die Messungen zu machen.

Selbst der Sachverhalt, daß man einen Experten und dessen Gespür angeblich nur bei außergewöhnlichen Vorkommnissen erkennt, findet ein Analogon in der Autofahrerwelt.

Vielleicht kennst du Autofahrer, die im Winter bei Glatteis in der Kurve die Handbremse ziehen, so daß das Auto von selber um die Kurve gleitet... Das ist ein Beispiel für Geschick beim Autofahren im Umgang mit Eis. So ist es bei der Maschine eben dasselbe. Man merkt es an Einzelheiten und nicht so insgesamt. An Details sieht man, ob jemand ein Gespür hat.

Und auch die Unterscheidung, Theorie und Praxis, auf die auch wir uns zu Beginn stützten, kann anhand der Fahrschule wiederaufgenommen werden und deren Zusammenhänge übertragen werden.

Das ist sicher das Wichtigste, daß man es vorgezeigt kriegt. Nur – das Vorgezeigte kann man noch nicht. Wenn der Fahrlehrer dir das Autofahren vorzeigt, das ist halt irgendwie wenig. Das ist zwar ganz wichtig, aber man muß dann selber machen. Man muß sicher alles können, so wie beim Führerschein machen, man muß die Theorie können, man muß die Regeln können, die im Straßenverkehr irgendwie wichtig sind, und man muß das Fahren lernen. Nur man kann vielleicht am ehesten die Theorie streichen. Also man kann das Autofahren sicher lernen ohne Theorie. Nur bei unserer Maschine ist vielleicht doch die Theorie auch interessant.

Was unterscheidet nun also den Physiker von einem Autofahrer und diesen Text vom Drehbuch einer „Autofahrer unterwegs"-Sendung? Es gibt trotz allem grundsätzliche Unterschiede wie z.B., daß Autos nicht einem ständigen Wandel, sprich Umbau, unterzogen sind. Auch in der Reparaturanfälligkeit unterscheiden sie sich, Gott sei Dank, von physikalischen Apparaturen, und schließlich werden Autos immer noch von Einzelpersonen gelenkt! Aber natürlich, vergleicht man eine Laborarbeitsgruppe mit einem Ferrari-Formel I Team, dann ....

4.4 Zusammenarbeit und Betreuungsverhältnisse

Bei mir war es so, beim theoretischen Lernen habe ich mir selbst helfen können. [...]
und dann war es auch so, beim theoretischen Lernen ist meistens bei uns ein Skriptum da, an das man sich ziemlich klammern kann. Da ist alles irgendwie vorgegeben und man reproduziert mehr. [.:.]
Und beim praktischen, da reproduziert man ja auch?
Ja, natürlich, aber erstens einmal braucht man da eine Einführung, weil da kommt
man nicht selbst darauf. Man ist mehr darauf angewiesen, daß sonst auch noch wer
da ist.[208]

Selbst wenn wir mehrmals den Vorwurf, Physiker seien „einsam", von
denselben zu hören bekamen, so steht dennoch felsenfest, daß Physiker
zumindest nicht „alleine" sind. Denn bei der praktischen Arbeit im Labor
ist man immer auf andere angewiesen. Ja, der Neuling, der Vorbereitungspraktikant z.B., ist ohne betreuenden Doktoranden wie „ein Baby ohne
Mutter". Dies bemerkte ein Arbeitsgruppenleiter einmal beiläufig in einer
Besprechung. Zusammenarbeit ist also eine der grundlegenden Voraussetzungen für das praktische Arbeiten im Labor.

Daher soll das folgende Kapitel zwischenmenschliche Beziehungen do-
kumentieren; wobei wir uns hauptsächlich auf die Betreuungssituation in
bezug auf den Erfahrungsprozeß konzentrieren werden und etwa Liebes-
beziehungen eher außer acht lassen, obwohl auch diese nach Dafürhalten
einer Physikerin nicht unwichtig sind.

4.4.1 Der gute Betreuer, der Meßsklave und die „Meister-Lehrling"-Beziehung

Während das theoretische Lernen – um wieder mit jenem Gegensatz zu
beginnen – auf der modernen, auch ökonomischeren Form (ein) Lehrer –
(mehrere) Schüler beruht, muß beim praktischen Lernen auf eine ältere
Form zurückgegriffen werden, die sogenannte Meister-Lehrling-Beziehung (die Anzahl der Lehrlinge überschreitet dabei kaum die Zahl zwei).
Der Physikstudent wird also mit Beginn seiner Tätigkeit im Labor in eine
völlig neue Lernsituation gestoßen – erst Schüler dann Lehrling[209]. Diese
Lernsituation läßt sich in drei Phasen gliedern:

---

[208] Die Wichtigkeit des Betreuers beim praktischen Lernen zeigt sich besonders gut im
Unterschied zum theoretischen Lernen. Beim theoretischen ist der Betreuer nahezu
überflüssig. Man kann sich mit Skripten und Büchern weiterhelfen und alles selbst
beibringen. Beim praktischen Lernen ist das unmöglich. Man wäre nicht einmal
fähig, die Anlage einzuschalten.

[209] Der Unterschied zwischen Betreuer-losem, theoretischen und Betreuer-nötigem,
praktischen Lernen scheint durch den Begriff „reproduzieren" auf den Punkt

> [...] wo der Lehrer etwas macht, und du schaust zu; wo du die Sachen selber
> machst, und einer schaut dir auf die Finger; und dann lernst du natürlich auch noch
> weiter, wenn du selber arbeitest, und hin und wieder kommt halt einer vorbei und
> sagt, was hast du denn schon wieder zusammengebracht und so. Da lernt man aus
> eigener Erfahrung, weil du selber ein Gefühl dafür bekommst, für die Messungen.

In diesen Phasen wird insbesondere die Abhängigkeit des Lehrlings vom
Meister – im folgenden wollen wir von Betreuer und zu Betreuendem
sprechen – bzw. dessen Selbständigwerden nachgezeichnet. Diese Beziehung ist dem zu Betreuenden erstmals wichtiger als die Dinge, die er zu
lernen hat.

> Also bei mir ist es momentan so, daß es mir wichtiger ist, daß ich mit dem Betreuer
> zusammenkomme, als die Sache, die ich mache. So tragisch ist es nicht, ob das
> System, das ich messe, Lithium-Florid ist oder irgend etwas anderes.

Diese Einstellung ist bezeichnend für Vorbereitungspraktikanten und auch
für Diplomanden, und es stellt sich sofort die Frage, welche Aspekte ausschlaggebend dafür sind, daß Betreuer und zu Betreuender „zusammen-
kommen". Handelt es sich nur um eine Frage der Sympathie oder fragen wir
einmal ganz allgemein: „Was zeichnet einen guten Betreuer eigentlich aus?"

> Der gute Betreuer kennt sich aus. Also er kennt sich selbst aus und er strahlt das
> auch irgendwie aus. Man fühlt sich irgendwie sicher. Man kann fragen, wenn man
> sich nicht auskennt.

Fachliche Kenntnis ist also die erste Voraussetzung, die der gute Betreuer
zu erfüllen hat. Doch scheint es entscheidender zu sein, daß er ein Gefühl
des Sich-Auskennens ausstrahlt, als daß er sich tatsächlich auskennen muß –
was nicht unbedingt dasselbe ist. Neben diesem Gefühl soll er noch ein
anderes vermitteln können, nämlich das der Sicherheit; und ein drittes, auf
das wir noch zurückkommen werden, daß man sich traut, Fragen zu stellen. Zusammenfassend heißt das, daß ein guter Betreuer sich durch die
Fähigkeit auszeichnet, bestimmte Gefühle zu vermitteln, und nicht, wie wir
hätten annehmen können, bestimmte Tatsachen. Setzen wir die Liste fort,

---

gebracht. Während im ersteren Fall ein vorliegender Text reproduziert wir, liegt im
zweiten Fall erstmal nichts vor, was sich reproduzieren ließe. Der Betreuer muß erst
etwas vorlegen, indem er etwas vorzeigt. Der theoretische Lerner weiß implizit,
daß er von Satz zu Satz bis zum Ende des Textes gehen muß, und wenn nötig noch
andere Literatur hinzuziehen kann. Der praktische Lerner weiß im Normalfall nicht,
was er als nächstes tun muß; ihm fehlt diese Annahme. Er muß nach jedem Schritt
fragen: „Und was mache ich jetzt?". Dieser Sachverhalt erklärt sich sehr einfach
dadurch, daß der Physikstudent, wenn er ins Labor kommt, zwar bereits auf ein
langes und umfangreiches Theoriestudium – Schule miteingeschlossen – blicken
kann, aber dagegen nur eine geringe praktische Ausbildung aufweist. Das bedeutet
in erster Linie, daß er eine neue Form des Lernens lernen muß, so komisch das auch
klingt.

und wir werden rasch feststellen, daß die Voraussetzungen und Forderungen, die an den guten Betreuer gestellt werden, keineswegs gering sind.

> Was ihn noch auszeichnet ist: er erklärt mir das immer. Zumindest dann, wenn er
> merkt ich kenne mich da nicht aus, oder ich kann mich da noch nicht auskennen;
> dann faßt er mich und erklärt mir das wirklich, also was da dahinter steckt, und
> warum man das macht. Also setzt nicht alles das, was er schon weiß, dadurch daß
> er schon länger da ist, voraus, und er läßt mich das auch nicht alles erahnen, son
> dern er erklärt mir das.

Der gute Betreuer läßt nicht nur einfach Fragen zu, er beantwortet sie
natürlich auch. Er sollte sogar fähig sein, nicht-gestellte Fragen zu erkennen, um auch diese zu beantworten. Er muß also ein Gefühl dafür haben,
wann und wobei sich der zu Betreuende nicht auskennt, um darauf eingehen zu können. Und wenn er dies erkannt hat, folgt sofort die nächste
Schwierigkeit: wieviel Wissen darf er voraussetzen, wenn er eine Erklärung gibt. Damit aber noch nicht genug, abschließend muß er nämlich
noch den ganzen Vorgang kontrollieren und prüfen, ob der zu Betreuende das eben Erklärte auch verstanden hat.

> Ein guter Betreuer sagt dir nicht nur etwas: „Das ist so", sondern der überprüft
> auch auf irgendeine Weise, ob der das überhaupt mitgekriegt hat.

Die zuletzt angeführten ebenfalls auf Gefühlen basierenden Fähigkeiten
lassen sich auf die *Fähigkeit des Einfühlens* reduzieren. Der Betreuer muß
sich in den zu Betreuenden einfühlen, um sozusagen aus dessen Sicht die
Dinge zu betrachten, und ständig Antworten auf Fragen finden, wie:
Würde ich mich – an seiner Stelle – jetzt auskennen? Würde ich jetzt
fragen? Würde ich das verstehen? Könnte ich das überhaupt schon wissen? und so weiter. Diese Fragen sind für den Betreuer zu Beginn, wo er
den zu Betreuenden noch nicht besser kennt, am schwierigsten. Nicht
weil er nicht weiß, was der zu Betreuende schon weiß, sondern weil die
Fähigkeit des Einfühlens in eine Person direkt mit der *Vertrautheit*, die
man zu dieser Person empfindet, gekoppelt ist.

> Eine Sache oder eine Person, zu der ich Vertrautheit empfinde, in die kann ich mich
> auch hineindenken, von der kann ich mir vorstellen, was sie denkt, was sie empfindet.

Während sich also diese verschiedenen Gefühle fast ausschließlich auf die
Fähigkeit, sich in andere einfühlen zu können, reduziert, beruht diese
wiederum auf Vertrautheit.[210]

---

[210] Es ließ sich auch beobachten, daß Betreuungsverhältnisse dann besonders gut funktionierten, wenn auch außerhalb des physikalischen Rahmens ein Konsens stattfand, wenn z.B. der Betreuer und der zu Betreunde öfter gemeinsam „auf ein Bier
gingen", und die Vertrauensbasis dadurch weiter ausbauten. Vertrautheit unter
diesem Aspekt ist übrigens genauso natürlich, wie vernachlässigt.

Wir wollen die soeben erläuterten „guten" Eigenschaften des Betreuers durch Negativbeispiele, sozusagen durch „schlechte" Eigenschaften, prüfen.

Wichtig ist, am Anfang jemanden zu haben, der dir das gut erklärt. Wenn du am Anfang jemanden hast, der dir das alles nur so wischi waschi: „Paß nur auf, daß du das da nicht oder was", dann hast du ewig Angst vielleicht. [...] daß er dich nicht gleich anschreit, wenn du irgendwas machst und auch nicht, daß er sagt: „Komm jetzt schau, schau mir zu, zack, zack, zack so geht das", sondern der muß sich Zeit nehmen und sagen: „So jetzt schau einmal da hin, schau jetzt passiert das und das." [...] Und dir erklärt, was jetzt da drinnen ist. [...] Es gibt Leute an unserem Institut, die möchten dir zeigen, wenn du da neu hinkommst, wie gut sie sind. Das bringt überhaupt nichts. Ich meine, ich weiß ja, daß der gut ist. Der braucht aber nicht: „Schau, schreib mit zack, zack, zack, zack." Und das vierte Zack hast du vergessen, und dann ist es aus. Dann denkst du nach, was war das vierte, inzwischen ist der schon beim zehnten, dann bist du ganz weg. Und dann [...] magst nicht gleich wieder nachfragen, sonst heißt es: „Ehhh, paß halt besser auf." Und dann bist du schon drinnen im Schlamassel. Dann gehst du nächstes Mal schon hin und bist dir unsicher, weil du das nicht genau weißt. Und dann steigert sich die Angst vor der Apparatur.

Der fiktive Betreuer in dieser Beschreibung scheint einfach alles falsch gemacht zu haben: er merkt nicht, ob der zu Betreuende etwas nicht verstanden hat, er übergeht Fragen, er prüft nicht nach, ob der zu Betreuende ein „Zack" verstanden hat. Anstatt sich auf den zu Betreuenden zu konzentrieren, auf ihn einzugehen, sich in ihn einzufühlen, konzentriert er sich auf sich selbst. Das Zitat weist außerdem noch auf die Folgen, die eine solche „Zack-Zack-Zack"-Methode haben kann, hin, nämlich Ängste und Hemmung. Schließen wir unsere Betrachtungen über den guten Betreuer mit einem Zitat, das noch einmal beide Positionen zusammenfaßt.

Ich kann nur sagen, ich habe einen wahnsinnig guten Betreuer gehabt. Zwei, immer bei meiner Diplomarbeit. Mir hat es jeden Tag mehr Spaß gemacht. Je mehr ich verstanden habe, je mehr ich gewußt habe, was ich mache, je mehr ich gewußt habe, was die Maschine macht, um so mehr Spaß hat es gemacht. Und irgendwann waren die halt weg, und es sind Leute gekommen, mit denen ich mich nicht mehr so gut verstanden habe. Und da ist das genauso, wie sich das zuerst aufgebaut hat, wieder zurückgegangen – die Freude.

Nun ist „sich mit jemanden verstehen" keine einseitige Relation, das heißt wir sollten der Vollständigkeit halber auch die Frage stellen: Was zeichnet einen guten zu Betreuenden aus? Dabei erhalten wir vorerst einsilbig die Antwort: Er muß ein „guter Sklave" sein.

Da bin ich mir so als Meßsklave vorgekommen. Der Betreuer hat keine Zeit, aber das ist sein Projekt, und das müssen wir messen.

An anderer Stelle kommt vorschnell dieselbe Antwort. Es wird aber gleichzeitig darauf hingewiesen, daß man sich nicht ausnutzen lassen darf, bevor dann etwas nachdenklicher endlich noch andere Eigenschaften hinzugefügt werden.

> Der gute zu Betreuende ist einmal ein guter Arbeitssklave. Also er macht einmal
> das, was ihm angeschafft wird – das gehört auch dazu. Was aber sicher auch gut ist,
> wenn man sich nicht ausnutzen läßt – das muß man auch lernen. Und dann gehört
> schon auch dazu, daß, wenn man sich nicht auskennt, daß man fragt. [...] Also das
> gehört schon auch dazu, daß man nicht einfach blind irgend etwas macht, sondern
> wenn man einmal ein bißchen etwas versteht, sich das auch überlegt und auch
> einbringt, die eigenen Bedenken. Weil es kann ja auch der Betreuer nicht an alles
> denken. Also es gehört auch dazu, daß man sich einsetzt dafür, und daß man auch
> zeigt, daß man sich etwas gemerkt hat; daß man flexibler wird und gewisse Proble
> me dann schon selbst lösen kann. Ja, und daß man mitdenkt, sich nicht immer auf
> den Betreuer verläßt.

Diese „guten" Eigenschaften beschränken sich auf das „Mitdenken" bzw.
„Aufpassen", ein „mitdenkender Sklave" sozusagen.

Vorläufig haben wir uns weitgehend auf die erste und zweite Phase
bezogen, also die, in denen der Betreuer eigentlich ständig anwesend ist,
und haben eigentlich den Prozeß des Selbstständigwerdens außer Acht
gelassen. Die dritte Phase, also jene, in der man möglichst ohne Aufsicht
arbeitet, unterscheidet sich von den anderen beiden dadurch, daß der
Aspekt des aus Fehlern Lernens dazukommt. Dabei kann sich das Fehler
machen auf Kleinigkeiten beziehen, aber ebenso auf größere Unternehmen, wie im folgenden skizziert wird.

> Man muß sogar riskieren, daß die Fehler machen, weil das sehr lehrreich ist. Wenn
> der eine Idee hat und sagt, er möchte jetzt unbedingt das machen, und ich bin
> überzeugt, daß das falsch ist, dann gestatte ich ihm das doch – eine Zeitlang. Er muß
> seine Erfahrung selbst machen. Wenn er die nämlich nicht macht, dann hat er
> zeitlebens das Gefühl, daß er da einer großen Sache auf der Spur war, aber irgend
> ein Arschloch hat ihn davon abgehalten. Er muß das selber herausfinden. Aus
> dieser Erfahrung, daß man selbst auch Fehler machen kann, wird man auch selbst
> kritischer. Das ist auch sehr wichtig.

Daß die erste Phase des Zuschauens sich von der dritten des Selbermachens fundamental unterscheidet, ist klar, denn es entspricht dem Unterschied zwischen theoretischem Wissen und praktischer Erfahrung. Es wird
aber auch zwischen der zweiten und der dritten Phase ein Unterschied im
Erfahrungswert gesehen.

> Aber andererseits hat es zweifellos auch den Vorteil, daß man sich selber viel erar
> beitet und selber sicher mehr Erfahrung macht, als wenn einer neben einem steht
> und einem dauernd über die Schulter schaut.

Auf welchen Faktoren dies beruht läßt sich nicht einfach sagen. Es mag
damit zu tun haben, daß man seine Aufmerksamkeit anders einsetzt, oder
daß dieses Sicherheitsgefühl wegfällt oder auch daran, daß man plötzlich

Verantwortung übernimmt und sich daher anders konzentriert. Eigenartigerweise handelt es sich dabei um eine Sache, die sich gegenseitig bedingt: herumprobieren, Fehler machen und daraus lernen tut man, wenn man alleine ist, und wenn man alleine ist, traut man sich herumzuprobieren, etc.

> Am Anfang ist es wichtig, daß man zuschauen kann, aber auch ganz allein einmal probieren kann. [...] Daß herumprobieren kannst, auch Fehler machen kannst. – Du mußt einfach ausprobieren, was welchen Effekt bewirkt. Das traut man sich eher, wenn man allein ist, – also ich.

Dies kann auch noch extremer gesehen werden, wie im folgenden Fall:

> Und wenn er zum Beispiel sagt, ja das ist gefährlich oder bei dem Knopf muß man ganz gut aufpassen. Das ist halt so – bei mir vor allem – den probiere ich dann aus, wenn er nicht da ist; ich paß zwar auf, weil ich weiß, er hat gesagt, da mußt du aufpassen, bei dem Knopf. Da lernt man dann am meisten, wenn man das ausprobiert, was der andere gesagt hat.

All das läuft auf die Frage hinaus: „Wieviel Betreuung ist gut?" Und tatsächlich scheint das Lernen des zu Betreuenden vor allem von dieser Frage abzuhängen.

> Wie ein überbehütetes Kind weniger selbständig wird, genauso ist eine zu intensive Betreuung gar nicht vorteilhaft. Man wird vielleicht schneller fertig, okay, das mag sein, aber ich glaube nicht, daß die so viel lernen wie einer, der – extrem gesprochen – alles selber machen muß.

Dies ist die eine Position. Die andere sieht meist so aus.

> Der T. hat ziemlich viel alleine machen müssen. Natürlich verplemperst du da Zeit mit Sachen. Wenn der eine [Betreuer] nur einen Satz mehr gesagt hätte, dann hättest du dir zwei Tage gespart oder so.

Es ist genau dieser paradoxe Sachverhalt, der das Betreuen so schwierig gestaltet. Es ist eine ständige Gratwanderung zwischen zuviel und zu wenig. Auch hier scheint der betreuende Physiker damit konfrontiert, „Betreuungsparameter" zu optimieren – allerdings implizit.

4.4.2 Paradoxien des Betreuungsverhältnisses

Der soeben besprochene ist nicht der einzige paradoxe Sachverhalt in bezug auf die Betreuung. Vielen der erläuterten Ansichten stehen auch gegenteilige Meinungen gegenüber. So nimmt ein zu Betreuender einem Betreuer nicht nur Arbeit ab, indem er als Arbeitssklave mißbraucht wird, sondern er schafft auch Arbeit bzw. stört einen bei der Arbeit.

> Abgesehen davon, daß ein Neuling einem zwar Arbeit abnimmt, die man ihm gibt, schafft er auch viel Arbeit, d.h. er wird auch als Störung wahrgenommen. Nur wenn man am Experiment steht, arbeitet man ja, und dann ist der Neuling, den man einführen muß, eine Störung.

Diese Störung mag sogar so eklatant sein, daß man lieber die Arbeit selber macht. Das heißt also, daß der Betreuer glaubt, daß die Arbeit, die ihm der zu Betreuende abnehmen könnte, viel geringer ist, als die Arbeit, die er ihm durch das Betreuen schafft. Diese paradoxe Situation ergab sich z.B., als ein ausländischer Dissertant an das Institut kam, der nur Englisch sprach.

> Der war jetzt, glaube ich, drei oder vier Jahre da. Der hätte eigentlich nach ein oder zwei Jahren fertig sein sollen. Der hat das Problem gehabt, daß er nur Englisch gesprochen hat. Der hat im Prinzip zu unserer deutschsprachigen Literatur überhaupt keinen Zugang gehabt. Der hat sich das wirklich übersetzen lassen müssen oder irgendwelche englische Literatur beschaffen. Und er hat im Prinzip, von dem was wir machen, keine Ahnung gehabt. Das war irgendwie klar, daß der aus seiner Isolation im Prinzip nicht viel bringen kann. Ich meine, er kann nicht viel selbständig arbeiten, weil er auch fachlich nicht so gut war. Logischerweise haben dann alle Leute, die irgendwie ihre Arbeit vorantreiben wollten – das wollte im Prinzip jeder – haben sich dann praktisch von ihm zurückgezogen; haben gesagt: „Nein, da machen wir nicht mit, weil der einfach so viel Betreuung brauchen würde..."

Manchmal wird der zu Betreuende vom Betreuer nicht nur als Störung, sondern auch als Bedrohung wahrgenommen.

> [...] oder meistens am Anfang sogar, das habe ich beobachtet, eine Bedrohung, sozusagen, der kann ja besser sein als ich. Die meisten Betreuer verbergen erst einmal ihr Wissen.

Eine Vorgehensweise, um sowohl der Störung als auch der Bedrohung zu entgehen, haben wir bereits kennengelernt, nämlich die „Zack-Zack-Zack" Methode. Eine andere Art, wie sich der Betreuer vor einer Blöße schützen und Fragen unterbinden kann, ist, indem er einfach vieles als selbstverständlich hinstellt. Dabei kommt es manchmal sogar oder gerade deswegen dazu, daß er Dinge, die oft für ihn nicht einmal selbstverständlich sind, als selbstverständlich hinstellt. Für den Neuling ist natürlich beides nicht selbstverständlich.

> D.h. man sagt zwar schon, du mußt den Knopf so drehen, aber man sagt das so schnell und so locker, als wäre das selbstverständlich und der steht dann daneben und traut sich nicht fragen, weil er glaubt, die Frage ist kindisch oder so. Man wird so abgespeist. Das Interessante ist ja, daß beide Seiten ... man geht so hinweg. Man stellt das als so selbstverständlich dar. Manches ist auch für den, der daran zum hundertsten Mal arbeitet, ist das auch so. Aber meistens wird das so gemacht, daß ...
> *... daß es zusätzlich als selbstverständlich hingestellt wird?*

> Ja, genau. Ja, weil für mich ist es selbstverständlich, dann soll es für ihn gefälligst auch selbstverständlich sein.

Das beinahe Komische – oder sollten wir sagen Tragikomische – ist, daß nicht nur der Betreuer Nicht-Selbstverständliches als selbstverständlich hinstellt, sondern daß auch der zu Betreuende mitspielt und für ihn Nicht-Selbstverständliches als selbstverständlich abtut, um selbst auch nicht dumm dazustehen oder auch aus anderen Gründen, wie z.B. Stolz, etc. Das Betreuungsverhältnis gerät so in eine katastrophale, den Lernerfolg hemmende Situation – in einen Zirkel, den keiner unterbrechen möchte. Dies soll im weiteren anhand der Rolle, welche die Frage im Betreuungsverhältnis spielt, deutlich werden.

Doch zuletzt möchten wir noch einen paradoxen Sachverhalt erwähnen, der mit dem oben beschriebenen Einfühlen und dem, daß es für den Betreuer nicht immer leicht ist einzuschätzen, was weiß der Neuling bereits und was weiß er nicht, zu tun hat. Diese erwähnte Gratwanderung wird nämlich noch durch die Tatsache, daß der zu Betreuende sich beleidigt fühlt, wenn der Betreuer zuviel erklärt, erschwert.

> Der Schmäh ist ja das: man kann schon ungefähr abschätzen, wieviel der weiß. Aber das Interessante ist ja, daß man einen sofort beleidigt, wenn man etwas ausführlicher erklärt, was der schon weiß.

4.4.3 Die Kultur des Fragens

Die Frage spielt – soviel ist schon aus unseren Betrachtungen hervorgegangen – in der Betreuungssituation eine ganz grundlegende Rolle. Im letzten Fall wäre sie zum Beispiel eine Möglichkeit, den Zirkel zu durchbrechen. Wir wollen uns deshalb dem Problem „Frage" hier noch einmal gesondert und genauer widmen.

> Ich habe schon einige betreut, und das hat eigentlich immer mit Konflikten geendet. Ich kann dir auch sagen, warum. Aber das zweite war, daß die wenigsten Leute fragen können. Ich weiß nicht warum, aber für die meisten Menschen ist eine Frage immer eine Überwindung.

Nachdem wir gesehen haben, wie der zu Betreuende oft eingeschüchtert wird, ist es nicht verwunderlich, daß er sich nicht fragen traut. Doch können auch andere Gründe dafür gefunden werden.

> Das liegt vielleicht daran, daß bei Vorlesungen, da wird aufgrund des Zeitdrucks immer gedrängt, nur wohlüberlegte Fragen stellen zu dürfen. Und viele tun das ja auch abkapseln: die Frage war nicht überlegt, die beantworte ich jetzt nicht.

Ein Grund dafür mag also auch in den Vorlesungen liegen, denn dort werden keine spontanen Fragen zugelassen, sondern nur wohlüberlegte.

Da der Neuling aber nur die Vorlesungen kennt, glaubt er sich in der gleichen Situation wiederzufinden. Dabei sollte eigentlich genau hier der Unterschied zwischen Vorlesung und Labor liegen; so meint der interviewte Diplomand weiter:

> Das ist eben immer der Unterschied zwischen Theorie und Praxis.
> *Theorie und Praxis?*
> Mit Theorie meine ich, daß in der Vorlesung oder wenn man etwas lehrt, da kann ich leicht sagen, überlege dir die Frage.[...]
> Er wird sicher teilweise eingeschüchtert, weil jeder sagt, das ist selbstverständlich; und eingeschüchtert durch die Geräte. Aber sehr viele glauben sich erniedrigen zu müssen, wenn sie eine Frage stellen. Wenn man dann wirklich irgend etwas macht, dann sollten eigentlich alle blöden Fragen erlaubt sein, denn nur so lernt man das. Also das ist für die wirklich tatsächlich eine persönliche Erniedrigung, daß sie anderen eine Frage stellen. Schon. Also, die wenigsten Menschen können wirklich Fragen stellen.

Im letzten Satz wird Fragen stellen als ein Können, als eine Fähigkeit, dargestellt, und das ist insofern interessant, als man es als solche Fähigkeit auch lernen kann. Doch es wird nirgendwo ein solcher Rahmen zum Erlernen bereitgestellt, ja, im Gegenteil es wird sogar dagegen gearbeitet.

> Das Fragen wird irgendwie getötet, das dürfte wahrscheinlich durch die Vorlesungen passieren, weil man dort eine Frage nicht so aus sich heraus stellt.

Das Fragen ist sozusagen in einer dummen Tradition verhaftet, und nichts wird unternommen, das irgendwie zu durchbrechen und wieder aufzubauen. Eigenartig ist auch, daß der Betreuer, der selbst einmal in der gleichen Situation war, nichts dazugelernt hat, sondern gleich agiert wie sein Vorgänger.

> Der Witz ist ja nur der, daß im Endeffekt alle die gleichen Fragen stellen. Also auch der Instruktor jetzt hat vor Jahren genau dieselbe Frage gestellt, oder wollte oder ist wochenlang davor gegrübelt, weil er sich nicht getraut hat, sie zu stellen. Das ist eben die Kultur des Fragens. Die wenigsten trauen sich Fragen stellen, aus Stolz und aus Angst.

Was steht nun hinter der Fähigkeit des Fragens bzw. hinter der Angst, Fragen zu stellen? Im folgenden, etwas längeren Zitat werden die zwei Haupteinflüsse oder „abhängigen Parameter" – wenn der technisch Denkende so will – klar dargelegt.

> Ich glaube, daß es durchwegs so ist, das sieht man auch bei den Laborpraktikanten, wenn eine umgängliche Person im Labor steht und mit denen arbeitet, dann stellen sie auch Fragen. Fragen traut man sich dann nicht stellen, wenn man den Druck hat, daß man eine schlechte Note kriegt, wenn man irgendwas fragt, was quasi ein Blödsinn ist, oder wenn man meint, daß das was ausmacht, wenn man jetzt da einen Blödsinn sagt. Und es gibt Leute, die vermitteln einfach den Eindruck, daß es

sehr schlecht wäre, wenn man jetzt da irgendeinen Fehler macht. Und da ist natürlich die Abstufung nach oben hin zu den Professoren natürlich stärker da, weil man meint immer, die wissen alles, und dann sage ich das, und dann denkt der, ich bin ein kompletter Trottel. Daweil hat der noch vor zwei Wochen dieselbe Frage gestellt im Labor, sich selber oder mit einem anderen Kollegen diskutiert. Die Hemmschwelle zur Fragestellung ist schon da. Aber sie wird geringer, wenn man Leute kennt, erstens, und auch das Gefühl hat, daß der jetzt nicht mit dem Wissen, was die jetzt für Fragen gestellt hat, irgendwohin rennt und sagt: na, die ist ja so blöd, die kann nicht einmal das. Wie soll die das jemals lernen? [...] Ein gewisses Vertrauen muß durchaus da sein, weil sonst, glaube ich, funktioniert das nicht. Wenn du da stehst und das Gefühl hast, ja du solltest das schon alles können, und fragen traust dich auch nicht, dann wirst du frustriert sein, und dann wirst du es, glaube ich, auch lassen und irgendwo anders hingehen. Und deshalb ist die Wahl des Instituts oder der Arbeitsgruppe oder was immer sehr, sehr wichtig für den Erfolg einer Diplomarbeit bzw. für den reibungslosen Ablauf einer Diplomarbeit.

Der erste entscheidende Einfluß ist wohl mit dem Begriff Autorität am besten charakterisiert. Autorität scheint direkt proportional mit der Angst, Fragen zu stellen, gekoppelt. Der zweite, der in derselben proportionalen Abhängigkeit zu stehen scheint, wird explizit angesprochen, nämlich Vertrautheit.

4.4.4 Labortraditionen und Brüche

Es ist eigentlich nicht ganz richtig, von Traditionen zu sprechen, wenn wir davon sprechen, wie bestimmte Arbeits- oder auch Sprechweisen sich innerhalb eines Institutes oder auch der physikalischen Gesellschaft vererben, denn dabei sprechen wir von Kontinuitäten. Doch diese Kontinuitäten zeigen sich uns und auch den Physikern ja eigentlich gar nicht. Im Gegenteil, was wir zu sehen bekommen, sind immer nur Diskontinuitäten, Brüche. Anhand dieser Brüche sind wir dann dazu geneigt, Kontinuitäten zu rekonstruieren. Was wir damit meinen, und was sich am Beispiel der Frage schon erwiesen hat, soll sogleich noch klarer werden.

Ja, so eine Anlage, die kann man ja verstehen. Und wenn man sie einmal verstanden hat, dann kann man sich eigentlich auch zutrauen, daß man es so macht, wie man es braucht. Und nicht sagt, das hat jetzt wer aufgebaut und das soll natürlich jetzt so bleiben. Und wenn man nur ein bisserl was verstellt, das bringt es meistens gar nicht, das führt gar nicht zu dem Ergebnis, das man braucht. Ich kann es schwer beschreiben. [...] Das ist ein ganz praktisches Problem. Wir haben nur einen LASER, und der muß durch die Wand und in der Wand ist ein relativ kleines Loch. Und der LASER hat nicht sehr viel Spielraum durch die Wand durch. Und der Tisch und die Cleanbox, der ist auf einem bestimmten Platz gestanden. An dem Platz, an dem der gestanden ist, das hat mit dem Winkel von dem LASER nicht zusammengepaßt. Nur ist der schon so dagestanden, wie ich es übernommen habe. Und da habe ich mir gedacht, den kann ich ja nicht einfach verstellen. Und gestern hat das halt so nicht hingehaut und da habe ich halt die Cleanbox zehn Zentimeter weiter nach vor gestellt. Aber das hat mich halt Überwindung

gekostet, weil die da vorher gearbeitet haben, die haben halt so gearbeitet, und
bei denen hat es funktioniert.

Man mag beim Lesen des Zitats erst ein wenig verwirrt sein. Das hängt
besonders damit zusammen, daß der Punkt, auf den wir hier hinweisen
möchten, nämlich die Überlieferung oder nennen wir es ruhig Tradition,
womit das Übernehmen vorgefundener Arbeits- oder Denkweisen gemeint sein soll, von mehreren anderen Problemkreisen, von denen wir
manche auch schon behandelt haben, überlagert wird. Diese Problemkrei-
se, theoretisches Verstehen einer Anlage versus praktisches, mangelndes
Selbstvertrauen, Hemmungen, etc. hängen alle mit dem der Tradition
zusammen und lassen sich auch schwer lösen.

Traditionen sind dazu da, unhinterfragt übernommen zu werden. Das
gilt nicht nur für den Mythos oder das Volkstum, sondern auch für die
wissenschaftliche Praxis. Es gibt verschiedenste Formen von Traditionen,
im Großen und im Kleinen, in der Sprache und in den Handlungen, über
lange oder kurze Zeiträume, mit vielen oder wenigen Beteiligten. Doch
erkannt, und das ist hier gleichbedeutend mit explizit gemacht werden,
können diese stillschweigenden Traditionen nur durch Brüche, wie im
vorhergehenden Fall, oder Vergleiche wie im folgenden:

> Es gibt nämlich gar nicht so viele Gruppen, die das machen. Die ganzen UHV-
> Komponenten und auch das ganze Drumherum, und wie die Leute damit umge-
> hen. Da entwickelt jede Gruppe ihre eigenen Theorien und so. Also die [Gruppe in
> Wien] sind z.B. mit ihrem Druck ganz vorsichtig. Die schleusen nicht, wenn da
> noch mehr als eine Größenordnung Druckunterschied zwischen den Kammern
> ist. [...]
> *D.h. ganz unterschiedliche Arbeitsweisen?*
> Ja, es gibt keine allgemeinen Richtlinien bei UHV-Anlagen. Es gibt kein Buch „Um-
> gang mit UHV-Komponenten". Da muß man selber logisch nachdenken und ent-
> scheiden, wie man das macht, und jeder kommt da halt zu anderen Schlüssen. Also
> im Groben behandeln die Teile natürlich alle gleich, aber es gibt doch auch extreme
> Unterschiede. Das ist dann ganz witzig. Zum Beispiel ist es hier ganz streng, daß
> man UHV-Komponenten mit Handschuhen anfaßt, damit kein Fett draufkommt,
> [...] weil dadurch der Druck schlechter werden würde. Und es gibt andere Leute, die
> fassen alles mit der Hand an und der Druck wird auch nicht schlechter.
> *Und das ist jeweils nur von Gruppe zu Gruppe verschieden, innerhalb der Gruppe ist es
> stets gleich?*
> Ja, genau. Ja, weil es meistens nur einen Älteren gibt, der sich damit auskennt und
> der stellt die Richtlinien. Die anderen Jüngeren, haben da noch keine Theorien dazu
> und akzeptieren erstmals das, was die Älteren sagen. Ja, da kann man sich auch
> nichts anlesen. Das kann man nur lernen, indem man mit den Sachen arbeitet oder
> indem man mit Leuten arbeitet, die da schon viel Erfahrung haben.

Vor allem im letzten Absatz wird deutlich darauf eingegangen, wie bestimmte Arbeitsweisen zu Traditionen werden können, und zugleich wird
die Betonung auf die „Implizitheit" von Traditionen gelegt, d.h. also auf
Praxis und Erfahrung – wiederum im Gegensatz zur Theorie.

Schließen wir nun, indem wir die Grundeinstellung der vorhergehenden Ausschnitte noch einmal zusammenfassen. Sie mag – oberflächlich betrachtet – banal klingen, doch vor dem soeben entwickelten Hintergrund birgt sie auch eine Tiefe – wie bei so vielem Banalen.

> Also ich lasse mich ja gerne überzeugen, weil es ja nirgends geschrieben steht und ich habe auch nie eine Untersuchung darüber gesehen, daß, wenn man es so macht, besser ist als alles andere. Ich mache es halt nur so, weil es alle anderen so machen bei uns, aber das heißt nicht, daß man es nicht anders auch machen kann.

4.4.5 Organisation

Zusammenarbeit impliziert stets Organisation. Das ist keine Erkenntnis, zu der man erst mühsam durch Gespräche mit Physikern kommt, sondern ein Allgemeinplatz. Nichtsdestotrotz und gerade weil die Organisation bzw. die Zusammenarbeit von Leuten ausschlaggebender Faktor für den Erfolg einer Arbeitsgruppe oder des ganzen Institutes ist, soll dieser Thematik hier ein eigener Abschnitt gewidmet werden, den wir anhand von vier ausgewählten Problemkreisen näher erläutern möchten.

4.4.5.1 Der Physiker als Manager

Mit dem Aufsteigen in dem streng hierarchisch strukturierten akademischen Bereich kommen immer mehr administrative und organisatorische Angelegenheiten auf den Physiker zu. Während der Arbeitsgruppenleiter zwar noch gut darüber informiert ist, was in „seinen" Labors vorgeht, und in diesen auch noch öfters zu finden ist, so legt er dennoch selten selbst Hand an. Der Professor bzw. Institutsleiter wiederum hat sich bereits soweit vom Labor entfernt, daß er nicht einmal mehr fähig wäre, dort zu arbeiten.

> Ich habe ein theoretisches Wissen über die Maschine, was sie kann. Ich könnte sie jetzt nicht bedienen. Obwohl ich glaube, daß das in einer Woche schon ginge oder so. Aber ich weiß, was sie im Prinzip leisten kann. Und ich weiß auch genau, wie sie funktioniert, weil ich diskutiere das ja mit den Leuten. Nur habe ich nicht das Fingerspitzengefühl, um das wirklich so einzustellen. Aber ich weiß schon genau die Möglichkeiten, und was man tun muß. Aber ich würde jetzt die Knöpfe nicht kennen, die Feinheiten.

Diese Tatsache kann verschiedene Gründe haben: Entweder hat er die Neuerungen, seit er aus dem Labor „ausgeschieden" ist, nicht miterlebt oder und – das ist der plausiblere Grund – er hat sie nur theoretisch verfolgt und somit keinerlei Zugang zu bzw. Erwerb von praktischem Wissen gehabt.

Ein Vorgesetzter versteht die Probleme meistens nicht, ganz klar. Vielleicht hat er sie nie gehabt oder er hat die ganzen Neuerungen, was an der Apparatur stattgefunden haben in der Zwischenzeit, nicht experimentell mitgekriegt. Er weiß zwar, das und das ist jetzt da, aber er weiß nicht, wie man damit umgeht; das weiß er genauso wenig. Wenn ich jetzt unseren Chef hinunterstelle vor die Apparatur, dann mißt der keinen Strich, der kann nicht damit umgehen, obwohl er der Chef ist.

Dies soll natürlich keine Diskreditierung des „Chefs" (Professors) sein. Im Gegenteil, es soll hier nur aufgezeigt werden, wie sich das Expertendasein bzw. -wissen vom Physiker zum Organisator und Administrator (kurz: Manager) verlagert. Dies ist insofern selbstverständlich, als sich ja auch der Aufgabenbereich und also die Funktion des Physikers im Laufe seiner Karriere (ist gleich Aufstieg in der Hierarchie) zum Manager hin bewegt. Der „Professor im Labor" wäre also eine Verfehlung des Aufgabenbereichs oder mit den Worten eines Professors „Ich würde sagen, Professoren, die sich selbst ins Labor setzen und dort experimentieren, haben eigentlich ihre Aufgabe verfehlt oder sind nicht gut ausgestattet." Trotz aller Selbstverständlichkeit, die diese Tatsache auszustrahlen scheint, rollt sie dennoch einige neue Aspekte auf. Erstens wirft es das gemeinhin bekannte Berufsbild des Physikers über den Haufen: hat man sich bisher unter einem Physikprofessor einen Physiker vorgestellt, scheint nun die Vorstellung des Managers zutreffender. Zweitens hinterfragt es die Ausbildung, die einem Physiker, der schließlich und endlich das Ziel hat, Professor zu werden, zuteil werden soll, denn wo und wann lernt der Physiker in seiner Ausbildung zu „managen".[211] Drittens läßt es die Frage, was denn ein guter Physiker ist, in einem anderen Licht erscheinen, denn plötzlich ist es nicht physikalisches Fachwissen und experimentelles bzw. praktisches Können, das im Vordergrund steht, sondern im weitesten Sinne organisatorisches Können.[212]

---

[211] Es zeigt sich auch, daß Physiker ihr anfänglich erstrebenswertes Ziel fallen lassen und in der „Karriereleiter hängenbleiben", da sie wissen, daß sie mit dem Erreichen desselben aufhören, Physiker zu sein.

[212] Ein Negativ-Beispiel diesbezüglich:
„Im Prinzip sollte man glauben, ein guter Physiker, ich habe einen Vortrag gehört bei [...], und hat eine Überlegung präsentiert, wo eigentlich die Energieerhaltung nicht gestimmt hat. Also der Satz von der Erhaltung der Energie. Ich meine, der ist dann eh – in der Diskussion danach – ein bißchen 'aufgeblattelt' worden dafür. Da haben sofort alle gemerkt, na also, so ein guter Physiker, wie er tut, ist er auch nicht. Vielleicht sind seine Ergebnisse bisher so schön gewesen, vor allem deswegen, weil er in einer Matrix von Leuten, von lauter guten Leuten arbeitet.
Das ist jetzt eigentlich eine starke Kritik, sowohl am Betrieb....
...Na, das ist in dem Sinne keine Kritik. Das ist klar.
Was ist klar?
Ich meine, wenn er zusammenarbeitet mit Leuten, die gute Dinge machen und er sieht immer, wo gerade der Hase läuft und so, dann ist klar, daß er nicht der absolute Topfen sein muß ...Ich meine der Mensch war schon ein ganz guter Physiker, aber halt nicht so gut, wie man hätte glauben können."

4.4.5.2 „Einsatz und Zusammenspiel des Personals"

Es gibt in der Wirtschaft eine ganz besonders inhumane und unfreundliche Betrachtungsweise des Menschen als Ding oder Produkt. Diese wird unter dem Begriff Personalmanagement zusammengefaßt. Die Aufgabe der Aufnahme von neuen Diplomanden bzw. Dissertanten fällt hauptsächlich den Arbeitsgruppenleitern zu und es ist nicht verwunderlich, wenn auch sie, wenn sie über solche Personalangelegenheiten sprechen, eine ähnliche Betrachtungsweise an den Tag legen.

> Ja, es werden durchaus Erfolge erzielt. Verstehen sie, nur der Stil ist heute anders. Und das hängt natürlich ganz stark davon ab, wie die Arbeitsgruppe zusammengesetzt ist, und wenn die schon eher ein bißchen älter ist, dann kann man das einfach nicht durchsetzen, weil die Leute in der Früh die Kinder in den Kindergarten bringen und dann gegen 10 einmal gemütlich da auftauchen. Ab sechs sieht man natürlich auch keinen mehr, weil da muß man nach Hause fahren.
> *Für diese „Zusammensetzung" von Leuten ist da nur ihr Können oder auch Ihr Charakter und Persönlichkeit ausschlaggebend?*
> Das sind sie natürlich, und manchmal macht man da auch Fehler. Ich meine, ich will das da nicht irgendwie personalisieren, das ist eh klar. Aber es passiert auch, daß man einen Fehler macht und daß man sich unter dem Druck der Situation blenden läßt und sagt, na gut, ja der schaut gut aus und so. Man ist zwar nicht hundertprozentig überzeugt... Oder vielleicht erkennt man es gar nicht, das passiert natürlich auch, daß man nicht absolut perfekte Entscheidungen trifft, sondern man denkt, der Mann schaut gut aus, der tritt gut auf. Man hat das Gefühl, daß der etwas weiterbringt und dann, wenn er eine Zeit da ist, dann merkt man, daß der irgendeine Macke hat.

Nicht der einzelne, sondern die „ganze Zusammensetzung" der Arbeitsgruppe prägt also ihren Stil. Entsprechend diesem Stil verhält sie sich auch als „Ganzes" und dem Stil entgegenzuwirken scheint – wie man hier heraushört – nicht einmal dem Arbeitsgruppenleiter zu gelingen. Wie kommt es aber überhaupt zu einem Stil? Die Frage scheint gleichbedeutend mit: Wie kommt es überhaupt zu einer bestimmten „Zusammensetzung"? Bei der Beantwortung zeigt sich, daß da der Arbeitsgruppenleiter einen eher unbewußten (impliziten) als bewußten (expliziten) Einfluß darauf hat. Das soll heißen, daß er weniger bewußt Personalentscheidungen trifft, als vielmehr die Leute sich „unbewußt" um ihn scharen.

> Und dann sammeln sich schon die Leute, die zu einem passen. Die Studenten haben ja auch ein gewisses Gefühl dafür, wo sie hingehen. Und dann sammeln sich dann schon die harten Durchbeißer beim S. und die etwas gemütlicheren Leute bei mir. Und das ist wahrscheinlich ein Mechanismus, der auch dafür sorgt, daß die Gruppe in sich halbwegs zusammenpaßt. Wiewohl natürlich, das auch seine Nachteile hat.

Ein Grund liegt auch darin, daß das Angebot an Diplomanden und Dissertanten vielfach gar nicht so groß ist; daß man sozusagen „nehmen muß, was kommt". Das Bemerkenswerte ist aber gerade, daß sich genau wegen dieses „Mechanismus" bereits die richtigen – soll heißen, zu dem Stil[213] passenden – Leute in der entsprechenden Gruppe einfinden. Der Arbeitsgruppenleiter ist in bezug auf diesen Mechanismus also nicht jener, der über Stil oder Zusammensetzung zu entscheiden hat. Im Gegenteil, er ist Opfer seiner eigenen Persönlichkeit und seines eigenen Charakters. Sein Zutun beschränkt sich mehr auf eine Kontroll- als auf eine Steuerfunktion.

Verfolgt man die Personalpolitik weiter, so geht es nicht nur darum, wie Diplomanden und Dissertanten in einer Arbeitsgruppe zusammengesetzt werden, sondern natürlich auch darum, wie sie entsprechend ihrem Wissen, Können und Interesse eingesetzt werden. Diese Aufgabe fällt nun alleine dem Arbeitsgruppenleiter zu, denn nur er weiß, was gemacht werden muß. Zusätzlich zu dem Wissen, was gemacht werden muß, muß er aber auch das Können des Kandidaten abschätzen können, was er natürlich nur in Form von Gesprächen in Erfahrung bringen kann. Unerwartet offenbart sich wieder in neuer Form die Situation des Einfühlen könnens, die wir schon besprochen haben.

> Und ein anderes Problem ist eben, daß man – was mir immer wieder auffällt, das ist vielleicht auch eine gewisse betriebswirtschaftliche Komponente – daß meiner Meinung nach die Leute, insbesondere die Diplomanden, nicht nach ihren Fähigkeiten eingesetzt werden; obwohl man in Form eines kleinen Gesprächs sehr schnell herausfinden kann, wo die Schwerpunkte ihres Wissens und ihres Interesses möglicherweise sind, so daß man dort ziemlich gezielte Vorschläge machen kann.

4.4.5.3 Labor und Manager verbindende Glieder

Es hat sich herausgestellt, daß es in der hierarchischen Kette, die vom Vorbereitungspraktikanten bis zum Professor reicht, ein für den Erfolg einer Gruppe entscheidendes Glied gibt, dem wir bisher keine größere Beachtung geschenkt haben. Dabei handelt es sich nicht nur in bezug auf das Funktionieren von Anlagen um eine wichtige Person, sondern für den gesamten Laborbetrieb überhaupt. Ich spreche von den Verbindungsgliedern von Labor und Schreibtisch, von den sogenannten Post-Docs oder Assistenten.

> Und mir scheint, eine ganz produktive Phase ist dann, wenn sozusagen ein wirklich erfahrener Forscher mit einem halbwegs schon gut erfahrenen Forscher zusammenarbeitet – wie ich mit meinem Assistenten jetzt. Das ist die ideale Situation. Man muß sich natürlich klar sein, daß der sich irgendwann lösen muß. Aber eine Zeitlang kann man da sehr optimal arbeiten, wobei man natürlich aufpassen muß, daß der Chef das nicht ausnützt, indem er sozusagen den anderen nicht selbständig werden läßt. Das ist natürlich sehr kommod. Aber man erreicht dann sicher mehr,

---

213 Diese verschiedenen Stile von verschiedenen Arbeitsgruppen bzw. Instituten lassen sich übrigens leicht beobachten. Sie manifestieren sich im Äußeren, in Sprechweisen, in Arbeitszeiten und vielem mehr.

als sozusagen die Summe der beiden einzelnen Komponenten wäre, weil man sich
wieder spezialisieren kann. Und alleine müßte man alles machen. Und das ist halt
schwieriger. Man ist auch nicht alleine für alles begabt. Wenn man sich es aussuchen
könnte, und die Leute zusammenpassen, ist sicher eine gute Größe mindestens
zwei Leute; wobei der eine noch im Labor ganz stark drinnen sitzt und der andere
natürlich nur mehr am Schreibtisch; und halt die zwei zusammen die Gruppe führen. Aber das kann nicht immer gehen, weil – ist klar – der eine hat den größeren
Vorteil als der andere. Aber eine Weile, wenn die Leute zusammenpassen, ist das
sicher optimal. Und das sieht man auch immer wieder, daß sich solche Situationen
entwickeln, und daß diese Leute dann gut arbeiten.

Das Vorhandensein dieser Personen (Zwischenglieder) scheint den Laborbetrieb erst zu optimieren. Dies sieht man am besten dann, wenn sie nicht
vorhanden sind. Vergleichen wir hierzu zwei Perspektiven: zuerst von
„unten",

Es ist schon toll, wenn es dann noch Ältere gibt, die man fragen kann und die auch
interessiert sind und auch Zeit haben zu diskutieren. [...] Also wir haben keinen
Assistenten, d.h. keine fixe Stelle dafür, und deshalb tapsen die Doktoranden bei
uns manchmal ganz schön im Dunkeln. Es ist einfach besser, wenn die eine Betreuung von einer Person erhalten. So eine Anlage läuft einfach besser, wenn die eine
Betreuung hat von einer Person, die schon mehr Erfahrung als ein Jahr hat oder so.

und dann noch von „oben",

Die Professoren haben halt noch ihre Post-Docs oder ihre Assistenten, die als Zwi-
schenglied zwischengeschaltet sind und den ersten Wissensdurst der Diplomanden
stillen können; die konkret mit denen dauernd im Labor sind mehr oder weniger
und ihnen auch zeigen können, wie die Apparatur funktioniert. Und das fehlt bei
mir. Also ich muß mich selber am Anfang hinstellen und hatte zwangsläufig, weil
ich noch eine Menge andere Sachen am Hals habe, nicht so viel Zeit.

4.4.5.4 Kontinuitäts- und Wissensverlust

Wir hatten eben Aussagen über das Fehlen eines Kettengliedes besprochen, und tatsächlich sollte sich herausstellen, daß das Kontinuitätsprinzip,
d.h. also einerseits das Vorhandensein aller Kettenglieder, sowie das rechtzeitige Ersetzen eines Gliedes oberstes Organisationsprinzip für das Funktionieren eines Labors ist.

Wichtig ist vor allem, daß man unbedingt schaut, daß im Labor Kontinuität ist; daß
man möglichst fest schaut, daß man immer Diplomanden hat, einen Nachwuchs
hat immer, einen kontinuierlichen Wechsel sozusagen, wenn Diplomanden fertig
werden oder Dissertanten, die dann gehen; daß allerdings in der Zwischenzeit
schon Leute da sind, die eingeschult sind darauf; daß ein ständiger Betrieb ist im
Labor. [...] Das wäre ganz wichtig, daß das Labor sozusagen ständig besetzt ist –
möglichst mit der gesamten Hierarchie, angefangen bei Diplomanden, über Dissertanten, Assistenten. [...] Man muß nämlich viel hineinstecken in das Labor; und

das wäre wichtig, daß man da einfach schaut, daß das Labor sozusagen nicht brach
liegt und leer steht, sondern ständig auch etwas produziert und Ergebnisse liefert.

Diese Kontinuität kann verschiedentlich gebrochen werden, z.B. dadurch,
daß ein Dissertant weggeht und ihm keiner mehr nachfolgt, oder wie im
folgenden geschilderten Fall:

> Das Schwierige war oder ist an dieser Arbeitsgruppe eigentlich nach wie vor noch,
> daß sich dort – weil es eine relativ junge Arbeitsgruppe ist eigentlich – kein perma-
> nenter Mitarbeiterstab entwickelt hat bis jetzt; sondern es ist so, daß dort eigentlich
> der Leiter der Arbeitsgruppe war und dann auf einen Schlag gleich drei Diploman-
> den gekommen sind, die eigentlich an Apparaturen gesessen haben, die weitge-
> hend heruntergekommen sind. Diese Apparaturen sind nicht permanent benutzt
> worden, sondern immer nur von Gästen benutzt worden, die sporadisch da waren;
> und so was führt normalerweise dazu, daß diese Apparaturen nur so weit herge-
> richtet werden, daß sie gerade die Aufenthaltszeit der Gäste überdauern, und dann
> brechen sie hoffnungslos zusammen. [...] Und eine permanente Betriebsapparatur
> und eben eine permanente Betreuung von Apparaturen und Mitarbeitern fehlt im
> Grunde in dieser Arbeitsgruppe. Das führt eben dazu, daß die Diplomanden relativ
> guten Willens und teilweise auch mit relativ guter Vorbildung – weil das zum Bei-
> spiel auch HTLer waren – sich an das Problem begeben haben, um dann zu sehen,
> daß sie an einem Ende anfangen, was zu reparieren, und am anderen bricht dann
> gleich die Apparatur wieder zusammen, so daß eben aufgrund der nicht perma-
> nent vorhandenen Betreuung eigentlich die Schäden so groß waren, daß erst ein-
> mal alles sukzessive von Grund auf beseitigt werden mußte. Und wenn dann eben
> noch zu dem Problem – zum Beispiel der Druck war einmal ganz schlecht erhöht –
> noch andere Probleme auftreten, dann sieht man nicht unmittelbar, wo das Pro-
> blem liegt, sondern man muß tatsächlich erst schauen, wo ist jetzt zum Beispiel ein
> Lufteinbruch, muß sich dann Techniken dazu aneignen, wie man das herausfindet,
> muß das untersuchen, muß den Fehler erkennen und muß ihn dann beseitigen. Das
> ist also ein so mittelbares Problem, wo man über viele oder mehrere Stufen eigent-
> lich erst das eigentliche Problem angehen kann. Und das ist so, daß eben dort, wenn
> dort ein permanenter Mitarbeiter ist, dann kann der schnell hergehen und sagen:
> o.k. jetzt suchen wir das Leck so und so, finden das zum Beispiel schnell und die
> Sache kann in kürzester Zeit erledigt werden. Wenn jemand erst noch schauen
> muß, wie mache ich das, wie kann ich jetzt Lecksuche betreiben, an welchen Stellen
> ist es besonders kritisch, dann geht eben einfach mehr Zeit drauf.

Vor allem eben durch organisatorische Fehlgriffe kann es durch Ausscheiden Erfahrener aus dem Labor zu groben Einschnitten der Kontinuität
kommen und enormer Wissensverlust auftreten.

> Wir sind immer wieder mit dem Problem konfrontiert, daß jemand eine Apparatur
> aufgebaut hat im Rahmen einer Dissertation, und dann weggeht. Und dann weiß
> niemand, wie das funktioniert, die Fehler vor allem. Es gibt keine Betriebsanleitun-
> gen, die von A bis Z das Gerät genau beschreiben. Das Wissen geht verloren.

Nun, wenn es in dem Zitat auch so klingt, daß der Dissertant an dem
Problem die Schuld trägt, weil er sich quasi Wissen aneignete und dann
einfach damit weggeht, ist das rechtzeitige Auffinden und Einschulen

eines Nachfolgers im Grunde natürlich ein rein organisatorisches Problem. Schauen wir uns das obige Zitat noch einmal genauer an. Was ist das eigentlich für ein Wissen, das da verlorengeht und warum wird, bevor der Wissensverlust konstatiert wird, darauf eingegangen, daß es keine Anleitungen gibt, die ein Gerät genau beschreiben? Offensichtlich weist das auf ein praktisches Wissen hin, ein Wissen, das nicht über eine Anleitung vermittelt bzw. festgehalten werden kann, und somit auch nicht vor Raub geschützt werden kann.

Im folgenden erläutert ein Diplomand und Ionenquellenbauer den Sachverhalt aus persönlicher Sicht genauer:

> Also in meinem Fall geht auf alle Fälle sehr viel Wissen verloren, das klingt jetzt überheblich, aber... Das habe ich schon seit längerem, seit ich gewußt habe, daß ich gehe, mir zur Aufgabe gemacht, das Wissen abzubauen. Lange Zeit hat man mich nur fragen brauchen, wo was ist. Als Quellenbauer habe ich alle Bauteile gekannt, ich habe genau gewußt, wo was ist. Das baut man dann ab. Man instruiert halt andere.
> *Eben durch Anleitungen?*
> Nein, mündlich. Die Anleitung ist in dem Fall nur, weil das ein Gerät ist, wo sich auch Unbekannte damit auskennen müssen. Die Anleitung ist aber sicher auch ein Teil, weil das Wissen sonst verloren gehen würde. Die Sache ist die, normal gibt es bei einem Experiment immer einen Nachfolger. Der Dissertant zieht einen Dissertanten nach, der Diplomand... Bei dieser Quelle ist es schwieriger, die D. geht auch nächstes Jahr. Dann sind beide Quellenbauer weg. Dann ist eigentlich das gesamte Wissen weg.

Derselbe Diplomand trifft einen wichtigen Punkt, wenn er sowohl von der verlorenen Zeit als auch von der Ersetzbarkeit der Leute spricht:

> Also sagen wir so, wenn zum Beispiel ein Defekt ist, den ich vielleicht in zwei Tagen reparieren könnte, das würde dann sicher zwei Wochen oder mehr in Anspruch nehmen.
> *Welche Versuche werden jetzt dagegen unternommen? Oder ist das ganz natürlich?*
> Das ist natürlich, weil man in der Regel die Menschen ersetzen kann.

Und führt plötzlich eine eigenartige Wendung seines Gedankenganges herbei,

> Mir ist das schon bewußt, daß da enormes Wissen verloren geht und ich habe auch schon seit Monaten darauf hingewiesen. Das ist auch schade, weil ich es dann ja auch nicht mehr benutzen kann.

wenn er bedauert, daß er ja auch nichts mehr mit dem Wissen anfangen könne. Doch eine Ausführung dieses Gedankens würde uns zu weit in eine Ökonomie des Wissens verstricken, die wir gar nicht angestrebt haben.

4.5 Sprache und Handlung: Lehren und Lernen

Im folgenden soll anhand einiger Äußerungen von Leuten mit „Laborerfahrung" erörtert werden, wie das Wissen, das zur Bedienung von Apparaturen erforderlich ist, gelernt und gelehrt wird. Insbesondere soll gezeigt werden, wie dieses Know-how beim Umgang mit komplexer Maschinerie, das primär ein Handlungswissen ist, sprachlich vermittelt wird und zu welchen Problemen es dabei kommen kann. Dadurch werden zugleich auch Schwierigkeiten und Grenzen der Explikation deutlich.

4.5.1 Schriftliche und mündliche Anleitungen

Die Bedienung der verschiedenen Geräte im Labor ist zwar zumeist in Gebrauchsanweisungen schriftlich dokumentiert. Zudem enthalten häufig auch Diplomarbeiten bzw. Dissertationen Gerätebeschreibungen. Aber gerade Anfänger können mit diesen schriftlichen Anleitungen zumeist nicht viel anfangen, wie dies eine Physikerin folgendermaßen erfahren hat:

> Ja, also ich habe das Gefühl gehabt, ich kenne mich bei den ganzen Maschinen nicht aus und die einzige Möglichkeit ist, daß ich mir die ganzen Manuals durchlese. Aber da kommst du vom Hundertsten ins Tausendste. Ich meine, das ist dann viel zu genau und das brauchst du dann alles nicht. Da kriegst du dann so eine dicke Mappe und dann fangst du an durchblättern. [...] Und es ist viel leichter einfach, wenn dir jemand sagt, ja, okay die Messung funktioniert so und so, und dann müssen wir dann auf das und das schauen, das und das mußt du einstellen. Innerhalb kurzer Zeit erklärt der dir das, und du kannst halbwegs damit umgehen. Im Gegensatz dazu brauchst du unendlich lang, das einfach durchzuarbeiten und dann wirklich das herauszufinden, was du brauchst. Ich meine, da mußt du irgendwie schon eine gute Ahnung haben vom Gerät im allgemeinen.

Hier wird deutlich, daß gerade für Anfänger die persönlichen Anweisungen eines Betreuers viel zielführender sind als Manuals. Denn der Gebrauch von Gebrauchsanweisungen setzt bereits einiges voraus, wie dies ein Dissertant folgendermaßen auf den Punkt bringt:

> Und wenn man dann hergeht und anfangt, Manuals zu lesen, dann ist das meistens ziellos; weil am Anfang hast du keine Chance, das herauszulesen, was für dich interessant ist.

Aber es gibt auch große qualitative Unterschiede zwischen den verschiedenen Gebrauchsanweisungen. Ein Diplomand erkennt, daß es nicht einfach ist, eine gute Anleitung in schriftlicher Form zu geben:

> Das ist aber auch das Schwierige einer fixen Anleitung, die muß ja jetzt sozusagen der Prüfung von tausenden Leuten standhalten. Ein jeder schreibt es ja anders auf

und ein jeder möchte es anders haben. Das ist jetzt eben der Schritt zum technischen Betriebsmanual. Das darf ja eigentlich kein Fachmann schreiben. [...] Das
verlangt eben nach einem Menschen, der sich in andere hineinversetzen kann. Das
ist ja das Interessante; sehr viele technische Manuals sind eben deshalb so schlecht,
weil das Techniker schreiben. Das versteht kein Mensch von vorne bis hinten. [...]
Es darf ja nicht zu viel drin stehen in einem guten Manual. Der Techniker neigt dazu,
zu viel hineinzuschreiben und darzustellen, wie gut sein Gerät ist und was es alles
kann. [...] Es bedarf einer hohen Einfühlbarkeit. Es ist irgendwie die Führung oder
so. Und als Techniker oder Wissenschaftler hat man einfach eine Sprache, die andere ausschließt.

Das Fachwissen allein reicht also nicht aus, um eine gute Gebrauchsanwei-
sung zu schreiben. Es bedarf dazu auch einer „hohen Einfühlbarkeit“.
Gerade in der wissenschaftlichen Fachsprache, „die andere ausschließt“,
ist aber diese Einfühlung nicht möglich. Damit zeigt dieser Diplomand
hier eine gewisse Diskrepanz zwischen wissenschaftlicher Sprache und
Wissensvermittlung auf. Der Sinn einer guten Gebrauchsanleitung liegt
gemäß seiner Aussage nicht in einer möglichst genauen Beschreibung der
Leistung des Gerätes. Vielmehr hält er den Ausgang von Problemen für
sinnvoll:

> Am idealsten sind eben Manuals, die vom Problem ausgehen. Die sagen, was weiß
> ich: ein Oszilloskop, das schaut jetzt so aus; und wenn ich ein Signal mit der Span-
> nung auflösen will, dann muß ich machen Schritt 1,2,3 bis 10.

Durch diesen Ansatz bei Problemen steht nicht mehr das Gerät, sondern
vielmehr der Mensch, der daran arbeitet, im Mittelpunkt. Dieser Ausgang
beim Menschen zeigt sich auch in folgendem „Testverfahren“, das dieser
Diplomand für die Verfassung schriftlicher Anleitungen entwickelt hat:

> Mein Manual das lege ich Leuten vor, die überhaupt keine Ahnung haben. Das gebe
> ich ihnen, und sage: „Lies dir das bis morgen durch.“ Und morgen schalten wir es
> ein. Und so tue ich das verändern. [...] Ich habe es jetzt schon zweimal getestet und
> dann teste ich es noch ein drittes Mal und dann sollte es eigentlich passen.

Dieser Diplomand schaut also, wie Anfänger mit seinem Manual zu-
rechtkommen, und verändert es dementsprechend. Ein solches Testen
der eigenen Manuals nehmen jedoch die wenigsten Leute vor. Das zeigt,
daß dieser Diplomand keine leere Phrase gebraucht, wenn er die Einfühlbarkeit in andere als ein wichtiges Kriterium für gute Gebrauchsanweisungen anführt.

Zumeist legt sich jedoch jeder eine eigene schriftliche Anleitung zu,
wenn er mündlich eingewiesen wird. Diese sogenannte „Checkliste“ ist
eine persönliche Darstellung in schriftlicher Form, die eben nicht „der
Prüfung von tausenden Leuten standhalten“ muß, sondern nur auf den
jeweiligen Benützer zugeschnitten ist. Allerdings setzt eine solche Checkliste eine mündliche Einweisung voraus.

Für die Arbeit an der Apparatur kann manchmal auch das Laborbuch, in dem sozusagen die Geschichte einer ganz bestimmten Apparatur festgehalten wird, sehr hilfreich sein. Der Gebrauch des Laborbuches setzt allerdings die Beherrschung der Bedienung der Apparatur bereits voraus. Aber es kann einen guten Einblick in die verschiedenen Probleme mit der jeweiligen Apparatur liefern, da im Laborbuch häufig Probleme dokumentiert werden. Laborbücher werden aber des öfteren eher nachlässig gehandhabt. Zum Beispiel trägt ein Laborbuch den sehr bezeichnenden Titel „Versuch eines Laborbuches".

Ein Physiker mit viel Laborerfahrung sieht die Möglichkeit, mit Hilfe von Simulationsprogrammen Erfahrungen an der Apparatur festzuhalten:

> Im Prinzip könnte man Simulationen auf Rechner von diesen Erfahrungen, über welche sie schreiben, schon haben. Die Rechner werden immer kleiner. Daß den Studenten ein Rechner vom Institut zur Verfügung gestellt würde da im Labor, wo alle Erfahrungen aufgeschrieben sind. Und wenn er sagt, das und das Meßgerät zeigt den und den Wert an, ich weiß nicht, was zu tun ist. Er soll das Meßgerät und den abgelesenen Wert eingeben und dann würde er den Rat zurückbekommen. Das ist technologisch durchaus möglich.

Wie weit dies auch sinnvoll ist, läßt aber dieser Physiker selbst offen. Da die Apparaturen in den Laboratorien der experimentellen Physik einem ständigen Wandel unterworfen sind, müßten sich auch die dazugehörigen Programme ändern – ein Aufwand, der wahrscheinlich in keinem Verhältnis zum Nutzen steht. Dies ist jedoch ein Nachteil, der auf alle Anleitungen in schriftlicher Form zutrifft. Jede schriftliche Anleitung müßte mit den Änderungen an der Apparatur ebenfalls geändert werden. Dies ist letztlich der Grund, warum es für die verschiedenen Apparaturen kaum vollständige Gebrauchsanweisungen gibt, sondern zumeist nur für einzelne Geräte.

Zudem gibt es aber auch einen Bereich, der prinzipiell schwer schriftlich faßbar ist. Gerade sensorische Erfahrungen, die – wie bereits gezeigt – bei der Arbeit an der Apparatur sehr wichtig sein können, lassen sich schwer schriftlich darstellen. Im folgenden Zitat kommt deutlich zum Ausdruck, wo die schriftliche Anleitung an ihre Grenzen stößt:

> Also z.B. diese ICR Quelle, wenn ich ein Ionenplasma starte. Das startet nicht immer. Ich habe da so ein Plasma, einen Magnetanschluß, den starte ich, also die Magnetfeldkonfiguration, die tue ich einschalten. Dann schicke ich eine Mikrowelle hinein und dann sollte in der Regel, da drinnen in diesem Einschlußsystem ein Plasma zünden. Aber das tut es nicht immer. Da ist es natürlich jetzt schwierig, was mache ich jetzt, damit das Plasma zündet. Das habe ich oft gehabt. [...] Ich weiß auch nicht nach welchen Kriterien, das Plasma sich da entscheidet, ob es zündet oder nicht. Aber ich gehe halt hin, und variiere die Mikrowellenleistung, das Magnetfeld, so irgendwie wahllos durcheinander, vielleicht gezielt in irgendeiner Weise, aber für mich wahllos eher. Aber alle die, die die Quelle bedienten, haben, was das betrifft, Schwierigkeiten gehabt. [...] Und in der Anleitung steht drinnen, daß man die Leistung des Magnetfeldes variieren muß.

Die Anweisung, „die Leistung des Magnetfeldes zu variieren", ist also unzulänglich. Wenn obiger Physiker schildert, daß er das Magnetfeld und die Mikrowellenleistung „so irgendwo wahllos durcheinander, vielleicht gezielt in irgendeiner Weise" variiert, wird klar, daß dieses Variieren ein sehr komplizierter Vorgang ist. Er meint zwar, daß dieses Variieren prinzipiell schon schriftlich faßbar wäre. Zugleich stellt er aber die Qualität einer solchen Anweisung in schriftlicher Form sehr in Frage:

> Naja, es ist prinzipiell wahrscheinlich schon schriftlich faßbar, aber das ist halt elendig mühsam. Also ich würde das auf einer Seite halt kompliziert zusammenfassen und das ist dann vielleicht nicht lesbar. Also wenn ich es lese, dann verstehe ich es vielleicht gar nicht. Es gibt ja viele Dinge in einem Manual, die man liest und nicht versteht. Aber wenn man dann das Problem hat, und man sich das noch zweimal durchliest, dann versteht man das. Also das gibt es sehr oft, daß ich so Dinge erst verstehe, wenn ich sie brauche.

Aber gerade dieses Eingehen auf die unmittelbaren Probleme an der Apparatur ist mündlich viel besser möglich als schriftlich. Nur so kann die Gesamtsituation und der Handlungskontext wirklich berücksichtigt werden, was bei vielen Problemen sehr entscheidend ist. Zudem kann ein Betreuer nicht nur rein verbal Wissen vermitteln, sondern er kann – um auf das obige Beispiel zurückzukommen – einem Anfänger zeigen, wie er die Leistung eines Magnetfeldes variiert. Durch dieses Vormachen kann er dem Lernenden „Know-how" direkt vermitteln und muß es nicht erst mühevoll in eine sprachliche Form bringen, die dann – wie im obigen Zitat – zumeist schwer verständlich ist, sobald kompliziertere Handlungen beschrieben werden müssen. Natürlich wird auch das Vorzeigen nicht nonverbal erfolgen, sondern der Betreuer wird dem Lernenden wahrscheinlich noch die entsprechenden Tips, Hinweise und Erklärungen geben. Aber die Handlung selbst muß nicht durch Sprache ersetzt werden.

Ein Betreuer faßt den Sinn einer Anleitung folgendermaßen zusammen: „Was eine Anleitung vermitteln soll, ist ja 'Greif das an!'" Auch ein anderer Physiker sieht seine Aufgabe als Betreuer darin, den Anfänger „zur Maschine hinzuschupfen". Diese Aufforderung zur Handlung läßt sich mündlich wahrscheinlich besser vermitteln als schriftlich.

Auch das „Einfühlen" in den zu Betreuenden ist nur im Kontext mündlicher Anleitungen wirklich möglich. In schriftlichen Anleitungen ist der Lernende letztlich immer eine abstrakte Größe, während ein Betreuer, der mündliche Anweisungen erteilt, sich tatsächlich in die Situation des Lernenden hineinversetzen kann. Die mündliche Wissensvermittlung ist also immer mit einer menschlichen Beziehung verbunden. Die Beziehung zwischen Betreuer und zu Betreuendem kann aber auch zu Problemen führen, wie dies bereits im Kapitel „Zusammenarbeit und Betreuuungsverhältnisse" diskutiert wurde. Zu diesen Beziehungsproblemen kann es in schriftlichen Anleitungen nicht kommen, da durch schriftliche Anleitungen normalerweise überhaupt keine menschlichen Beziehungen hergestellt werden.

Bei der mündlichen Wissensvermittlung kann auch das Geschlecht nicht mehr ignoriert werden, insbesondere dann, wenn – wie dies in der Physik der Fall ist – das Verhältnis der Geschlechter sehr unausgewogen ist. Die Probleme, die mit der geringen Anzahl von Frauen in der Physik verbunden sind, sollen ebenfalls in einem eigenen Kapitel erörtert werden.

Aber diese „Nachteile" bei der mündlichen Wissensvermittlung können die Vorteile nicht aufwiegen. Gerade die Vermittlung von implizitem Wissen ist mündlich weitaus besser möglich als schriftlich, weil dabei Sprache mit Handlung verbunden werden kann und nicht das gesamte Wissen versprachlicht werden muß.

4.5.2 Vermittlung von impliziten Wissen

In folgender Äußerung werden die Schwierigkeiten bei der Vermittlung von implizitem Wissen sehr direkt angesprochen:

> Gerade das haben wir gestern mit unserem Betreuer diskutiert: für ihn sind manche Sachen schon so in Fleisch und Blut übergegangen, daß er gar nicht mehr genau weiß, was ist das Grundlegende, was ist das, was einer, der sich noch nicht auskennt, als erstes hören muß.

Ein Wissen, das „in Fleisch und Blut übergegangen" ist, kann nicht jederzeit zerlegt und sprachlich genau dargestellt werden. Ein solches Wissen ist überhaupt nicht primär sprachlicher Natur, sondern vielmehr ein Wissen mit dem Körper, was gerade in dieser Metapher sehr deutlich zum Ausdruck kommt. Es bedarf daher einer eigenständigen Anstrengung, sich einem solchen Wissen sprachlich anzunähern.

Eine Diplomandin erkennt, daß gerade Erfahrene oft die Apparatur geschickt bedienen, ohne daß sie genau sagen können, was sie tun:

> Der O. ist jetzt in einem Erfahrungsstadium, wo er nicht mehr überlegt: „Warum steigt das genau so viel an", oder „Warum steigt es heute mehr an und das letzte Mal ist es weniger angestiegen?" Das überlegt er sich nicht, nicht wirklich, weil er das nicht braucht. D.h. für ihn ist nur wichtig: der ist dort, der Druck und das paßt mir nicht. Und dann zu erklären, warum ist der dort, warum paßt mir das nicht, das erfordert dann wieder eine Beschäftigung mit der Materie an sich und auch mit diesen Ausdrucksmöglichkeiten.

Hier kommt deutlich zum Ausdruck, daß Geschick bei der Arbeit an der Apparatur und die Fähigkeit, diese Tätigkeit sprachlich zu beschreiben, zwei unterschiedliche Fähigkeiten sind. Es mag zwar für einen Diplomanden sehr hilfreich sein, wenn sein Betreuer die Fähigkeit besitzt, eine möglichst genaue Beschreibung seiner Tätigkeit zu geben, da – wie noch gezeigt werden soll – gerade Anfänger oft den Wunsch nach möglichst genauen Anweisungen haben. Aber für die Tätigkeit selber ist die

Versprachlichung nicht erforderlich, wie dies obige Diplomandin folgendermaßen auf den Punkt bringt: „Bei der Arbeit an der Apparatur selbst ist die Versprachlichung nicht relevant. Sie bringt nur zur Vermittlung was."

Ein Diplomand spricht in diesem Zusammenhang von einem Gewöhnungsprozeß, der die sprachliche Formulierung erschwert:

> Ein Hauptproblem ist, daß man sich ziemlich schnell an alles gewöhnt. Und wenn man sich gewöhnt an etwas, dann denkt man nicht mehr so genau darüber nach, dann denkt man erst wieder darüber nach, wenn ein Problem auftritt. Und an alles was man sich gewöhnt hat, das kann man nicht mehr so gut vermitteln. Da sagt man dann eher „ja ist eh klar, da mußt da aufdrehen, und da mußt da aufdrehen!", aber man wird nicht sagen was wirklich passiert „da mußt du da den Strom einschalten".

Aber gerade weil die Arbeit an der Apparatur nicht mit sprachlicher Artikulation verbunden ist, ist es – wie eine Diplomandin erkennt – wichtig zu fragen:

> Bei der Arbeit an der Apparatur wird prinzipiell nicht so viel artikuliert. Man steht davor und der Mehrwissende sozusagen, der Lehrer dreht an der Apparatur und wenn ich nicht frage, dann wird auch nichts erklärt.

Aber selbst wenn sich ein Betreuer um möglichst genaue Erklärungen bemüht, gibt es doch Bereiche, die prinzipiell sehr schwer sprachlich faßbar sind. Gerade das „Ausprobieren", das ein wesentlicher Teil bei der Arbeit an der Apparatur ist, läßt sich nicht exakt beschreiben:

> Es ist sehr viel, gerade wenn man Einstellungen sucht, damit man ein Signal findet, ein Probieren, ein Ausprobieren. Und gerade bei solchen Sachen kann man sprachlich kaum das fassen. Ich kann nicht sagen: „Ich drehe jetzt dort, weil". Man kann immer nur sagen: „Ich probiere es halt aus. Mir kommt halt vor, daß es so ist. Mir kommt vor, daß es etwas nützt." Und auch wenn es etwas nützt, kann man oft nicht sagen, warum es etwas genützt hat.

Die Arbeit an der Apparatur ist auch – wie bereits gezeigt – mit einem Wissen verbunden, das auf vielfältigen Sinneserfahrungen beruht. Dieses sensorische Wissen kann nur sehr schwer sprachlich wiedergegeben werden. Ein Dissertant zeigt, daß bereits die Angabe bestimmter Drücke Schwierigkeiten bereitet, wenn man sich selbst an Zeigerstellungen orientiert:

> Es ist schon so, daß man eher die Zeigerstellung im Gedächtnis hat. [...] Man hat uns schon gesagt: der Druck muß unter 0,1 Torr sein oder so. Aber merken tue ich mir dann nicht die Zahl 0,1 Torr, sondern eher die Zeigerstellung. Vielleicht geht das automatisch, weil wenn du immer da hineinschaust, siehst du immer den Zeiger; und im Normalfall ist der Druck ja o.k. Und wenn er einmal anders ist, dann fällt dir das am Zeiger auf und nicht am Wert. Also du tust das schon irgendwie visuell

beobachten. – Und wenn du dann jemandem die Maschine erklärst, da mußt du dann auf einmal; – du kannst ja dem nicht sagen: der Zeiger muß so stehen oder so; sondern du mußt dann sagen: der Druck darf nicht über 0,1 Torr sein. Und dann mußt aber selber auf den Zeiger schauen und ablesen, wie der Druck sein soll, – weil du einfach die Zeigerstellung weißt.

Hier handelt es sich aber um einen visuellen Eindruck, der relativ leicht versprachlicht werden kann, da einer Zeigerstellung immer ein ganz bestimmter Zahlenwert zugeordnet ist. Hingegen ist es wesentlich schwieriger, einem Anfänger, der die Apparatur zumeist als sehr chaotisch wahrnimmt, einen ganzheitlichen Eindruck von der Apparatur zu vermitteln. Oft wird versucht, ein Wissen, das mit komplexeren visuellen Wahrnehmungen verbunden ist, durch die Aufforderung zum Schauen zu vermitteln. „Schau!" bzw. „Siehst eh!" sind häufige Äußerungen von Betreuern. Es wird dabei nicht versucht, den visuellen Eindruck sprachlich darzustellen, sondern vielmehr versucht der Betreuer, die visuelle Wahrnehmung des Anfängers zu richten.

Ein Wissen, das mit dem Tastsinn verbunden ist, läßt sich hingegen nicht durch die Aufforderung zum Schauen vermitteln, wie ein Dissertant feststellt:

Ich mag das nicht, wenn jemand einem vorzeigt: „Schau einmal, jetzt müssen wir das machen und dann das." Da hast du kein Gefühl. Da weißt du nicht einmal, wie fest so ein Ventil zugedreht ist, weil du es nie angegriffen hast. [...] Aber wenn ich zum W. sag: „Schalt ein und schalt aus!", dann schaltet er aus und macht die Ventile zu. Dann greife ich einmal nach, schaue, ob das paßt; wie fest z.B. er zugedreht hat: „Nein, ein bißchen fester kannst du ruhig zudrehen." oder: „Nein, nicht so fest, sonst werden sie ja hin!"

Hier wird sensorisches Wissen vermittelt, indem einfach „nachgegriffen" wird und daraufhin die entsprechenden Tips gegeben werden. Ein Wissen, das mit dem Tastsinn verbunden ist, wird hier also mit Hilfe des Tastsinns weitergegeben.

Die Handlungsweisen in problematischen Situationen, in denen sich erst das Wissen von sehr Erfahrenen zeigt, ist für Anfänger zumeist völlig unverständlich. Wie unterschiedlich eine Diplomandin im Anfangsstadium und einer, der bereits recht lange an einer Apparatur gearbeitet hat, einer problematischen Situation begegnen, kommt in folgender Schilderung dieser Diplomandin deutlich zum Ausdruck:

Es war jetzt das erste Mal an der Apparatur eine kritische Situation, wo ich dabei war. Es ist uns da die Düse eingefroren, und dann steigt der Druck sehr stark an. Das soll nicht sein. Ich weiß zwar, daß das nicht sein soll, ich weiß aber noch nicht oder ich habe noch keinen Begriff davon, was damit dann passieren kann und kann das auch nicht abschätzen. Und der Betreuer hat in dem Fall die Panik gekriegt – kurzzeitig, und hat dann mit einem irren Streß dann an den Ventilen gedreht. Ich habe überhaupt nichts mitgekriegt, was jetzt passiert ist. Und dann war der Druck draußen, also wir haben das dann belüftet, das war in Ordnung wieder. Und dann: „Hhh, das war jetzt knapp" – so ungefähr. Jetzt muß ich dann nachträglich bei ihm anfragen über alle Details: „Was hast du jetzt getan? Warum hast du da aufgedreht? Warum hast du da zugedreht? Warum – das und das und das? Und was ist jetzt genau passiert? Warum steigt der Druck jetzt so stark an?"

Während die Diplomandin „gar nichts mitgekriegt" hat, hat ihr Betreuer schnell gehandelt und dadurch die Gefahr beseitigt. Um die Situation und die Handlungsweise des Betreuers einigermaßen zu verstehen, muß sie daher „nachträglich bei ihm anfragen über alle Details". Aber sie erkennt, daß es für ihn nicht einfach ist, seine Handlungsweise zu erklären, da sie auf „Erfahrungswerte" zurückzuführen ist:

Ich glaube, es ist nicht einfach, so intuitive Erfahrungswerte, – wo man sagt: „Ja das und das könnte gefährlich sein. Das ist mir einmal passiert", – er könnte ja eventuell ein Beispiel haben: er hat das schon einmal gesehen, daß das dann halt kaputt geworden ist; so könnte man wahrscheinlich auch erklären. [...] Wäre keine schlechte Möglichkeit. Nur oft sind diese Beispiele eben nicht vorhanden, sondern das ist halt nur so eine gefühlsmäßige -, man merkt das halt, das könnte jetzt gefährlich sein.

Da dieses Wissen auf persönlichen Erfahrungen beruht, könnte es – wie obige Diplomandin meint – dadurch vermittelt werden, daß diese Erfahrungen einfach erzählt werden, das heißt, daß Beispiele gegeben werden. Durch Erzählungen bzw. Beispiele kann jedoch kein allgemeingültiges Wissen wiedergegeben werden, sondern „nur" ein subjektiv geprägtes Wissen. Erfahrungen sind aber notwendig persönlich. Die problematische Situation, die diese Diplomandin miterlebt hat, wird also vielleicht von einem anderen Physiker nicht als gefährlich eingeschätzt:

Vielleicht war die Situation, die ich da erlebt habe, gar nicht so gefährlich. Vielleicht sagt da ein anderer, der auch lange an der Apparatur gearbeitet hat: „Nein, nein, das war ja harmlos. Das ist ja nicht so schlimm. Das habe ich schon öfters gehabt." Der verbindet mit dem nicht die Situation: „Das ist gefährlich", sondern der verbindet damit halt: „Ja, ja, das ist halt Pech. Das funktioniert jetzt halt nicht so, wie ich es haben wollte." D.h. das ist schon sehr persönlich und hängt von den Gefühlen, die man mit so einer Situation verbindet, stark ab. Insofern ist da, glaube ich, schon ein Bereich, den man nicht erklären kann.

Diese Erzählungen sind natürlich keine Erklärungen im wissenschaftlichen Sinn, was aber nicht heißt, daß dadurch nicht Wissen vermittelt werden kann.

Auch ein Dissertant hat erfahren, daß es oft überhaupt nicht möglich ist, genaue Erklärungen in Form eines „Kochrezeptes" zu geben:

Es gibt verschiedene Sachen, die man verändern kann und dafür kann man kein Kochrezept hergeben, weil das kein definierter Zustand ist. [...] Das ist einfach bis zu einem bestimmten Grad Erfahrung und Herumprobieren, weil man manchmal nicht weiß wie es passiert. [...] Man kann nur die Richtung vorgeben. [...] Es ist schwierig, weil es gibt einfach kein Kochrezept. Ich kann ihm [einem Diplomanden, den er betreut] auch nicht alles sagen, weil ich es auch gar nicht mehr weiß. Weil ich selber zum Beispiel gar nicht mehr weiß, warum es so gut geworden ist, weil ich selber nur herumprobiert habe. Ich kann ihm eben nur die Richtung sagen, und dann fallen mir nachher wieder ein paar andere Tips ein, aber so viel gibt es eben nicht. Ich kann ihm nur Richtungen sagen, und die habe ich versucht ihm zu erklären, manche Sachen vergesse ich natürlich auch.

Persönliche Erfahrungen werden hier in Form von Tips bzw. Hinweisen weitergegeben. Diese Tips bzw. Hinweise können in gewisser Hinsicht als eine reduktionistische Form von Erzählungen betrachtet werden. Das heißt, daß hier nicht die einzelnen Erfahrungen erzählt werden, sondern sozusagen nur die „Lehre" aus vielen Erfahrungen weitergegeben wird.

Die Vermittlung von implizitem Wissen kann also mit sehr vielfältigen Aktivitäten verbunden sein: mit Vormachen, Zuschauen, „Nachgreifen", Zeigen, mit Erzählungen, Beispielen, Hinweisen, Tips und wahrscheinlich noch einigem mehr. Aber die besten Tips nützen nichts, wenn der Lernende nicht bereit ist, sich auf die jeweiligen Erfahrungen auch wirklich einzulassen. Gerade diese Bereitschaft ist aber – wie ein Betreuer feststellt – mitunter nicht vorhanden:

Die Ionenquelle ist leicht einzustellen bis zum Ladungszustand 9+. Höhere Ladungszustände muß man rauskitzeln. Da braucht man einfach – ein Gespür. [...] Und andere, die wollen sich einfach nicht damit beschäftigen.

Denn ein „Gespür" kann man nur dann bekommen, wenn man selbst probiert und die entsprechenden Erfahrungen macht. Die persönliche Erfahrung ist also eine unbedingte Voraussetzung für die Aneignung von implizitem Wissen.

4.5.3 Von expliziten Anweisungen zum impliziten Wissen

Im folgenden soll anhand einiger Zitate die Aneignung von implizitem Wissen aus der Sicht des Lernenden beschrieben werden. Dabei ist ein Verinnerlichungsprozeß erkennbar, der hier genauer herausgearbeitet werden soll.

Ein Diplomand, der gemeinsam mit einem Kollegen die Bedienung der Apparatur erlernte, beschreibt die ersten Anweisungen dazu folgendermaßen:

Wir sind dagestanden und dann sagt der Betreuer: „Schalt ein!" Ich steh natürlich da: „Ja was?" Dann sagt er, jetzt mußt du halt zuerst einmal die Pumpe da einschalten oder so was. Dann hat er das halt irgendwie so dahergebracht. Am Anfang ist es ja wahnsinnig viel, was du dir da merken mußt, und du darfst nichts falsch machen. Und wir haben uns am Anfang einen Zettel gemacht, wo wir uns alles aufgeschrieben haben. Und wenn wir am nächsten Tag die Maschine wieder eingeschalten haben, da wäre ohne Zettel gar nichts gegangen.

Dieser Betreuer, der hier zwei Diplomanden die Bedienung einer Apparatur beibringen will, macht dies auf eine sehr direkte Weise. Er konfrontiert die beiden Diplomanden ohne lange Erklärungen mit der Apparatur und setzt dadurch eine Interaktion in Gang. Die beiden Anfänger, die natürlich genaueste Anweisungen brauchen, müssen sich diese erfragen. Wie abgespalten diese Anweisungen anfangs von ihnen noch sind, zeigt der Gebrauch eines Zettels mit diesen Anweisungen, den sie zur Bedienung der Apparatur benötigen.

In folgender Äußerung einer Diplomandin kommt zum Ausdruck, daß Anfänger viel genauere Erklärungen brauchen, als manchem Betreuer bewußt ist:

> Mein Problem ist das, daß viele Sachen nicht erklärt werden, nicht sprachlich artikuliert werden an der Apparatur. D.h. es wird dann nur hingewiesen: „Siehst eh dort" mit einem Hinweis auf irgendeinen Zahlenwert, der halt irgendwo angezeigt wird. Nur kann ich mit dem Zahlenwert noch nicht so viel anfangen, wie das jetzt ein Erfahrener machen kann. Der weiß halt, wenn da 0,5 ist, dann paßt das, und wenn nicht 0,5 ist, dann paßt das nicht. Und für mich ist das immer eine Frage von, inwieweit paßt das jetzt nicht: Ist das jetzt gefährlich oder nicht; kann da etwas kaputt werden oder ist das harmlos; drehe ich da nur ein bißchen herum, dann paßt das wieder oder...

In diesem Beispiel wird sehr deutlich, mit welch unterschiedlichem Wissen ein bloßer Zahlenwert verbunden sein kann: die Diplomandin kann mit diesem Zahlenwert nicht viel anfangen, während dem Betreuer alles klar zu sein scheint. Er sieht in diesem Zahlenwert, was die Diplomandin noch nicht sehen kann. Das Wissen, das er mit diesem Zahlenwert verbindet, ist jedoch kein explizit formuliertes Wissen, das er jederzeit abrufen könnte, sondern vielmehr ein implizites Wissen, das er im Laufe der Zeit verinnerlicht hat. Das kommt sehr deutlich in der Äußerung „Siehst eh dort" zum Ausdruck, in der bereits sehr viel vorausgesetzt wird, was die Diplomandin noch nicht wissen kann. Sie bräuchte diese stillschweigenden Voraussetzungen in expliziter Form.

Daß ein einzelner Zahlenwert für Anfänger zumeist nicht sehr viel bedeutet, ist darauf zurückzuführen, daß dieser Zahlenwert noch nicht in Zusammenhang mit anderen Zahlenwerten gesehen wird, wie dies in folgender Äußerung beschrieben wird:

> Du kommst an die Apparatur und jemand sagt: das paßt oder das ist gut. Du hast keine Ahnung, warum er das als gut bezeichnet. Du siehst eine Skala von 0 bis 1000 oder was immer und es steht auf 500 und der sagt: „Das paßt, das ist super." Und du hast keine Ahnung warum. Jetzt fragst natürlich: „Wäre 200 schlecht?" oder: „Wäre 150 schlecht?" oder: „Wäre jetzt 510 schon schlecht?" Du hast ja kein Verhältnis, um das als gut zu bezeichnen. Du hast keine Skala in deinem Hirn für das. D.h. du mußt

> dir diese Skala dann selber erarbeiten durch Erfahrung oder eben durch fragen. Du
> sagst: in welchem Bereich ist es noch gut und warum ist es da eine Katastrophe.
> Und das sind diese Grenzwerte. Du mußt sozusagen selber eine neue Skala bilden,
> damit du dann, wenn du die Skala anschaust, die am Gerät ist, sagen kannst: das
> paßt mir jetzt.

Die Bedeutung eines Zahlenwertes hängt also von der Bedeutung der
anderen Zahlenwerte ab. Das heißt auf das obige Beispiel bezogen, daß
man erst dann wirklich weiß, was der Zahlenwert 500 bedeutet, wenn
man auch weiß, was die Zahlenwerte 200, 150, 510 usw. bedeuten. Gerade
diesen Zusammenhang zwischen Zahlenwerten können aber Anfänger
nicht erkennen. Sie müssen erst eine „Skala bilden", wobei am Anfang die
Angabe von Grenzwerten zumeist sehr hilfreich ist. Auch ein Betreuer
stellt fest, daß die meisten Anfänger nach Grenzwerten fragen:

> Bei dieser Anleitung für ICR Ionenquelle, da gibt es einen gewissen Parameter-
> raum, oder Sachen, die man einstellen muß. Und wenn man da hinkommt als
> Neuling, da steht man vor einer Wand. Da kennt man sich ja nicht aus. Oder man
> hat Angst. Interessant war, die meisten fragen dann immer nach Grenzwerten.
> Also da sind z.B. 6 Anzeigen und das geht von −1000 bis +1000 diese Anzeige und da
> ist ein Potentiometer daneben und da wollten eigentlich alle einen Anhaltspunkt
> haben. Das sind die sogenannten Grenzwerte. Minimum und Maximum. Und in
> dem darf er einstellen. Das Interessante ist ja das, man kann mit dieser Steuerung
> nichts Falsches einstellen, weil es wird ja alles abgesichert. Man kann nichts falsch
> machen, dennoch besteht irgendwie der Drang zum Wissen, sozusagen die Gren-
> zen zu kennen im Einstellraum.

Auch ungefähre Angaben scheinen für Anfänger sehr unbefriedigend zu
sein, wie dies in folgender Äußerung zum Ausdruck kommt:

> Wenn mir jetzt jemand erklärt an der Apparatur, zum Beispiel wenn man eine
> Leitung auspumpen muß, dann sagt jemand: „Ich soll nicht weiter als bis da her
> gehen." Dann muß ich damit verbinden die Zahl die dort steht. Ich kann das noch
> nicht so mit „ja, ja bis da her ungefähr". Das sagt mir noch nichts. D.h. ich muß
> schauen: „Aha das ist 0,5 oder irgend so etwas".

Der Begriff „ungefähr" hat nur für jemanden einen Sinn, der mit der
Situation oder der Sache, auf die er sich bezieht, einigermaßen vertraut
ist. Erst dann ist es möglich abzuschätzen, was „ungefähr" bedeutet.
Anfänger benötigen aber möglichst genaue Angaben, wie dies auch in
folgender Äußerung deutlich wird:

> Also mir sind nie irgendwelche Fragen ganz genau beantwortet worden. Da ist halt
> gesagt worden: „Na ja du brauchst eh nur das und das, das stellt man so ein und
> dann paßt das."

Dieser Wunsch nach genauen Erklärungen schwindet aber gemäß der
Aussage eines Diplomanden mit der Zeit:

Ja, am Anfang, wenn du hinkommst, möchtest du wirklich alles genau erklärt haben. [...] Und mit der Zeit siehst du, daß du das gar nicht brauchst.

Genaue Anweisungen werden nicht mehr benötigt, sobald die Maschine beherrscht wird, wie dies in einer Beschreibung von Geschick deutlich wird:

Ja, Geschick heißt, daß er vor der Maschine steht [...] dann schaut er sie an, dreht an ein paar Dingen herum, sieht irgendwie Veränderungen und – ja, findet halt gleich einmal einen roten Faden. – Geschick ist einfach, daß es irgendwie automatisch abgeht.

Wenn hier gesagt wird, „daß es irgendwie automatisch abgeht", wird deutlich, daß nicht mehr nach expliziten Anweisungen gehandelt wird. Hier zeigt sich, daß Geschick bei der Arbeit an der Apparatur überhaupt wenig mit sprachlicher Ausdrucksfähigkeit zu tun hat: Es geht darum, daß man „schaut..., dreht..., sieht... und halt gleich einmal einen roten Faden findet".

Solch ein Wissen bezieht sich auf eine ganz bestimmte Apparatur und ist auch schwer von dieser zu trennen, wie dies ein Dissertant äußert:

Das fallt einem normalerweise erst, wenn man an der Maschine steht, ein, was man alles tun muß. Wenn ich das jetzt so auswendig sagen müßte; das ist viel schwieriger, als wenn ich vor der Maschine stehe. [...] Ja, dann schaue ich schon, – wenn ich bei dem Gerät bin, dann weiß ich: aha, das muß ich auch noch einschalten und das auch.

Ein Diplomand, ein Kollege von obigem Dissertanten, fährt folgendermaßen fort:

Vielleicht ist das ein bißchen in der Motorik drinnen, daß wenn du das machst, daß du dich dann automatisch umdrehst...

Das sagte derjenige Diplomand, der auch erzählte, daß er anfangs mit Hilfe eines Zettels die Apparatur bediente. Dieser Diplomand hat also Anleitungen, die er anfangs von einem Zettel heruntergelesen hat, zutiefst verinnerlicht. Das bloße „Zettelwissen" ist bei ihm dadurch zu einem Wissen mit dem ganzen Körper geworden.

Das implizite Wissen von Experten ist gemäß der Aussage eines Dissertanten aber noch schwerer faßbar, da es sich während des normalen Meßbetriebs auch nicht zeigt, sondern nur in Problemsituationen:

Du kannst, glaube ich, während dem Meßbetrieb überhaupt nicht entscheiden, ob das ein Profi ist oder nicht. Du kannst erst was darüber sagen, wenn er ein Problem hat, – derjenige der daran arbeitet. Sobald ein Problem auftritt, kannst du dann Aussagen treffen; davor nicht leicht.

Das Lernen an der Apparatur kann also zusammenfassend als eine Entwicklung von expliziten Regeln zum impliziten Wissen beschrieben werden. Ein Wissen, das am Anfang aus konkreten Anweisungen besteht, wird mit der Zeit und der Verinnerlichung dieser Anweisungen zu einem Wissen, das sich nur mehr in Problemsituationen zeigt.

4.6 Frauen in der Physik

Das Geschlecht mag bei der Aneignung von Wissen in schriftlicher Form relativ unbedeutend sein, da es sich dabei um eine unpersönliche Form der Wissensvermittlung handelt. Bei der praktischen Ausbildung, die sehr wohl auf persönliche Weise erfolgt, kann das Geschlecht nicht mehr ignoriert werden, insbesondere dann, wenn sich in einer Arbeitsgruppe – wie dies in der Physik des öfteren der Fall ist – eine Frau als einzige unter Männern befindet.

Die wissenschaftliche Praxis, die nicht von Gesellschaft und Kultur zu trennen ist, kann daher auch nicht von den geschlechtsspezifischen Vorstellungen in einer Gesellschaft losgelöst werden. Geschlechterideologie kommt aber – wie Keller zeigt – in der Wissenschaft nicht explizit zum Ausdruck, sondern ist nur indirekt erkennbar:

> Geschlechterideologie wirkt sich nicht als explizite Kraft auf die Erstellung von wissenschaftlichen Theorien aus. Ihre Wirkung ist immer indirekt [...]: in bezug auf die Ausbildung und Auswahl bevorzugter Zielsetzungen, Werte, Methodologien und Erklärungsmodelle.[214]

Wie geschlechtsspezifische Vorstellungen und Verhaltensweisen bei der von Männern dominierten Laborarbeit der experimentellen Physik zum Ausdruck kommen können, soll im folgenden aus der Sicht von Physikerinnen erörtert werden. Neben den Schilderungen der befragten Physikerinnen sollen hier aber auch noch Beispiele und Ergebnisse aus anderen Untersuchungen, die sich mit ähnlichen Fragestellungen auseinandersetzen, angeführt werden.

4.6.1 Hemmung – ein frauenspezifisches Charakterstikum?

Für viele Frauen ist die Arbeit im Labor, d.h. der Umgang mit oft sehr komplexen Apparaturen, mit großen anfänglichen Ängsten und Hemmungen verbunden. Einige der befragten Frauen meinen, daß Männer bei der praktischen Arbeit – zumindest anfänglich – besser, das heißt hier geschickter, sicherer und vertrauter mit den verschiedenen Geräten sind.

---

[214] Evelyn Fox Keller: *Liebe, Macht und Erkenntnis. Männliche oder weibliche Wissenschaft?* München Wien: Carl Hanser 1986, S. 146.

Die Aussagen einiger Männer lassen aber vermuten, daß diese Hemmungen weniger frauenspezifisch sind, als manche Frauen glauben. Geschlechtsspezifisch scheint jedoch die Art zu sein, wie mit diesen Hemmungen umgegangen wird. Die befragten Frauen, die über ihre Ängste vor der Maschine sprechen, sprechen zumeist auf sehr persönliche Weise darüber, während Männer – wenn überhaupt – dazu auf eher unpersönliche Weise Stellung nehmen in Form von Äußerungen, wie zum Beispiel „Am Anfang ist jeder unsicher". Zwei Physikerinnen äußern sich dazu folgendermaßen:

A: Ich habe mich damals überhaupt nicht ausgekannt mit solchen Sachen, habe mich nichts getraut. [...] Aber ich habe jetzt zum Beispiel einen Vorbereitungspraktikanten gekriegt. Das ist ein Er. Aber der ist wirklich genauso, wie ich war; traut sich nichts angreifen, traut sich kein Schrauberl drehen. Also ich glaube nicht, daß das geschlechtsspezifisch ist.
Daraufhin B: Der Unterschied ist ja bloß, daß sich die Frauen deswegen schlecht fühlen. Die Männer sagen: „Das weiß ich nicht." Ich meine, der C. ist zu mir gekommen und hat nicht einmal eine Dichtung gekannt. Und das hat er halt nicht gewußt. Für eine Frau ist das irgendwie, die nimmt das anders. Jeder weiß das nicht. Aber die Männer sagen: „Ja sicher, kann ich nicht wissen." Auch wenn er ein Monat da ist. [...] Die kommen her und sagen: „Jetzt erklär mir das! Weil du mußt es ja wissen. Du bist schon seit einem Jahr da. Du mußt ja wissen, wie eine Vakuumdichtung ausschaut." Ich bin so dumm, ich bin so schüchtern und ich traue mich das nicht; ich weiß das nicht. So fangt eine Frau meistens an.

Eine andere Physikerin erzählt von Kollegen, die ihr erst nach Beendigung ihres Studiums von ihrem Streß mit der Maschine erzählten. Sie war sehr erstaunt darüber, da sie diese Kollegen – im Gegensatz zu sich selbst – beim Umgang mit Maschinen für sehr selbstsicher einschätzte:

Im nachhinein sehe ich es anders. Da komme ich durch Reden drauf, daß es eigentlich nicht so ist oder war, wie ich gemeint habe. Also daß ich inzwischen einige Männer kenne, die genau dieselben Probleme gehabt haben wie ich, was ich aber nicht gesehen habe. [...] Sie haben kein Wort gesagt.

Dieser geschlechtsspezifische Umgang mit Ängsten dürfte ein Ergebnis der unterschiedlichen Sozialisation von Mädchen und Buben sein. Gisela Müller-Fohrbrodt zeigt die Bedeutung von Mut und Angst in der Wissenschaft auf und verweist in diesem Zusammenhang auf eine These der Sozialisationsforschung, welche besagt, „daß Jungen im Verlaufe des Heranwachsens lernen, ihre Ängste stärker zu kontrollieren als ihre Aggressionen; Mädchen lernen dagegen umgekehrt, ihre Aggressionen stärker zu kontrollieren, während sie zu ihren Ängsten stehen dürfen."[215]

---

[215] Gisela Müller-Fohrbrodt: „Geschlechtsspezifische Formen wissenschaftlicher Erkenntnisgewinnung", in: *Frauen in Naturwissenschaft und Technik*, Tagungsbericht zu einer Informationsveranstaltung am 29. Januar 1992 im Forschungszentrum Jülich, Jülich 1992, S. 65.

Das typisch weibliche Eingestehen von Ängsten dürfte auch ein Grund für das im allgemeinen niedrigere Selbstvertrauen der Frauen sein. In mehreren Untersuchungen kann nachgewiesen werden, daß sich Frauen weniger zutrauen als Männer mit der gleichen Qualifikation. Ina Wagner hebt das mangelnde Selbstvertrauen als zentrales Problem von Frauen in Naturwissenschaft und Technik hervor und verweist dabei auf eine amerikanische Studie:

> Die traurige Realität zu niedriger Selbsteinschätzung belegt eine amerikanische Studie: Studentinnen mit einer ausgeprägten und hohen naturwissenschaftlich-mathematischen Begabung nahmen sich doppelt so häufig als für naturwissenschaftliches Arbeiten nicht geeignet wahr wie ihre männlichen Kollegen mit vergleichbaren Fähigkeiten.[216]

Auch eine Untersuchung im Auftrag des Bundesministeriums für Wissenschaft und Forschung kommt zu ähnlichen Ergebnissen. In der Zusammenfassung der Ergebnisse wird an erster Stelle „ein geringeres Selbstvertrauen der Mädchen in ihre eigene Leistungsfähigkeit trotz den Burschen gleichwertiger (in Noten gemessener) Ergebnisse"[217] angeführt.

Allerdings gibt es doch auch einige ganz konkrete Gründe für die im allgemeinen größeren Hemmungen der Frauen vor technischen Geräten. Es wird immer wieder darauf hingewiesen, daß die Abgänger einer Höheren Technischen Lehranstalt (HTL) einen großen Vorteil bei der Laborarbeit haben, da sie bereits mit dieser Arbeit vertraut sind. Nach wie vor besuchen aber relativ wenige Mädchen eine HTL. Die Buben werden zumeist auch schon viel früher mit technischen Geräten in Form von Spielzeug vertraut gemacht, worauf auch Dot Griffiths ebenso wie einige der befragten Physikerinnen hinweist:

> The boys also had greater experience of tinkering – using tools, taking things apart and mending them, playing with constructional toys – experiences which, later, both predispose them more positively toward technical craft subjects and allow them to approach these subjects more confidently.[218]

Viele Buben haben also nicht nur eine sehr frühe Möglichkeit, technische Fertigkeiten zu erlernen, sondern Technik wird ihnen zudem noch als ein Spiel vermittelt, welches Freude bereitet. Eine erfahrene Physikerin meint, daß diese frühe Vertrautheit mit der Technik den meisten Frauen

---

216   Ina Wagner: „Das Erfolgsmodell der Naturwissenschaften. Ambivalenzerfahrungen von Frauen", in: *Wie männlich ist die Wissenschaft?*, hrsg. v. K. Hausen und H. Nowotny. Frankfurt am Main: Suhrkamp 1986, S. 243.

217   Doris Ranftl-Guggenberger: „Mathematik, Naturwissenschaft, Technik. Nichts für Mädchen?", in: *MUT. Mädchen und Technik*, hrsg. v. Bundesministerium für Unterricht und Kunst. Wien 1991, S. 29.

218   Dot Griffiths: „The exclusion of women from technology", in: *Smothered by invention*, hrsg. v. W. Faulkner und E. Arnold. London: Pluto Press 1985, S. 63.

fehlt, wodurch sie auch später die Technik nicht als „etwas Natürliches"
erleben:

> Da die Frauen zumeist nicht wie die Männer in ihrer Jugend gebastelt haben, haben
> sie Schwierigkeiten mit den Geräten. D.h. auch im Praktikum ist das immer so eine
> Fremdheit. Man kann dann zwar die Praktikumsversuche machen und versteht sie
> auch. Aber das ist irgendwie nicht so etwas Natürliches. Es ist ziemlich anstren-
> gend, die Praktikumsversuche zu machen.

Wahrscheinlich ist dies auch ein Grund dafür, warum Männer häufig ein
emotionaleres Verhältnis zur Technik haben als Frauen.

4.6.2 Geschlechtsspezifischer Zugang zur Maschine

Die meisten der befragten Frauen zeigen mehr Distanz zu den Maschinen
als ihre männlichen Kollegen. Mehrere betonen, daß für sie die Maschine
ein Mittel zum Zweck, aber nicht – wie für einige Männer – ein Spielzeug
ist. Einige Frauen belächeln die starke emotionale Bindung an die Maschine bei manchen Männern. Eine Studentin meint ironisch über einen Kollegen, daß für diesen seine Maschine sein Baby wäre. Eine andere Frau
glaubt sogar, daß Männer manchmal persönliche Probleme auf die Maschine verlagern würden.

Der emotionale Bezug zur Maschine zeigt sich zum Beispiel in der
Namengebung, wobei Männer nicht selten Frauennamen wählen. Eine
Dissertantin hat zwar ihrer Maschine einen männlichen Namen gegeben,
wodurch sie aber – wie sie selbst sagt – nur einen Protest zum Ausdruck
bringt:

> Die [Maschine] habe ich deshalb „Hans" genannt, weil bei uns alle Experimente
> weiblich benannt werden. Also nur ein Protest.

Der emotionale Bezug zur Maschine zeigt sich bei Männern häufig auch in
einer sehr verspielten Arbeitsweise, die vielen Frauen fremd ist. Eine
Frau erzählt, daß sie nie so viel Zeit aufwenden würde, damit ein Flansch
mehr glänzt, wie sie dies bei einigen Männern beobachtet hat. Eine andere Frau belustigt sich darüber, daß sie einmal die Farbe aussuchen durfte,
mit der eine Aluminiumplatte – zu rein optischen Zwecken – lackiert
werden sollte. Wieder eine andere Frau kann nicht verstehen, daß der
Umbau einer Apparatur als „Katastrophe" erlebt werden kann:

> Ich kann beobachten, daß gerade in den Labors diese Apparaturen so ein Herz-
> stück von jemanden sein können. Und wir haben jetzt den klassischen Fall von
> dem, daß einem unserer Physiker jetzt sein Herz gebrochen wurde, indem seine
> Apparatur komplett umgebaut wurde. Der E. ist seit drei Wochen nicht ansprech-
> bar, weil der R. durchgesetzt hat, daß sie die Apparatur abmontieren, die Pumpen
> tauschen und jetzt schaut sie komplett anders aus. Das ist für ihn die Katastrophe. –

> Ich meine, das ist mir wurscht, wie die Apparatur ausschaut. Ich verstehe es manch-
> mal nicht, ich verstehe es manchmal wirklich nicht. Aber ich beobachte es an so
> vielen Leuten. Und ich bin mir sicher, wenn beim S. irgendwo jetzt einer hingeht
> mit einem Farbkübel und dort einen roten Fleck hinaufmalt, dann kriegt er einen
> Anfall.

Helga Nowotny stellt fest, daß im allgemeinen die Beziehung zur Technik
bei Männern und Frauen unterschiedlich ist. Diesen Unterschied bringt
sie folgendermaßen auf den Punkt:

> Frauen teilen nicht im selben Ausmaß wie Männer die bisweilen monomanisch
> anmutende Besessenheit dem Technischen gegenüber, sie sind für das, was einer,
> der es wissen mußte, als „technological sweetness" bezeichnete, nämlich Robert
> Oppenheimer, weniger anfällig.[219]

Margaret Lowe Benston zeigt, daß Technik für Männer häufig einen symbolischen Charakter bekommt, das heißt, daß sich Männer gerne mit
Autos, Computers und manchmal auch Waffen usw. identifizieren, wobei
diese technischen Produkte ein Ausdruck ihrer selbst werden. Bei Frauen
ist dies gemäß ihrer Aussage viel seltener der Fall: „[...] women use
technology much less as a means of symbolic self-expression."[220] Dies
bestätigt auch eine Physikerin, wenn sie beschreibt, wie unverständlich
ihr ein persönlicher Bezug zur Maschine ist, den sie bei vielen Männern
beobachten kann, womit sie sicherlich für viele Frauen spricht:

> Dieser sehr persönliche Bezug zur Apparatur, der ist schon auffällig. Ich habe den
> einfach nicht. Ich habe diesen persönlichen Bezug zur Apparatur überhaupt nicht.
> Ich habe den auch nicht zu einem Auto. Ich habe ihn auch nicht zu einem Fernseher
> oder zu meinem Computer. Der Computer ist ja so ein typisches Beispiel. Ich habe
> diesen persönlichen Bezug nicht und ich kann es auch oft nicht verstehen, wie
> andere Leute das kriegen. Der L. z.B., der hat einen persönlichen Bezug zu seinem
> Computer in dem Sinn, daß ihm das halt irgendwas bedeutet. Bei mir ist es nur so,
> wenn irgendwas nicht funktioniert, dann funktioniert es nicht, und das ist ärgerlich
> und was weiß ich was. Aber es ist bei mir nicht so, daß ich dann irgendwie: „Mei, der
> arme Computer; jetzt habe ich was falsch gemacht; jetzt funktioniert er nicht mehr."

Zwischen der Beziehung zum Computer, die bereits mehrfach untersucht
wurde, und der Beziehung zu physikalischen Apparaturen gibt es sicherlich einige Parallelen. Sherry Turkle stellt in ihrer Studie über die Beziehung von Frauen zum Computer fest, daß dieser nicht nur für Männer
Symbolcharakter erhält, sondern zugleich auch das symbolisiert, was eine
Frau nicht ist: „[...] the computer becomes a personal and cultural symbol

---

[219] Helga Nowotny: „Über die Schwierigkeiten des Umgangs von Frauen mit der Insti-
       tution Wissenschaft", in: *Wie männlich ist die Wissenschaft?*, S. 27f.
[220] Margaret Lowe Benston: „Women's voices / men's voices: technology as language",
       in: *Technology and women's voices*, hrsg. v. C. Kramarae, New York London: Routledge
       & Kegan Paul 1988, S. 21.

of what a woman is not." Frauen wehren sich daher zumeist gegen eine
„intime" Beziehung zu einer Maschine, wie dies bei Männern des öfteren
zu finden ist: „It is a world, predominantly male, that takes the machine
as a partner in an intimate relationship."[221] Turkle zeigt weiter, daß in der
Beziehung zur Maschine eine Sicherheit vermittelt wird, die in menschlichen Beziehungen nicht gefunden werden kann.[222] Sie beschreibt diese
Sicherheit als verführerisch[223], auch wenn sie mit Risiko verbunden ist.
Aber dieses Risiko ist – im Gegensatz zum Risiko, das in menschlichen
Beziehungen liegt – kalkulierbar: „[...] it is a special kind of risk where
you assume all the risk yourself and are the only one responsible for
saving the day. It is safe risk."[224] Dadurch kann im Labor eine geordnete,
kontrollierbare Welt geschaffen werden, die Samuel Florman in seinem
Buch „The Existential Pleasures of Engineering" als sehr faszinierend
beschreibt: „Jeder Ingenieur hat die Erquickung erfahren, die von der
völligen Versunkenheit in eine mechanische Umwelt ausgeht. Die Welt
wird eingeschränkt und handhabbar, kontrolliert und unchaotisch."[225]
Das heißt nicht, daß Frauen solche Erlebnisse nicht kennen. Aber sie
stehen – wie Wagner zeigt – diesem „intellektuellen Vergnügen" ambiva-
lent gegenüber.[226] Gemäß Wagner wird im Labor oder durch den Computer eine künstliche Welt geschaffen, die Frauen eher als Entfremdung vom
Leben erfahren als Männer.[227]

Dieser typisch männliche Bezug zur Maschine scheint auch – wie Turkle
oben andeutet – mit einer risikofreudigen Arbeitsweise in Zusammenhang zu stehen. Auch die Physikerinnen sprechen immer wieder die größere Risikofreudigkeit ihrer männlichen Kollegen beim Umgang mit der
Apparatur an, die sich – wie eine Physikerin meint – auch dadurch zeigt,
daß Männer mehr kaputt machen würden. Eine andere Frau führt diese
hemmungslosere Arbeitsweise, die sie an sich selbst nicht kennt, auf die
enge Beziehung zur Maschine zurück:

> Weil ich relativ schüchtern war, Angst gehabt habe, war ich recht vorsichtig. Das
> hängt vielleicht auch damit zusammen: Wenn Männer eine recht enge Beziehung
> zur Maschine haben, dann trauen sie sich auch viel mehr damit machen; und trauen
> sich auch eher etwas kaputt machen. Währenddessen habe ich das Gefühl gehabt,
> denke ich mir, was kostet das, wo kann ich es reparieren lassen.

Im folgenden bestätigt eine Frau die weibliche Scheu vor dem Risiko, wenn
sie beobachtet, daß sich Frauen zumeist sichere Arbeiten auswählen:

---

[221]   Ebd., S. 42.
[222]   Vgl. ebd., S. 43.
[223]   Vgl. ebd., S. 43.
[224]   Ebd., S. 46.
[225]   Samve C. Florman: *The Existential Pleasures of Engineering*. New York: St. Martin's
        Press 1976, S. 137.
[226]   Vgl. Wagner: „Das Erfolgsmodell der Naturwissenschaften", S. 237.
[227]   Vgl. ebd., S. 240.

> Und dann kommen die Frauen und nehmen sich natürlich nur eine Arbeit, die sicher ist. Also nimmt sich eine Frau prinzipiell nur eine Arbeit, wo von vornherein klar ist, die Anlage wird höchstwahrscheinlich funktionieren. Also muß ich etwas messen und dann darüber nachdenken und das analysieren. Das ist eine absehbare Arbeit, nicht besonders kreativ, aber systematisch und sicher.

Eine Frau erzählt, daß sie sich nicht getraut, an den Knöpfen zu drehen, wenn sie nicht genau weiß, was dadurch passiert. Auch einer anderen Frau ist das sehr unangenehm, wobei sie aber glaubt, daß dies bei Männern nicht der Fall ist:

> Ich glaube, daß Männer – also die ich kenne – daß ich nie das Gefühl habe, daß die so eine Hemmung haben. Die gehen einfach hin und tun einmal herumdrehen. Ob sie da stundenlang nicht draufkommen oder tagelang [...] Sie waren schon auch deprimiert und irgendwo fertig, aber nicht so, daß sie gesagt haben: „Mei ja unbewältigbar, kann ich nicht." Sie sagen halt: „Ja verflixt noch einmal" und probieren es noch einmal.

Turkle beschreibt die Risikobereitschaft in bezug zur Maschine als eine Lernmethode, die von Männern bevorzugt wird: „To use risk taking as a learning strategy you have to be able to fail without taking it ‚personally'. This is something which many women find difficult."[228] Diese Risikofreudigkeit bedeutet zugleich auch, daß ohne genaue Kenntnis der Vorgänge gehandelt wird: „Risk taking as a learning strategy demands that you sacrifice a certain understanding of what is going on. It demands that you plunge in first and try to understand later."[229] Das mangelnde Verständnis, das im Risiko liegt, scheint auch einigen der befragten Physikerinnen unangenehm zu sein.

Auch Schinzel, die sich mit den Problemen von Informatikerinnen auseinandersetzt, kann dies in Hinblick auf den Computer bestätigen:

> Bevor Mädchen am Computer arbeiten, wollen sie wissen, wozu diese gebraucht und wo sie praktisch angewandt werden können, wozu sie in der Lage sind. Es geht ihnen also zunächst darum, die Zusammenhänge zu begreifen. [...] Sie sind vorsichtig, um nichts zu zerstören. [...] Für die meisten Jungen ist diese Herangehensweise nahezu indiskutabel. Sie können es nicht erwarten, die Computer auszuprobieren, spielen mit der Tastatur, versuchen meist auch ohne Vorkenntnisse durch Versuch und Irrtum weiterzukommen.[230]

Sowohl die Beziehung zur Maschine als auch die Arbeitsweise an der Maschine scheinen also geschlechtsspezifisch geprägt zu sein. Folgende

---

[228] Ebd., S. 49.

[229] Ebd., S. 49.

[230] Britta Schinzel: *Warum Frauenforschung in Naturwissenschaft und Technik?*, Institut für Informatik und Gesellschaft der Albert-Ludwigs-Universität Freiburg im Breisgau, Bericht 4/93, S. 43f.

Äußerung gibt sogar Anlaß zu der Vermutung, daß es geschlechtsspezifische Erklärungsweisen gibt:

> Die I. z.B., das war lustig, das war ein Mädchen, die war an der Anlage, die ist mir so ähnlich gewesen, so von der Art und so. Und am Anfang habe ich ihr alles so gesagt wie ich es halt einem Burschen sagen würde – das klingt jetzt komisch – und dann hat sie es nicht gefunden. Und dann habe ich es ihr gesagt, so wie ich es mir gedacht habe, so wie ich es halt sagen würde und dann hat sie es immer gleich gefunden. Das war ganz lustig, daß sie irgendwie eine ähnliche Anschauung gehabt hat.

Obige Betreuerin kann aber nicht genauer ausführen, worin sich ihre „Burschenerklärung" von der „Mädchenerklärung" unterscheidet. Eine andere Physikerin ist diesbezüglich konkreter. Gemäß ihrer Erfahrung haben Männer einen härteren Umgangston, der sich zum Beispiel in einer imperativischen Ausdrucksweise äußert:

> Aber die Art, der Ton, nur der Tonfall. Sie sagen: „So ein Blödsinn! Was hast du wieder für einen Blödsinn gemacht!" oder „Jetzt hol halt das her!" – einfach so – mehr Imperative. [...] Also alles Imperative. „Schalt ein!", „Hol das!", „Mach das!" – genau so. Ich würde das wahrscheinlich ganz anders formulieren.

Interessant wäre natürlich eine genauere Untersuchung dieser möglichen geschlechtsspezifischen Erklärungsweisen.

4.6.3 Arbeitsatmosphäre

Wie bereits gezeigt, ist bei der praktischen Ausbildung die „Meister-Lehrling-Beziehung" von großer Bedeutung. Durch den geringen Prozentsatz an Frauen in der Physik haben aber diese kaum weibliche Vorbilder und damit nicht die Möglichkeit zur Identifikation, was gerade in Anbetracht des geschlechtsspezifischen Zugangs zur Apparatur von großer pädagogischer Bedeutung wäre. Physikerinnen bringen immer wieder – genauso wie im folgenden Zitat – den Wunsch nach mehr Frauen zum Ausdruck:

> Was ich für mich wichtig finden würde, ist, daß mehr Frauen da sind, daß das einfach schon ganz ein anderes Gefühl vermittelt. [...] Für mich wäre es das Wichtigste, daß es gemischt ist, und daß ich sozusagen auch eine Professorin über mir hätte.

Ein höherer Frauenprozentsatz würde – wie diese Physikerin meint – eine für Frauen angenehmere Arbeitsatmosphäre mit sich bringen. Dieser Meinung ist auch eine andere Physikerin, die zugleich glaubt, daß sich dies auch auf die Aufgabenstellung auswirken würde:

> Feiner wäre, wenn mehr Frauen da wären. [...] Wenn von den Dozenten einige Frauen wären, dann wäre das Klima ganz anders; weil Frauen würden dann auch

> Aufgaben stellen und würden sie frauenspezifisch stellen im Gegensatz zu den
> Aufgaben, die jetzt von Männern gestellt werden.

Allerdings kommt es auch vor, daß sich Frauen gegenseitig als Rivalinnen
betrachten. Im folgenden erörtern drei Frauen diese Problematik:

> A: Während ich Diplomarbeit gemacht habe, da war da eine zweite Frau und die
> hat sehr viel unternommen, um mir da das Leben so schwer wie möglich zu ma-
> chen.
> B: Wenn viele Männer und wenig Frauen sind, nimmt eine Frau doch eine besonde-
> re Stellung ein.
> C: Aber wenn eine Frau nicht darüber hinweg ist.
> A: Ich weiß nicht genau, was ihr Motiv war.
> B: Die eigene Position wird irgendwo bedroht und sie muß ihre Stellung behaup-
> ten. Aber wie du sagst, muß man darüber hinwegkommen. Was habe ich davon,
> wenn…
> C: Das Pachten der Inkompetenz. […] Jede andere Frau ist dann eine Konkurrentin.
> Die steht dann auch da und schaut das Gerät an: „Ich traue mich nicht." Das ist klar.

Aber auch wenn so manche Physikerin den Sonderstatus, den sie als
einzige Frau unter Männern hat, genießt und andere Frauen als Rivalinnen ansieht, bedauern doch die meisten der befragten Frauen diesen
Zustand. Denn die Begleiterscheinungen, die mit dieser Sonderstellung
verbunden sind, werden von vielen Frauen als sehr unangenehm empfunden. So können weibliche Bekleidungsstücke sehr viel Aufmerksamkeit
erregen, wie dies eine Physikerin folgendermaßen erfahren hat:

> Ich habe einmal eine kurze Hose angehabt und so ganz auffallende Strümpfe. Den
> ganzen Tag hat mich irgendwer auf die Scheiß-Strümpfe angesprochen. Also das ist
> unmöglich. Das tust du dann nicht mehr. Kommst dir ja blöd vor. Ich gehe ja nicht
> auf die Uni, damit ich auf die Scheiß-Strümpfe dauernd angesprochen werde. –
> Natürlich ziehst du sie an, weil du denkst, du bist hübsch damit. Kannst ja einmal
> hübsch sein wollen. Ist ja nicht so. Dann ist es blöd für mich.

Daraufhin erinnert sich eine andere Frau an ein ähnliches Erlebnis:

> Irgendwann einmal war auch so etwas […] Ich habe auch einmal so ein rotes Strick-
> kleid angehabt, ein kurzes. Und es haben gerade alle Leute fürchterlich geschimpft
> über die Werkstatt, und an dem Tag war ich gerade in der Werkstatt, weil ich etwas
> gebraucht habe; und habe das gleich gekriegt. Und das einzige, was ich zu hören
> gekriegt habe: „Du hast ja ein rotes Strickkleid an."

Wahrscheinlich ist dieser Sonderstatus von Physikerinnen und das damit
verbundene erhöhte Maß an Aufmerksamkeit ihnen gegenüber auch eine
Ursache für den Beweisdruck, den mehrere der befragten Frauen ansprechen, wie dies zum Beispiel in folgender Äußerung deutlich wird:

> Ich bemängle nicht die Physik. Die gefällt mir gut. Ich bemängle nur die Umstände.
> Erstens sind zu wenig Frauen draußen, und du wirst immer belächelt, ganz egal.

> Und du mußt dich halt dauernd beweisen. Und das ist etwas, was dir mit der Zeit
> halt auf den Wecker geht. [...] So denkst du dir jedes Mal, wenn du etwas machst,
> hoffentlich mache ich nichts falsch, sonst denken sich die anderen, ja ja typisch Frau.

Viele der befragten Frauen sind sich darin einig, daß ihnen als Frauen
weniger zugetraut wird als ihren männlichen Kollegen. Das mangelnde
Vertrauen Frauen gegenüber wird jedoch gemäß der Aussage einer Studentin kaum offen ausgesprochen. Dieser häufige, aber leise Zweifel am
praktischen Können der Frauen zeigt sich nur auf sehr subtile Weise. Eine
Studentin erzählt, daß hier alle Männer so emanzipiert wären, daß keiner
es wagen würde, „typisch Frau" oder etwas Ähnliches offen zu sagen,
wenn einer Frau etwas nicht gelingt. Allerdings würde man als Frau oft
durch den Gesichtsausdruck der Männer spüren, daß dieses Nicht-Gelingen häufig erwartet wird. Wenn jedoch eine Frau eine schwierigere Aufgabe tatsächlich geschickt erledigt, würde sie – so meint die Studentin –
von den dabeistehenden Männern explizite Bewunderung erhalten – in
Form von Äußerungen wie „Gut!" oder „Ahh!". Einem Mann würde in
derselben Situation keinerlei Bewunderung zuteil. Man erwartet sich also –
so interpretiert die Studentin selbst – von den Frauen weniger als von den
Männern und ist überrascht, wenn sie diese niedriger gesetzten Erwartungen übersteigen.

Eine Studentin, die im Rahmen einer Tutorenstelle Praktika betreut,
macht die Erfahrung, daß ihr gerade am Beginn dieser Praktika einige
junge Männer mit Skepsis begegnen. Der Zweifel an ihrem Können äußert
sich gemäß ihrer Aussage oft dadurch, daß die Männer Hemmungen
haben, sie etwas zu fragen. Erst wenn sie ihr Können unter Beweis gestellt hat, das heißt, wenn sie gezeigt hat, daß sie ihr „Handwerk" versteht, wird sie akzeptiert. Ein Mann muß ihrer Meinung nach solche Beweise nicht erbringen, denn ihm wird von vornherein mehr Vertrauen
entgegengebracht.

Eine andere Studentin machte ebenfalls die Erfahrung, daß sie ihr Können oft unter Beweis stellen mußte, um akzeptiert zu werden. Sie leitet –
ebenfalls im Rahmen einer Tutorenstelle – eine Übung. Während dieser
Übung werden ihr – sogar schon von Erst- und Zweitsemestrigen – des
öfteren Fragen gestellt, die ihrer Meinung nach nur dazu dienen, ihr
Wissen zu überprüfen. Dabei handelt es sich oft um besonders schwierige
Fragen, sodaß sie sich manchmal bewußt auf solche möglichen „Testfragen" vorbereitet.

Wieder einer anderen Frau fiel auf, daß sie als Frau von Seiten ihres
Professors weniger kritisiert wurde als ihre männlichen Kollegen. Sie
fühlte sich durch diese mangelnde Kritik in ihrem Lernprozeß behindert.

Der Zweifel am praktischen Können der Frauen kann sich jedoch auch
auf sehr zynische Weise äußern. Eine Frau erzählt, daß ihr bei einem
Praktikum vom Leiter der Tip gegeben wurde, daheim mit Wollfäden zu
üben, um die Verkabelung zu erlernen. Allerdings hat die betroffene Phy-

sikerin diesen „Ratschlag" bereits vor einigen Jahren erhalten und glaubt, daß solche Ratgeber heute auf mehr Kritik stoßen würden.

Physikstudentinnen müssen hin und wieder auch bei Praktika erfahren, daß die Frau gerne mit der Küche verbunden wird. Eine Studentin erzählt, daß manchmal – nur gegenüber Frauen – versucht wird, physikalisch-technische Inhalte am Beispiel von Küchengeräten zu vermitteln. Zum Beispiel wurde ihr, als sie bei einem Praktikum Probleme hatte, ein bestimmtes Gerät zu bedienen, in etwa der Tip gegeben: „Stellen Sie sich vor, dies ist eine Mikrowelle..." Dieser Tip war aber für sie keine Lernhilfe, sondern nur ein Ärgernis.

Allerdings gibt es im Labor auch Arbeiten, bei denen die Männer rein physiologisch begünstigt sind. Eine Studentin weist darauf hin, daß die Männer beim Auswechseln von schweren Gasflaschen oder beim Verrücken großer Kessel einen physiologisch bedingten Vorteil haben. Zudem weist diese Studentin darauf hin, daß Frauen einige Geräte anders konstruieren würden, daß es sich hier also um eine von Männern für Männer konstruierte Technik handelt. Einige Geräte sind für sie auch schwer erreichbar, sodaß sie „Streckübungen" machen muß, um an diese zu gelangen. Allein dadurch kann ein großer Mensch – zumeist ein Mann – eine solche Maschine viel souveräner bedienen.

Ein erfahrener Physiker kann zwei unterschiedliche Verhaltensweisen gegenüber Frauen beobachten:

> Ich habe so das Gefühl, es gibt da zwei Verhaltensweisen von Betreuern Diplomandinnen oder Dissertantinnen gegenüber. Einerseits kann man sie ablehnen und sie belächeln und nicht ernst nehmen und meinen, das bringen die eh nicht zusammen oder so, worauf sich die Frauen dann entweder einschüchtern lassen oder hoffentlich nicht, sondern dagegen ankämpfen. Die andere Seite der Medaille ist natürlich die, daß dann Frauen überbetreut werden, wie man manchmal den Eindruck hat. [...] daß versucht wird, dann alle Steine aus dem Weg zu räumen. Ich glaube, daß Frauen manchmal eher dazu neigen, überbetreut zu werden.

Letztlich sind aber beide Verhaltensweisen ein Ausdruck geringeren Vertrauens, welches Physikerinnen – in welcher Form auch immer – zumeist als sehr unangenehm empfinden.

Aber nicht nur das mangelnde Zutrauen und der damit verbundene Beweisdruck kann die Arbeitsatmosphäre für Frauen negativ beeinflussen. Auch der männliche Bezug zur Technik, der – wie bereits gezeigt – vielen Frauen fremd ist, beeinträchtigt des öfteren das Arbeitsklima. Eine Studentin meint, daß der emotionale Bezug zur Technik und zur Maschine bei Männern dazu führt, daß einige Männer auch sehr gerne über diese Thematik sprechen, wobei dies manchmal sogar zum einzigen Thema wird. Auch ich konnte beobachten, daß Männer in Kaffeepausen gerne verschiedene technische Effekte diskutieren, wobei sie diese technischen Effekte manchmal sogar körperlich demonstrieren oder durch die Nachahmung von Geräuschen. Die emotionale Anteilnahme scheint dabei sehr groß zu sein. Solche Diskussionen werden des öfteren bei abendlichen Treffen weitergeführt. So kann zum Beispiel ein Glas Bier dazu anregen, Berechnungsmöglichkeiten für das Absinken des Bierschaums zu suchen. Mehrere Frauen empfinden die vielen Diskussionen über technische Dinge als einseitig. Im folgenden beschreibt eine Physikerin, wie sehr sie sich durch diese einseitigen Diskussionen beengt fühlt:

> In jeder Mittagspause, in jeder Kaffeepause, überall, wo man auch sonst irgendwo zusammen war, immer ist über irgend etwas Arbeitsspezifisches geredet worden, selten etwas anderes. Vor allem beim Mittagessen; das war immer ein Wahnsinn. Da hast du keine Minute abschalten können, irgendwie dich erholen, vielleicht über irgend etwas anderes reden zur Entspannung. Nein, da wird wieder geredet, ob nicht ein neues Gerät kommt oder was weiß ich, was alles.

Aber nicht nur die Thematik dieser „Mittagsgespräche", sondern auch die Art, wie diese Diskussionen geführt werden, rufen in ihr ein Unbehagen hervor:

> Ja, bei solchen Gesprächen habe ich mich eigentlich nie beteiligt, weil – ich kann mich nicht beim Mittagessen damit beschäftigen, welches Gerät jetzt angeschafft wird. Das ist nicht nur ein fachliches Diskutieren, sondern halt auch so ein Angeben, daß der eine halt schon wieder am neuesten Stand ist und was der schon wieder weiß: „Ma, hast du schon gehört, jetzt gibt es wieder das und das Neue!" und so.

Diese Gesprächsweise erlebt sie als eine Ausgrenzung, auch wenn sie nicht aktiv ausgeschlossen wird:

> Also das ist etwas, da schließt du dich sofort irgendwie aus. Und da baust du dann irgendwie so eine Blockade auf; denkst du dir: „Na ja, gut, also das ist offensichtlich nicht meine Welt." Physik interessiert mich zwar. Aber ich kann nicht in dieser Art über die Dinge reden. Ich glaube aber auch, daß es anders möglich wäre. Aber das ist so halt eine ganz spezifische Technikerwelt, ein gewisser Schlag von Technik. – Und ich glaube, daß es den meisten Frauen so gegangen ist.

Die Physik ist gemäß obiger Aussage nicht notwendig mit diesen Verhaltens- und Gesprächsweisen verbunden, sondern diese sind auf die Überzahl von Männern zurückzuführen. Sogar einige Männer fühlen sich übrigens dadurch gestört. Für diese Physikerin ist das jedenfalls eine typisch männliche Umgangsform, mit der sie sich nicht identifizieren kann:

> Die [Männer] haben einfach so einen Umgang und deshalb ist es so. Und ich hätte halt anders getan. Und wenn dann alleine bist und sozusagen nie so handeln kannst, wie du selber handeln würdest, ist das irgendwie anstrengend oder – nicht optimal für mich. Ich sage jetzt nicht, daß man immer persönliche Probleme wälzen soll. Ich meine, ich gehe auf die Physik um zu arbeiten. Aber daß es überhaupt möglich ist zu integrieren.

Bei einem höheren Frauenanteil wäre sie nicht mehr alleine und es könnten sich wahrscheinlich auch andere Verhaltensweisen durchsetzen oder vielleicht würden sich die Verhaltensweisen überhaupt ändern.

Bei frauenspezifischen Problemen geht es also nicht um die Physik an sich, – was immer das heißen mag -, sondern darum, wie Physik praktiziert wird. Auch in folgender Äußerung wird deutlich, daß sich durch die männliche Überzahl bestimmte Verhaltensweisen durchsetzen können, mit denen sich Frauen häufig nicht identifizieren können:

> Es war prinzipiell das Klima. Es hat halt so mehrere Gruppen gegeben von Männern und ich war halt in einer drinnen. Das sind halt so Typen gewesen, die sind abends ein Bier trinken gegangen und hergekommen: „Hey kim, geh mit. Gehen wir ein Bier trinken. Gehen wir einen heben." oder wie sie es halt sagen. In so einem Ton, den Männer halt miteinander haben, also so einen Männerton, Gasthaus-, Biergartenton. Und in diesem Klima fühle ich mich einfach prinzipiell nicht wohl. Das ist einmal das erste. [...] Und demzufolge habe ich einmal sowieso nichts mit ihnen anfangen können, was für mich schon das erste Problem darstellt, weil ich brauche halt jemanden, mit dem ich mich identifizieren kann, bis zu einem gewissen Grad wenigstens, wenn ich wo arbeite.

Diese Physikerin spricht hier eine gewisse Kumpelhaftigkeit an, die unter Männern üblich ist, bei der sie sich aber nicht wohl fühlt. Demzufolge wird es für sie jedoch auch schwierig, sich mit der Physik, insbesondere mit der Arbeit im Labor zu identifizieren.

Frauen scheinen also nicht nur zur Maschine und den damit zusammenhängenden Diskussionen ein distanzierteres Verhältnis zu haben, sondern zum Labor überhaupt. Dies hängt jedoch wahrscheinlich mit der gesamten Arbeitsatmosphäre im Labor zusammen, welche Männern – allein durch ihre große Überzahl – im allgemeinen besser zu entsprechen scheint als Frauen.

Darauf weist auch Sharon Traweek hin, wenn sie zeigt, daß die Geschichten, die mit der Physik verbunden werden, Geschichten von Männern sind. In ihrem Buch „Beamtimes and Lifetimes. The World of High Energy Physicists" zeigt sie in einem Kapitel mit dem Titel „Pilgrim Process: Male Tales Told During a Life in Physics", daß die Geschichten, die sich Physiker im Laufe ihrer Karriere erzählen, von einem romantischen Heldentum handeln, mit dem sich Frauen nicht identifizieren können. So schreibt zum Beispiel ein Nobelpreisträger in seiner Biographie: „Writing this brief biography has made me realize what a long love affair I have had with the electron."[231] Sie kann dadurch zeigen, daß die typische Karriere eines Physikers mit männlichen Vorstellungen und Phantasien verbunden ist. Nicht nur die Maschine, sondern die gesamte Arbeitsatmosphäre im Labor scheint also Männern weitaus mehr Identifikationsmöglichkeiten zu bieten als Frauen.

---

[231] Sharon Traweek: *Beamtimes and Lifetimes*, S. 103.

4.6.4 Frau und Physik – ein Widerspruch?

Aus mehreren Erzählungen von Physikerinnen geht hervor, daß die Verbindung Frau und Physikerin nicht nur ungewohnt ist, sondern auch zu ganz spezifischen Spannungen führt. So glaubt eine Studentin, daß es für eine Frau in der Physik notwendig ist, sich „männlich" zu geben, um fachlich akzeptiert zu werden. Das heißt gemäß ihrer Aussage, daß es ein Fehler ist, als Frau hier Gefühle zu zeigen. Von solchen und ähnlichen kontrollierten Verhaltensweisen erzählen mehrere Frauen.

Diese kontrollierten Verhaltensweisen zeigen einerseits den Versuch, bestimmte als typisch weiblich angesehene Eigenschaften wie zum Beispiel Gefühlsbetontheit zu verdecken, andererseits sind sie auch eine Reaktion auf das geringere Zutrauen Frauen gegenüber, das viele der befragten Frauen ansprechen.

Wahrscheinlich sind gerade diese kontrollierten Verhaltensweisen auch ein Grund dafür, daß Physikerinnen des öfteren als „Mannweiber" oder – seriöser ausgedrückt – als „atypische Frauen" bezeichnet werden. Die Bezeichnung „Mannweib" interpretiert eine Physikerin folgendermaßen:

> „Mannweib" – das ist eine Definition, die Männer machen; um nicht schlecht dazustehen gegenüber Frauen. [...] Weil Männer ja prinzipiell nicht akzeptieren würden, daß Frauen besser sind als sie. [...] Aus diesem Grund werden Frauen als „Mannweib" abqualifiziert. Das sind also praktisch keine Frauen, daher nicht zu vergleichen. Also, so in die Richtung sehe ich das.

Aus solchen Bezeichnungen geht aber auch hervor, daß teilweise sehr fixierte Bilder von Frauen gemacht werden. Natürlich gibt es oft auch sehr fixe Vorstellungen von dem, was ein Mann ist bzw. sein soll. Aber diese Vorstellungen scheinen aus ganz bestimmten Gründen mit der Physik besser vereinbar zu sein als die stereotypen Frauenbilder.

Evelyn Fox Keller deutet den Widerspruch zwischen Frau und Physikerin folgendermaßen.[232] Sie zeigt, daß die Kategorien „männlich" und „weiblich" mit einem Mythos verbunden werden, und zwar wird dem Mann Objektivität, Verstand und Geist und der Frau Subjektivität, Gefühl und Natur zugeschrieben. Weiters zeigt sie, daß die Kriterien von Wissenschaftlichkeit den Kriterien von Männlichkeit entsprechen. Daraus folgert sie, daß Wissenschaft ein männlicher Entwurf ist und Wissenschaftlerinnen in Konflikt zu ihrer Weiblichkeit geraten.

Auch Dot Griffiths sieht in den Vorstellungen von Männlichkeit, die mit der Technik verbunden werden, einen aktiven bzw. passiven Ausschluß der Frauen:

> This masculinity of technology affects the exclusion of women both actively and passively. Passively, girls and women turn away from technology as a consequence

---

[232] Vgl. Keller: *Liebe, Macht und Erkenntnis*, S. 13.

of its sex-stereotyped definition as an activity appropriate for men. Actively, girls and women opt out of technology because they reject its goals and values: the development, for example of weapons of destruction, of boring and dehumanizing work processes and products designed with artificial obsolescence in mind.[233]

Zudem weist Griffiths darauf hin, daß die Wahl eines technischen Berufs einen Konflikt mit der Existenz als Frau bewirkt, den auch mehrere der befragten Physikerinnen angesprochen haben:

It is at this emotional crossroads that a girl has to choose whether to pursue technology. Most, as we have seen, do not. To choose technology means choosing – consciously or otherwise – to be different. It means choosing to enter an area in which there will be a conflict between subject choice and the girl's growing awareness of the requirements of femininity.[234]

Die Vorstellungen von Weiblichkeit scheinen sich also mit den Vorstellungen, die mit Technik verbunden werden, schwer vereinbaren zu lassen. Daher wird nur eine Frau, die sich den herkömmlichen Vorstellungen von Weiblichkeit nicht verpflichtet fühlt, ein technisches Studium bzw. einen technischen Beruf ergreifen. Diesen Zusammenhang zeigt auch Schinzel auf:

Für sie [Naturwissenschaftlerinnen und Technikerinnen] ist [...] gerade die Wissenschaft ein Ort, wo zumindest ideell die Frage der Geschlechter aus der Sicht gerät. Mehr noch ist ihre Bindung an die Wissenschaft gleichbedeutend mit ihrem Wunsch, die Geschlechterfrage überhaupt zu transzendieren. Ja, ihre Ablehnung weiblicher Klischees scheint eine Voraussetzung dafür zu sein, daß sie überhaupt Naturwissenschaftlerinnen oder Technikerinnen geworden sind.[235]

Aber auch wenn gerade Frauen, die Geschlechterideologien ablehnen, ein naturwissenschaftliches bzw. technisches Studium ergreifen, werden diese im Verlauf ihres Studiums doch – wie auch die Schilderungen der Physikerinnen zeigen – mit geschlechtsspezifischen Vorstellungen und Verhaltensweisen konfrontiert.

---

[233]   Dot Griffiths: „The exclusion of women from technology", S. 60.
[234]   Ebd., S. 64.
[235]   Britta Schinzel: *Warum Frauenforschung in Naturwissenschaft und Technik?*, S. 26.

5 Praktisches Wissen und Sprache

Im vorhergehenden Kapitel wurde versucht, anhand von Erfahrungen und Meinungen experimenteller Physikerinnen und Physiker einen Einblick in deren praktische Arbeit, insbesondere in die dabei auftretenden Probleme zu geben. Eine solche Beschreibung der Praxis kann natürlich niemals vollständig sein. Zum einen sind mit unserer Themenauswahl sicherlich nicht alle Problembereiche bei der Arbeit im Labor erfaßt. Zum anderen könnten diese Problembereiche sicherlich noch auf eine differenziertere Weise betrachtet werden. Gemeinsam mit PhysikerInnen könnte letztlich endlos über die experimentelle Arbeit reflektiert werden, da diese Praxis – genauso wie jede andere Praxis – einem stetigen Wandel unterworfen ist, wodurch sich auch die praktischen Probleme ändern. Zum Beispiel sind in einer Arbeitsgruppe in Innsbruck jetzt mehr Frauen als Männer, und dadurch sind auch – zumindest in dieser Arbeitsgruppe – die frauenspezifischen Probleme nicht mehr aktuell. Es wäre hier sogar sehr interessant, genauer zu schauen, was sich in dieser Gruppe durch den Frauenzuwachs geändert hat.

Das Ende dieser Form von Arbeitsforschung ist daher letztlich willkürlich. Aber auch wenn diese Forschung kein eigentliches Ende hat, – ausgenommen, wenn die zu untersuchende Praxis nicht mehr fortgeführt wird-, soll im folgenden doch versucht werden, einige allgemeinere Aussagen über praktisches Wissen, die sich aus dieser Fallstudie ableiten lassen und die zum Teil auch über diese Fallstudie hinausgehen, zu treffen. Insbesondere soll der Zusammenhang zwischen praktischem Wissen und Sprache erörtert werden, wobei auch Polanyis und Wittgensteins Praxiskonzepte, aber auch noch andere Untersuchungen in Betracht gezogen werden.

5.1 „Reines" Wissen in der Physik?

Die Vorstellung von moderner Wissenschaft ist bei uns eng verknüpft mit der an der Logik orientierten Vorstellung von einem „reinen" Wissen. Gerade die Physik gilt als Paradebeispiel für logisch-analytisches Faktenwissen. Was steht nun hinter dieser Vorstellung von einem „reinen Denken"? Damit setzt sich Brockmeier auseinander und zeigt, daß es sich bei der Auffassung von einem „reinen Denken" um die teleologische Denk-

form handelt, bei der „die konkreten Mittel zugunsten einer abstrakten
Bestimmung der Ziele intellektuell ausgeblendet werden."[236] Die Vorstellung vom „reinen Denken" basiert daher auf der Ausklammerung von
Geschichte und Kultur, von sinnlicher Erfahrung und auch auf der
Ausgrenzung des Mediums seiner eigenen Operationen, d.h. der schriftlichen Sprache. Aber gerade die Schrift ist – wie Brockmeier zeigt – eine
grundlegende Voraussetzung dafür, daß es überhaupt zur Idee eines „reinen Denkens" kommen konnte.

Der Begründer des „reinen Denkens" war gemäß Brockmeier Hegel,
der die Logik zur Idealform reinen Denkens erklärt:

> In der Logik haben wir es mit dem reinen Gedanken oder den reinen Denk
> bestimmungen zu tun. Beim Gedanken im gewöhnlichen Sinn stellen wir uns im
> mer etwas vor, was nicht bloß reiner Gedanke ist, denn man meint ein Gedachtes
> damit, dessen Inhalt ein Empirisches ist. In der Logik werden die Gedanken so
> gefaßt, daß sie keinen anderen Inhalt haben als einen dem Denken selbst angehö
> rigen und durch dasselbe hervorgebrachten. So sind die Gedanken reine Gedan
> ken. So ist der Geist rein bei sich selbst und hiermit frei, denn die Freiheit ist eben
> dies, in seinem Anderen bei sich selbst zu sein.[237]

Bereits die griechischen Begriffe des „Logos" und des „Mythos" spiegeln
den Gegensatz zwischen einer „reinen" Bedeutung und der Alltagsbedeutung wider. Der Mythos ist – wie Brockmeier zeigt – „wesentlich an
die erlebte Unmittelbarkeit gebunden" und dadurch „unauflöslich dem
Sinnlichen, Veränderlichen und Zeitlichen verhaftet".[238] Dieser erlebten
Unmittelbarkeit kann nur die mündliche Rede gerecht werden. Der Logos steht hingegen in engem Zusammenhang mit der Schrift und erzeugt
dadurch eine „eigenartige Entzeitlichung" und eine Distanz zum unmittelbaren Geschehen.[239] Damit zeigt sich im griechischen Begriff des Logos, den bereits Parmenides dem Mythos überordnet, eine Nähe zum
Ideal des „reinen Denkens".

Im „reinen Denken" wird jegliche Form von nicht-sprachlichem Wissen
negiert. Daher muß Wissen, das auf sinnlichen Erfahrungen beruht, zuerst
versprachlicht werden, um den Vorstellungen „reinen Denkens" zu entsprechen. Durch die Versprachlichung geht aber gerade das Moment der
Sinnlichkeit verloren. Diese Auflösung sinnlichen Wissens zeigt sich gemäß Brockmeier auch schon im Hegelschen Begriff der Reflexion: „Erst
wenn die zufällige und naturwüchsige Wahrheit des unmittelbaren Wis-

---

[236] Jens Brockmeier: *„Reines Denken". Zur Kritik der teleologischen Denkform*, Amsterdam: Grüner 1992, S. 11.

[237] Georg W. F. Hegel: Enzyklopädie der philosophischen Wissenschaften im Grundrisse (1830), Erster Teil. Die Wissenschaft der Logik, Werke in zwanzig Bänden, Bd. 8.
Frankfurt am Main: Suhrkamp 1970, § 24, S. 84 (Zitiert nach Brockmeier: *„Reines
Denken"*, S. 48).

[238] Brockmeier: *„Reines Denken"*, S. 69.

[239] Ebd., S. 70.

sens in einen qualitativ neuen Seinsmodus umschlägt und sich *ausspricht*, wird ihre Wahrheit geistfähig. Erst diese Umkehrung des sinnlich Unmittelbaren in das sprachlich Vermittelte bereitet den Weg für das, was Hegel Reflexion nennt [...]."[240] Sinnliches Wissen ist also kein Wissen, das den Vorstellungen moderner Vernunft entspricht.

Die völlige Abstraktion kann aber niemals gelingen, da auch die abstrakteste Idee „an ein Besonderes gebunden ist und gebunden bleibt: nämlich an dasjenige Besondere, durch welches es semiotisch repräsentiert wird und damit selbst materielle Existenz gewinnt."[241] Aber gerade „von der spezifischen Materialität der eigenen kognitiven und intellektuellen Mittel zu abstrahieren, scheint ein durchgängiger Zug der abendländischen Philosophie zu sein"[242]. Auf dieser Negierung jeglicher Materialität und Körperlichkeit basiert letztlich das „reine Denken".

Durch diese Ausgrenzung kommt Hegel auf einen Begriff geistiger Arbeit, der realer menschlicher Arbeit niemals gerecht werden kann:

> Indem das wirkliche Geschehen der materiellen Produktion auf dieses eine Moment [das Moment der subjektiven Zwecksetzung] reduziert wird, erscheint es nun nicht mehr als das, was es als menschlicher Arbeitsprozeß in der Tat ist, nämlich ein offener Zusammenhang konkreter Vermittlungen, in denen sich gegenständliche, ideelle, sinnliche und intellektuelle, objektive und subjektive, natürliche und kulturelle Bedingungen gegenseitig durchdringen.[243]

Der menschliche Arbeitsprozeß kann also nur als ein komplexer Zusammenhang verschiedenster Bedingungen verstanden werden und nicht auf ein bestimmtes Ziel reduziert werden. Das gilt auch für die praktische Arbeit in physikalischen Labors, bei der sowohl gesellschaftliche als auch sinnliche Erfahrungen von grundlegender Bedeutung sind, auch wenn diese innerhalb der Physik nicht abgehandelt werden. Aber auch die „reine" Theorie kann es in der Physik trotz ihres hohen Abstraktionsgrades nicht geben, da auch physikalische Theorien immer an ein konkretes Medium gebunden bleiben, nämlich an schriftliche Symbole.

5.1.1 Wissenschaft als kulturelle Praxis

Gerade in den Naturwissenschaften wird die Trennung zwischen Wissenschaft und Gesellschaft immer wieder betont, da ein gesellschaftsunabhängiges, „reines" Wissen angestrebt wird. Bei Betrachtung der wissenschaftlichen Praxis wird jedoch deutlich, daß Wissenschaft eine Lebensform darstellt, welche nicht von der übrigen Gesellschaft zu trennen ist.

---

[240] Ebd., S. 201.
[241] Ebd., S. 143.
[242] Ebd., S. 144.
[243] Ebd., S. 316.

Gerade die große Bedeutung der Zusammenarbeit für das Funktionieren eines Labors zeigt, daß wissenschaftliche Erkenntnisse in einem direkten Zusammenhang mit gesellschaftlichen Faktoren stehen. Noch deutlicher werden diese Zusammenhänge, wenn die Zusammenarbeit nicht funktioniert. Die Gründe dafür können – wie wir gezeigt haben – sehr vielfältig sein: die „Meister-Lehrling-Beziehung" kann gestört sein; die Kultur des Fragens kann nicht entwickelt sein; Traditionen können gebrochen werden; die Organisation kann nicht funktionieren durch fehlende „Zwischenglieder"; Wissen kann verloren gehen durch das Ausscheiden erfahrener Leute usw.[244] Auch frauenspezifische Probleme[245] können die Wissensaneignung und Wissensvermittlung sehr direkt beeinflussen und machen dadurch den Zusammenhang zwischen Wissenschaft und Gesellschaft offensichtlich.

Gemäß dem modernen Wissensideal, d.h. gemäß dem Ideal von einem „reinen" Wissen, werden jedoch diese Probleme als unwissenschaftlich ausgeklammert. Es bedarf daher einer pragmatischen Auffassung von Wissenschaft, um obige Probleme überhaupt als wissenschaftliche Probleme zu sehen.

Wissenschaft kann letztlich nur vor ihrem gesellschaftlichen Hintergrund verstanden werden. Die Verwobenheit von Wissenschaft und Gesellschaft ist jedoch nicht expliziter, sondern vielmehr impliziter Natur und kann daher mit dem rationalen Vernunftmodell überhaupt nicht erfaßt werden, sondern nur mit Praxiskonzepten, wie dem von Polanyi oder Wittgenstein. Hier sei an Wittgensteins Begriff der Lebensform erinnert, den Elisabeth List folgendermaßen auf die Wissenschaften bezieht: „Die Sprache der Wissenschaften, so läßt sich aus Wittgensteins Überlegungen folgern, beschränkt sich ebenfalls nicht auf das Abbilden von Gedanken oder Tatsachen, sondern ist eingebettet in Netze menschlicher Tätigkeiten, ein Bestandteil der Kultur, eine Lebensform unter anderen."[246]

Polanyi ist es selbst ein wichtiges Anliegen, die Zusammenhänge zwischen Wissenschaft und Kultur aufzuzeigen, wie dies Daly folgendermaßen beschreibt: „Polanyi pursues his relentless critique of positivism by showing that science cannot be isolated from other forms of human knowing, living, loving, valuing. He shows that science cannot be understood apart from the 'form of life' of the scientific community, and indeed of the rational human community in general."[247]

---

244 Vgl. Kap. 6.4.
245 Vgl. Kap. 6.6.
246 Elisabeth List: *Die Präsenz des Anderen. Theorie und Geschlechterpolitik.* Frankfurt am Main: Suhrkamp, S. 47f.
247 C.B. Daly: *Polanyi and Wittgenstein,* S. 151.

5.1.2 Sinnliche Gewißheit

Da der Begriff des Wissens so sehr an verbale Sprache gebunden ist, soll hier nicht von sinnlichem Wissen, sondern von sinnlicher Gewißheit gesprochen werden. Denn hier geht es um unmittelbar sinnliche Erfahrungen, welche gerade nicht sprachlicher Natur sind, obwohl sie in der Praxis wichtige Erkenntnisse bedeuten können. Bei dieser Form von praktischem Wissen, welches eine unmittelbare körperliche Erfahrung ist, kommt das implizite Moment am deutlichsten zum Ausdruck. Auch gemäß Polanyi ist das Wissen, das an den eigenen Körper gebunden ist, das Paradebeispiel für „tacit knowledge".

Die verschiedenen Formen sinnlicher Gewißheit bei der Arbeit an der Apparatur wurden im Kapitel „Beziehung Mensch-Maschine" herausgearbeitet. Dabei wurde deutlich, daß die Erkenntnisse der Gestaltpsychologie auch für das Hören, Fühlen und sogar Riechen gelten. Denn auch Töne, Gerüche und taktile Reize werden mit der Zeit zu bedeutungstragenden Einheiten, das heißt zu Gestalten in übertragenem Sinn, wie z.B. das Hören von Fehlerquellen, das Riechen von erhitzten Teilen, das „Herantasten" an bestimmte Einstellungen usw. Diese verschiedenen sensorischen Erfahrungen werden also mit der Zeit verinnerlicht oder – um mit Wittgenstein zu sprechen – die arbeitenden PhysikerInnen werden einfach vertraut mit ihnen.

Auch Polanyi hat – und darin zeigt sich sein physikalischer Hintergrund wieder sehr deutlich – gezeigt, daß es unmöglich ist, eine Maschine allein aufgrund von chemisch-physikalischem Wissen zu erkennen. Ein von uns befragter Physiker bringt dies folgendermaßen auf den Punkt: „Der Schmäh ist ja, daß wir zwar mit physikalischen Gesetzen hantieren, aber die Geräte sind nicht danach..." Dies machen auch die verschiedenen Fertigkeiten deutlich, die nicht durch explizite Regeln erworben werden können, aber sehr wohl zur Beherrschung physikalischer Apparaturen erforderlich sind, wie z.B. die Kunst des Messens, Fingerspitzengefühl bei der Bedienung bestimmter Geräte, das Erkennen von Problemen usw.[248] Diese Fertigkeiten kann sich jemand nur durch die konkrete Arbeit an der Apparatur, verbunden mit all ihren sinnlichen Qualitäten, aneignen.

Die Physik klammert – wie auch Polanyi zeigt – den Menschen als empfindendes Subjekt aus. Daher ist Wissen, das auf unmittelbar sinnlichen Erfahrungen beruht, physikalisch nicht erfaßbar. Erst wenn es die Form von Daten angenommen hat, kann es physikalisch diskutiert werden. Für einen „eingefleischten Physiker" gibt es deswegen – wie ein Diplomand zeigt – kein „Fingerspitzengefühl", sondern nur „so komplexe Daten, daß man das nicht mehr einfach darstellen kann, aber wenn man wollte, dann könnte man das". Allerdings gibt es einen, allein durch das Medium bedingten, grundlegenden Unterschied zwischen Daten und sinn-

---

[248] Vgl. Kap. 6.3.

lichen Erfahrungen, den die Physik mit ihrem Instrumentarium ignoriert. Aber auch wenn die Physik die sinnliche Erfahrung ausklammert, bedienen doch Physikerinnen und Physiker – wie gerade diese Fallstudie zeigt – ihre Apparaturen nicht gemäß physikalischen Gesetzen, sondern zumeist mit sehr viel Fingerspitzengefühl.

In diesem Zusammenhang ist es auch interessant zu erwähnen, daß naturwissenschaftliche Forschung durchaus so betrieben werden kann, daß die sinnliche Erfahrung bewußt integriert wird, wie dies am Beispiel von Goethes Farbenlehre deutlich wird. Goethe geht – im Gegensatz zu Newton, der die Natur im Experiment manipuliert – von den Phänomenen in ihrer natürlichen Ordnung aus, um so „das Phänomen in seiner ganzen Fülle und seinem Zusammenhang mit allem anderen sichtbar zu machen"[249]. Brockmeier und Treichel sehen daher in der Goetheschen Farbenlehre ein „Totalitätsverlangen", das sie folgendermaßen beschreiben:

> Sie [Goethes naturwissenschaftliche Bemühungen] belassen den Phänomenen der Welt und der sinnlichen Erfahrung, den Farben, Tönen und Gerüchen, ihre Besonderheit und Unvergleichlichkeit und definieren sie nicht im engeren Sinn synästhetisch, konstituieren aber gleichwohl das Bild eines von Analogien und Korrespondenzen zusammengehaltenen Universums. Denn nur dieses scheint eine glückhafte, von Kontingenzen befreite und mit Sinnbezügen erfüllte Welterfahrung zu gewährleisten. Eine Welterfahrung, die Goethe durch die neuere Physik und vor allem seinen Hauptkonkurrenten Newton gefährdet sieht und der er, wenn auch um den Preis eines wissenschaftlichen Irrtums, die „Mühe eines halben Lebens" geopfert hat.[250]

Aber letztlich ist natürlich auch Goethes Farbenlehre ein geschriebenes Werk, das heißt, daß seine sinnlichen Erfahrungen auf Buchstaben und Formeln – wenn er auch weniger Formeln als Newton benützt – reduziert werden.

5.1.3 Die „reine" Theorie?

Gemäß dem modernen Wissensideal werden gesellschaftliche und sinnliche Erfahrungen von vornherein ausgegrenzt, auch wenn dies natürlich praktisch nicht möglich ist. Zumeist wird nur in Bezug auf theoretisches Wissen, das in schriftlicher Form vorliegt, von einem „reinen" Wissen gesprochen. Das Medium der Schrift ermöglicht auch tatsächlich einen sehr hohen Abstraktionsgrad, denn durch die Schrift kann Wissen dargestellt werden, das weder an eine konkrete Zeit noch an einen konkreten Ort gebunden ist. Selbst von der Person des Wissenden wird das schrift-

---

[249] Veit Pittioni: *Goethe contra Newton*, Skriptum 1994, S. 125.
[250] Jens Brockmeier und Hans-Ulrich Treichel: „Worte, Klänge und Farben. Erkundungen in 'Synaesthesia'", in: *Die Chiffren Musik und Sprache. Neue Aspekte der musikalischen Ästhetik IV*, hrsg. v. H. W. Henze. Frankfurt am Main: Fischer 1990, S. 98.

lich dargestellte Wissen gelöst. Im Gegensatz dazu ist „das natürliche, orale Wort" unmittelbar an Zeit, Ort und Person gebunden und dadurch „Teil einer wirklichen existentiellen Gegenwart"[251].

Die Logik – und damit auch die Vorstellung von einem „reinen" Wissen – basiert letztlich auf der Schrift. Jack Goody und Ian Watt weisen darauf hin, „daß die Idee der 'Logik' – eines unveränderlichen und unpersönlichen Modus des Denkens – erst zur Zeit der ersten Kultur, in der eine alphabetische Schrift allgemein verbreitet war, entstanden zu sein scheint"[252]. Sie sprechen von einem „unmittelbaren Kausalzusammenhang von Schrift und Logik"[253], da erst „das geschriebene Wort ein Ideal definierbarer Wahrheiten nahelegt"[254].

Aber auch die Schrift ist an etwas Konkretes gebunden, nämlich an seine materielle Form, welche gerade die Abstraktion von Zeit, Ort und Person möglich macht. Jemand, der Wissen schriftlich darstellt, bleibt daher an das Medium der Schrift gebunden, obwohl er sich durch die schriftliche Darstellung von seinem Wissen löst. Durch die schriftliche Darstellung wird das Wissen objektiviert und die Einheit von Wissen mit der Person des Wissenden, welche gemäß Polanyi gerade implizites Wissen kennzeichnet, geht verloren. Dafür werden aber die schriftlichen Zeichen integriert und bilden eine neue Form von implizitem Wissen, welches sich auf die Handhabung schriftlicher Symbole bezieht.

Obwohl wir uns in dieser Fallstudie primär mit der Arbeit im Labor auseinandersetzten, wurden wir doch mit der Frage konfrontiert, ob denn nicht auch der Umgang mit Symbolen eine Praxis darstellt, welche auf implizitem Wissen beruht. Darauf hat bereits Polanyi eine sehr plausible Antwort gegeben, die ein theoretischer Physiker mit seiner persönlichen Erfahrung bekräftigt. Er zeigt, daß er einen sehr konkreten Bezug zu seinem Arbeitsmedium, d.h. hier vor allem zu schriftlichen Symbolen in Form von Zahlen und Formeln, hat, wenn er Formeln als sein „Werkzeug" betrachtet.[255] Noch deutlicher wird dieser konkrete Bezug, wenn er von der Ästhetik der Formel spricht:

> Für mich kann so eine Formel schön einfach sein. Das ist ein Harmoniebild dann. Das ist ja auch so, die Formulierung von Formeln, das überlegt man sich ja auch, wenn man jetzt die Formel anschreibt; z.B. daß gewisse Sachen hervorgehoben werden und auch einfach in der Art, wie man eine Formel dann anschreibt, wie man Symbole wählt. [...] Da kann man ja Sachen hervorheben, betonen, wie die

251 Walter J. Ong: *Oralität und Literalität. Die Technologisierung des Wortes.* Opladen: Westdeutscher Verlag 1987, S. 102.

252 Jack Goody und Ian Watt: „Konsequenzen der Literalität", in: *Entstehung und Folgen der Schriftkultur*, hrsg. v. J. Goody, I. Watt und K. Gough. Frankfurt am Main: Suhrkamp 1981, S. 88.

253 Ebd., S. 101.

254 Ebd., S. 100.

255 Vgl. Kap. 6.1.2.

Struktur z.B. ausschaut durch solche Sachen bei einer Formel. Ja, man kann persönlich sagen, sie hat eine gewisse Ästhetik, die Formel.

Um Symbole als konkret zu erfahren, reicht es aber nicht zu wissen, wie sie definiert sind. Vielmehr muß man wissen, wie Symbole gehandhabt werden, was nur durch den praktischen Umgang mit Formeln erlernbar ist und letztlich ein implizites Wissen darstellt. Im folgenden macht eine Diplomandin deutlich, daß das Wissen um den Gebrauch von Symbolen über die Kenntnis ihrer Darstellungsfunktion hinausgeht:

> Also wenn ich nur die Symbole habe, und die auswendig kann, nützen die mir nichts. Ich muß mit dem irgendwas verbinden, was diese Gleichung kann, was ich damit machen kann, wie sie sich verändert, wenn ich einen Parameter ändere, damit ich sie dann in einem konkreten Problem anwenden kann. Das ist ja meine Aufgabe. Ich lerne das ja nicht, damit ich das lerne und weiß, sondern damit ich das dann auf ein anderes Problem übertragen kann.

Beim Gebrauch von Symbolen kann zwar von der unmittelbar erfahrbaren Wirklichkeit abstrahiert werden, aber nicht vom Medium der symbolischen Repräsentation. Ein völlig körperloses, immaterielles, „reines" Wissen ist daher auch in der Theorie nicht möglich.

Die Idee von einer „reinen" Theorie wird aber nicht nur durch das konkrete Medium schriftlicher Zeichen widerlegt. Auch in den Köpfen von PhysikerInnen scheint es keine „reinen" Theorien zu geben. Denn auch wenn die Physik auf abstrakten Theorien beruht, scheint diese oft ihre Abstraktheit zu verlieren, wenn mit ihnen gearbeitet wird. Gerade Leute, die sich sehr intensiv mit bestimmten physikalischen Theorien beschäftigen bzw. häufig bestimmte physikalische Begriffe gebrauchen, verbinden mit diesen Theorien bzw. Begriffen oft sehr konkrete Vorstellungen. Im folgenden beschreibt ein Diplomand sein persönliches Bild, das er sich von Elektronen macht:

> Zum Beispiel stelle ich mir die Elektronen oder den Strom, den normalen Strom stell ich mir vor wie das Wasser, das von irgendwo weiter oben nach unten rinnt. So stelle ich mir die Elektronen vor, die rinnen so von einem höheren Potential zum niederen herunter, also gleich wie beim Wasser. Und die können schneller herunterfließen oder langsamer je nach Gefälle – wie beim Wasser.

Die Physik hat es häufig mit sehr unanschaulichen Teilchen zu tun, die gemäß der Aussage eines anderen Diplomanden nur mit Hilfe einer konkreten Anschauung begriffen werden können:

> Da braucht man Vorstellungen. Man kann sich die relativ einfach machen. Man braucht nur an das Golfspielen zu denken. Ein Ion ist ein geladenes Teilchen, das spürt eine Spannung, anziehend oder abstoßend. Wie bei einem Ball, der bei einer Hanglage hinaufrollt und dann wieder hinunterrollt, wie beim Golf [...]. Natürlich ist das nur sehr – anschaulich halt. Aber so kommt man praktisch hin.

Wenn er hier seine anschauliche Vorstellung mit einem „nur" abwertet, zeigt sich wieder die Macht der „reinen" Theorie. Aber praktisch wird – wie er selbst sagt – solch eine konkrete Vorstellung benötigt.

In folgender Äußerung eines Dissertanten wird deutlich, daß gerade jene Begriffe mit konkreten Vorstellungen verbunden werden, mit denen auch viel gearbeitet wird:

> Von einer elektromagnetischen Welle habe ich eine viel theoretischere Vorstellung als wie die Vorstellung, die ich von einem Atom habe, von einem Elektron von einem Cluster. [...] Für mich ist das etwas, was ich angreifen kann. Wenn ich von dem rede, habe ich ein Bild für mich, das vielleicht auch andere Leute mit mir teilen. Das ich in dem Sinn zu Papier bringen kann. Ich meine, ich kann keine elektromagnetische Welle zu Papier bringen; geht nicht. Dann wird das aufgeteilt in Realteil und Imaginärteil. Aber da steige ich total aus...

Mit Atomen, Elektronen und Clustern ist dieser Dissertant ständig beschäftigt, was dazu führt, daß sie für ihn bereits etwas sehr Konkretes sind, und er sogar das Gefühl hat, sie angreifen zu können, auch wenn er sie nicht tatsächlich angreifen kann. Bei einer elektromagnetischen Welle ist das bei ihm hingegen nicht der Fall. Von ihr hat er „eine viel theoretischere Vorstellung". Ob ein Begriff als abstrakt oder konkret erlebt wird, hängt also vom Bezug ab, den jemand zu diesem Begriff hat, das heißt letztlich, ob jemand mit diesem Begriff arbeitet oder nicht. Das wird auch in folgender Äußerung einer Ionenphysikerin deutlich:

> Für mich sind Ionen und Moleküle nicht abstrakt. Für mich sind Zahlen abstrakt, Zahlen schon. Aber Moleküle und so was eigentlich nicht. [...] Da hat jeder ein anderes Bild. Das ist ganz lustig, wenn man dann sieht, daß die einen diese Vorstellung haben, die anderen jene...

An diesen Beispielen wird deutlich, daß die Physik mitunter alles andere als abstrakt ist und – zumindest in den Köpfen vieler PhysikerInnen – eine sehr lebendige Seite hat.

5.1.4 Von der wissenschaftlichen Definition zum „wissenschaftlichen Alltagsbegriff"

Die StudentInnen haben vor ihrer Arbeit im Labor die Physik als eine sehr exakte Wissenschaft kennengelernt. Sie haben die verschiedenen physikalischen Termini studiert, die – abgesehen von den „Unschärfen" in der Quantentheorie – eindeutig und klar definiert sind. Die praktische Arbeit im Labor ist jedoch komplizierter und die eindeutig definierten Termini werden dabei vielfach unbrauchbar. So nützt zum Beispiel die Definition von Vakuum nichts bei der Produktion von einem Vakuum, wie dies ein

Physiker erfahren hat.[256] Ein anderer Physiker spricht von einem „Zusammenwachsen" und einer gleichzeitigen Erweiterung der theoretisch gelernten Begriffe durch die praktische Arbeit.[257] Aber auch die Probleme beim Übergang von der physikalischen Theorie in die experimentelle Praxis[258] sind in diesem Zusammenhang zu erwähnen, da diese Probleme auf eine gewisse Unzulänglichkeit der theoretisch gelernten Begriffe bei der praktischen Arbeit deuten.

Hier stellt sich die Frage, inwieweit sich mit zunehmender praktischer Erfahrung die Bedeutung der Worte ändert bzw. ob nicht in der Praxis die Wörter überhaupt eine andere Bedeutung haben als in der Theorie. Anhand obiger Beispiele läßt sich die Vermutung aufstellen, daß die theoretisch gelernten, klar definierten Begriffe durch die praktische Arbeit zu vagen, gebrauchsorientierten Begriffen werden. In der Praxis bekommen die Begriffe einen konkreten Kontext, mit dem sie dann verbunden werden. Dieser fehlt den definierten Begriffen, da gerade durch die Definition jeglicher Kontext ausgeschlossen wird. Kurz gesagt: die wissenschaftlichen, klar definierten Begriffe scheinen durch die praktische Arbeit den Charakter von Alltagsbegriffen im Wittgensteinschen Sinn zu bekommen. Im folgenden soll nun kurz auf Wygotskis und Lurijas Auseinandersetzung mit wissenschaftlichen Begriffen und Alltagsbegriffen eingegangen werden.

Wygotski kommt zu dem Schluß, „daß die Entwicklung der wissenschaftlichen Begriffe einen Weg geht, der dem der Entwicklung des spontanen Begriffs entgegengesetzt ist"[259]. Während der wissenschaftliche Begriff mit einer verbalen Definition beginnt, ist bei spontanen Begriffen, das heißt Alltagsbegriffen, diese bewußte Einsicht nicht gegeben. So kann ein wissenschaftlicher Begriff wie das archimedische Prinzip häufig leichter definiert werden als der Alltagsbegriff „Bruder". Dafür ist der Begriff „Bruder" mit vielen persönlichen Erfahrungen verbunden, was bei wissenschaftlichen Begriffen kaum der Fall ist. Die Stärke des Alltagsbegriffs ist also die Schwäche des wissenschaftlichen Begriffs und umgekehrt: „Gerade dort, wo sich der Begriff 'Bruder' als starker Begriff erweist, d.h. beim spontanen Gebrauch, bei seiner Anwendung auf viele konkrete Situationen, in seinem reichen empirischen Gehalt und in der Verbindung mit seiner persönlichen Erfahrung zeigt der wissenschaftliche Begriff seine Schwäche."[260] Wygotski stellt daher eine „unterschiedliche Beziehung des wissenschaftlichen Begriffs und des Alltagsbegriffs zum Objekt" fest. Ein Alltagsbegriff entsteht dadurch, „daß das Kind [und auch der Erwachsene] unmittelbar mit diesen oder jenen Dingen in Konflikt gerät",

---

[256] Vgl. Kap. 6.1.4.
[257] Vgl. Kap. 6.1.4.
[258] Vgl. Kap. 6.1.3.
[259] L.S. Wygotski: *Denken und Sprechen*. Frankfurt am Main: Fischer 1986, S. 251.
[260] Ebd., S. 252.

während die Entstehung eines wissenschaftlichen Begriffs „bei einer mittelbaren Beziehung zum Objekt" beginnt.[261]

Lurija, der sich auf Wygotski beruft, geht davon aus, daß diese beiden unterschiedlichen Begriffsbildungen auch mit unterschiedlichen Tätigkeiten verbunden sind, sodaß er den Übergang vom anschaulich-situativen zum logisch-begrifflichen Denken folgendermaßen erklären kann:

> Der Übergang vom anschaulich-situativen zum logisch-begrifflichen Denken ist zweifellos mit einer *tiefgreifenden Veränderung der Art der Tätigkeit* verbunden. Während ersterem die anschauliche, *praktische* Tätigkeit zugrunde liegt [...], basiert das begriffliche Denken offenbar auf der *theoretischen* Tätigkeit, die sich beim Kind mit dem Unterricht in der Schule herausbildet. Dieser Unterricht verläuft „nach dem Programm des Lehrers" und führt zur Bildung nicht von „Alltags-", sondern von „wissenschaftlichen" Begriffen.[262]

Wie sieht dann die Begriffsbildung bei Analphabeten aus? Mit dieser Frage setzte sich Lurija in einer Untersuchung bei analphabetischen Bauern in Usbekistan in den Jahren 1931/32 auseinander und kommt zum Schluß, daß bei diesen das Wort „den von ihm bezeichneten Gegenstand in ein wesentlich anderes System semantischer Beziehungen einbringt; daß es sein reales semantisches Feld in Richtung auf jene konkrete praktische Situation erweitert, an der dieser Gegenstand beteiligt ist."[263] Die usbekischen Bauern versuchten nicht, vorgegebene Gegenstände einer abstrakten Kategorie unterzuordnen; (z.B. entgegnet ein Bauer dem Vorschlag, die Gegenstände „Hammer", „Säge" und „Spaten" der Kategorie „Werkzeug" zuzuordnen, folgendermaßen: „Welchen Sinn hat es, sie mit einem Wort zu bezeichnen, wenn sie nicht zusammen arbeiten werden?!"[264]). Vielmehr stellten sie einen Zusammenhang zwischen diesen Gegenständen her, indem sie sich diese Gegenstände in konkreten praktischen Situationen vorstellten; (z.B. antwortet ein Bauer anstelle einer abstrakten Klassifizierung folgendermaßen: „Die Säge muß das Holzscheit zersägen, der Hammer muß schlagen, der Spaten muß zerkleinern, und damit er gut zerkleinert, ist der Hammer nötig!"[265]). Lurija kann nun weiter zeigen, daß sich diese praktische Form der Begriffsbildung durch den Erwerb der Schriftsprache ändert:

> Eine solche konkrete, praktische Form des Denkens ist jedoch nicht angeboren und ursprünglich gegeben, sie ist vielmehr *Ergebnis der bei diesen Vpn* [Versuchspersonen] *überwiegenden elementaren Formen der gesellschaftlichen Praxis* und ihres Analphabetismus. Die Veränderung der Praxis, die Einbeziehung der Menschen in

---

[261]   Ebd., S. 253.

[262]   Aleksandr R. Lurija: *Die historische Bedingtheit individueller Erkenntnisprozesse.* Weinheim: VCH, 1986, S. 78.

[263]   Ebd., S. 121.

[264]   Ebd., S. 84.

[265]   Ebd., S. 83.

vollkommenere Formen des gesellschaftlichen Lebens sowie der Erwerb der Schriftsprache – also kompliziertere Tätigkeitsformen – führen zu neuen Motiven und zu
einer raschen Umstrukturierung des Denkens, zur Aneignung theoretischer und
kategorialer Operationen, die früher für unwesentlich gehalten wurden.[266]

Die Untersuchungen von Lurija und Wygotski zeigen also, daß wissenschaftliche Begriffe und Alltagsbegriffe mit unterschiedlichen Tätigkeiten
verbunden sind. Wissenschaftliche Begriffe entspringen letztlich dem
Umgang mit schriftlichen Symbolen. Sie beruhen auf einer verbalen Definition, d.h. auf der Idee der Logik, welche erst die schriftliche Sprache
möglich macht. Alltagsbegriffe beziehen sich hingegen auf das unmittelbare Erfahren von Wirklichkeit, darauf – wie Wygotski sagt – daß man
„unmittelbar mit diesen oder jenen Dingen in Konflikt gerät". Die Alltagsbegriffe gehen daher den wissenschaftlichen Begriffen voraus und sind
sozusagen die natürliche Form von Begriffen. Das Kind muß zuerst die
Schriftsprache erlernen, um überhaupt wissenschaftliche Begriffe zu verstehen, und für Analphabeten bleiben wissenschaftliche Begriffe sinnlos,
wie Lurijas Untersuchungen auf sehr anschauliche Weise zeigen.

Beim Studium der experimentellen Physik scheint es nun – zumindest
ansatzweise – zu einer umgekehrten Entwicklung zu kommen. Physikerinnen und Physiker, die mit der praktischen Arbeit im Labor beginnen,
haben ihr theoretisches Studium mehr oder weniger abgeschlossen und
sind dadurch mit dem logischen Denken und dem Definieren von Begriffen sehr vertraut. Bei der praktischen Arbeit begegnen ihnen nun aber
einige der in Form von Definitionen erlernten Begriffe in konkreten Situationen, wie z.B. der Begriff „Vakuum". Jetzt geht es aber nicht mehr
darum, Vakuum schriftlich zu definieren, sondern darum, Vakuum praktisch herzustellen. Diese neue Tätigkeit führt nun auch zu einem neuen
Begriff von Vakuum. Im folgenden kontrastiert ein Physiker – wie bereits
weiter vorne zitiert – den Begriff von Vakuum als Definition mit der
Vorstellung von Vakuum, welche er durch seine praktische Arbeit im
Labor gewonnen hat:

Ein Vakuum ist ein theoretischer Begriff, den ich einfach in Zahlen ausdrücke mit
einer gewissen Dichte. [...] Vakuum ist immer eine geringere Dichte als der Raum-
druck, also der Druck bei Raum- oder Standardbedingungen, – das definiert man
dann halt als Vakuum. Man kann sagen, ja da irgendwo im Universum draußen hat
es die und die Dichte, ja, im Mittel 10 hoch irgendwas Teilchen pro cm³. Was das aber
wirklich bedeutet und was das ist, das muß man vielleicht im Labor erfahren, weil
man muß mit dem ja arbeiten, man muß ja Vakuum produzieren, man muß wissen, welche Schwierigkeiten man hat. Das hat mit dem Theoretischen eigentlich
nicht so viel zu tun. [...] Also ich sehe, wenn ich über Vakuum nachdenke, wenn ich
laborbezogen über das nachdenke, immer die Produktion von einem Vakuum. Ich
sehe da immer sehr stark miteingeschlossen sicher die dazu notwendigen Geräte,
das wären in dem Fall die Pumpen. Welche Bereiche die überdecken, wie du die

---

[266] Ebd., S. 104.

aneinanderreihen mußt, daß ich also stufenförmig, in einem Stufenprinzip, an das Vakuum herankomme, das ich haben möchte. Wo dann einfach wirklich eine Grenze ist, weiter kann ich so mit den gängigen Dingen nicht kommen.

Dieser Physiker verbindet mit dem Begriff Vakuum eine konkrete Situation, mit der er durch seine praktische Tätigkeit im Labor, d.h. durch das Produzieren von Vakuum vertraut geworden ist. Er stellt sich also Vakuum – ähnlich wie die usbekischen Bauern die ihnen vertrauten Begriffe – in einer praktischen Situation vor. Das heißt – logischerweise – nicht, daß die Definition deswegen falsch ist. Aber sie ist bei der Produktion von einem Vakuum unbrauchbar, wie dies auch obiger Physiker erfahren hat. Denn Definitionen sind letztlich keine praktischen, sondern formale Wahrheiten, die eng mit dem Medium der geschriebenen Sprache verbunden sind und daher beim Arbeiten mit greifbarer Wirklichkeit ihre Bedeutung verlieren. Begriffe, die das Medium der Schrift verlassen und in einem konkreten Situationszusammenhang verwendet werden, haben einen Kontext. Sie werden mit Handlungen verbunden und bekommen erst in dieser Verbindung Bedeutung. Die definitorisch bestimmten Wesensbegriffe werden also durch die praktische Arbeit zu „wissenschaftlichen Alltagsbegriffen".
Der experimentelle Physiker muß jedoch wieder zurück zu den schriftlichen Symbolen und damit auch zu den definitorisch bestimmten Begriffen. Bereits seine Meßergebnisse liegen in schriftlicher Form vor. Aber wahrscheinlich lassen sich viele anfängliche Schwierigkeiten bei der Arbeit im Labor durch diesen Wechsel des Arbeitsmediums, der auch mit einer neuen Begrifflichkeit verbunden ist, erklären.

5.2 Wissen als Fertigkeit

Bruner und Olson zeigen, daß Wissen immer zwei Aspekte hat: „Information über die Welt und Information über die Aktivität zur Gewinnung dieses Wissens."[267] Diese unterschiedlichen Aspekte spiegeln gemäß Bruner und Olson die Begriffe „Wissen" und „Fertigkeit" bzw. „Fähigkeit" wider, wobei sich „Wissen" auf die Information über die Welt und „Fertigkeit" bzw. „Fähigkeit" auf die Aktivität zur Gewinnung dieses Wissens bezieht. Diese Unterscheidung entspricht in etwa jener von Polanyi zwischen explizitem und implizitem Wissen und kommt auch Ryles Begriffen „knowing that" und „knowing how" übersetzt mit „Wissen" und „Können"[268], sehr nahe.

---

[267] Jerome S. Bruner und David R. Olson: „Symbole und Texte als Werkzeuge des Denkens", in: *Die Psychologie des 20. Jahrhunderts. VII Piaget und die Folgen.* Zürich: Kindler 1978, S. 308.
[268] Vgl. Gilbert Ryle: *Der Begriff des Geistes.* Stuttgart: Reclam 1969, S. 26.

Gerade der Aspekt der Fertigkeit, das „knowing how", welches eng an das jeweilige Arbeitsmedium gebunden ist, wird aber in der modernen Wissenschaft ignoriert. Hier geht es nur um propositionales Wissen, um das „knowing that", d.h. um Wissen, das in Form von Sätzen dargestellt wird. Aber auch die Darstellung beruht letztlich auf einer Fertigkeit. Denn um etwas darstellen zu können, muß der Umgang mit Symbolen beherrscht werden. Ein völlig „reines" Wissen kann es – wie bereits gezeigt – nicht geben. Daher beruht letztlich jegliche Form von Wissen auf einer Fertigkeit, welche wesentlich implizit ist.

Wir haben bereits verschiedene Fähigkeiten und Fertigkeiten bei der Arbeit im Labor beschrieben. Im folgenden wird nun versucht, allgemeinere Aussagen über den Aspekt der Fertigkeit zu machen.

5.2.1 Unterschiedliche Medien – unterschiedliche Fertigkeiten

Je nachdem mit welchem Medium gearbeitet wird, kommt es zur Entwicklung unterschiedlicher Fertigkeiten. So führt der Umgang mit Werkzeug zu handwerklichen Fertigkeiten und der Umgang mit Symbolen – je nachdem mit welchen Symbolen operiert wird – zu mathematischen bzw. sprachlichen Fertigkeiten. Auch das Erlernen bestimmter Musikinstrumente, Schi zu fahren, Fußball zu spielen, zu kochen kann – wie noch so vieles andere mehr – auf diese Weise erklärt werden. In der experimentellen Physik werden sowohl symbolische Fertigkeiten benötigt, als auch experimentelle Fertigkeiten, die sich durch den Umgang mit physikalischen Apparaturen entwickeln. Aber es werden auch Fähigkeiten gebraucht, die sich im Umgang mit Menschen entwickeln, selbst wenn in der „offiziellen" Physik der Mensch ausgeklammert wird, wie z.B. Teamarbeit. Auch die Fähigkeit, „sich repräsentieren zu können" bzw. „sich verkaufen zu können" sind – wie ein erfahrener Physiker meint[269] – für die physikalische Laufbahn sehr wichtig.

Eine Fertigkeit bezieht sich immer auf ein ganz konkretes Medium und stellt eine Tätigkeit dar: mit dem jeweiligen Medium wird etwas getan, mit den verschiedenen Werkzeugen im weiteren Sinn wird operiert. Gerade durch dieses Moment der Anwendung ist eine Fertigkeit notwendig implizit. Es kommt – um auf Polanyis Begriffe wieder zurückzugreifen – zur Verinnerlichung des Mediums, mit dem gearbeitet wird. Es wird zu einem Teil von uns selbst und dadurch auch nicht mehr bewußt wahrgenommen. Dieser Integrationsakt kann sich – wie Polanyi zeigt[270] – sowohl auf sinnlich wahrgenommene Gegenstände als auch auf Wörter beziehen.

Auch wenn die Verinnerlichung auf alle Formen von Fertigkeiten zutrifft, so besteht doch ein großer Unterschied zwischen Fertigkeiten, die

---

[269] Vgl. Kap. 6.3.5.
[270] Vgl. Kap. 3.1.3.

sich durch die unmittelbare Auseinandersetzung mit greifbarer Wirklichkeit entwickeln, und Fertigkeiten, die sich auf den Umgang mit Symbolen beziehen. Dieser Unterschied liegt vor allem im unterschiedlichen Bezug zur Lebenswelt. Das Arbeiten mit Symbolen ermöglicht keinen unmittelbaren, sondern nur einen über Symbole vermittelten Bezug zur Lebenswelt. Dadurch kommt es auch zu einer unterschiedlichen Inanspruchnahme der verschiedenen Sinnesorgane. So werden zum Beispiel beim gekonnten Umgang mit physikalischen Apparaturen – eine Auseinandersetzung mit unmittelbar greifbarer Wirklichkeit – sämtliche Sinnesorgane benötigt, während dies beim Umgang mit Symbolen nicht der Fall ist. Der Umgang mit Symbolen ermöglicht daher nur ein auf schriftliche Symbole reduziertes Erfahren von Wirklichkeit. Dafür sind die Möglichkeiten in symbolisierten Wirklichkeiten grenzenlos.

Um den Unterschied zwischen dem Umgang mit Symbolsystemen und dem Umgang mit unmittelbar greifbarer Wirklichkeit noch deutlicher zu machen, sei noch einmal an Lurijas Untersuchung in Usbekistan erinnert. Darin zeigt er, daß der Erwerb der Schriftsprache, d.h. das Erlernen des Umgangs mit schriftlichen Symbolen, zu einer „theoretischen Tätigkeit" führt, die vorher überhaupt nicht möglich war, da der Analphabet kein Werkzeug hat, von der unmittelbar praktischen Situation zu abstrahieren:

> Der Erwachsene, der sich zeitweise von der unmittelbaren praktischen Tätigkeit losgerissen hatte und sich auf die Schulbank setzte, begann Methoden einer Tätigkeit zu erlernen, die man trotz ihrer Einfachheit als „theoretische" Tätigkeit bezeichnen muß. Der Mensch machte sich mit den Anfangsgründen des Schreibens und des Lesens vertraut, wodurch er gezwungen war, die lebendige Sprache in ihre Elemente zu zerlegen und sie in einem System vereinbarter Zeichen zu kodieren. Er eignete sich den Zahlbegriff an, der bis dahin für ihn lediglich in die unmittelbare praktische Tätigkeit eingeschlossen war, nun aber abstrakten Charakter annahm und zum Gegenstand einer speziellen Lerntätigkeit zu werden begann. Dieser Mensch erwarb sich nicht nur neue Wissensgebiete, sondern – was sehr wichtig ist – auch *neue Tätigkeitsmotive*.[271]

Diese theoretische Tätigkeit bedeutet zunächst einmal einen enormen Erkenntnisgewinn, denn er „führt zu einer gewaltigen Erweiterung der Erfahrung, zur Erfassung einer unermeßlich größeren Welt, in der der Mensch zu leben beginnt"[272]. Möglich wird diese Gewinnung von Erkenntnissen jenseits der unmittelbar praktischen Erfahrung durch das Herstellen von abstrakten Zusammenhängen zwischen Symbolen:

> Die Entstehung verbal-logischer Kodes, auf deren Grundlage die wesentlichen Merkmale der Gegenstände abstrahiert und diese allgemeinen Kategorien zugeordnet werden können, führt zur Herausbildung komplizierterer Denkwerkzeuge. Letztere ermöglichen es, Schlußfolgerungen aus gegebenen Voraussetzungen ab-

---

271 Lurija: *Die historische Bedingtheit individueller Erkenntnisprozesse*, S. 36.
272 Ebd., S. 184.

zuleiten, ohne auf die unmittelbare anschaulich-praktische Erfahrung zurückgreifen zu müssen, sowie neue Erkenntnisse auf diskursivem, verbal-logischem Wege zu gewinnen. Gerade diese Fähigkeit gewährleistete den Übergang von der sinnlichen zur rationalen Erkenntnis.[273]

Analphabeten ist das logische Schlußfolgern – wie Lurija anhand anschaulicher Beispiele zeigen kann[274] – nur dann möglich, wenn von der persönlichen Erfahrung ausgegangen wird. Denn ihr Denken, das sich nicht von der unmittelbaren anschaulich-praktischen Erfahrung zu lösen vermag, ist durch folgende Merkmale charakterisiert: „Striktes Verneinen der Möglichkeit, einen Schluß aus einer Behauptung abzuleiten, in der nicht die eigene Erfahrung enthalten ist, Mißtrauen gegenüber jeder beliebigen logischen Operation, wenn sie rein theoretischen Charakter trägt, aber Anerkennung der Möglichkeit, Schlüsse aus der eigenen praktischen Erfahrung zu ziehen."[275]

Goody und Watt weisen darauf hin, daß „der Syllogismus und die aristotelischen Kategorisierungen der Erkenntnis aufgrund ihrer Abstraktheit kaum unmittelbare Entsprechungen zur Alltagserfahrung aufweisen", denn der „Syllogismus läßt die soziale Erfahrung und den unmittelbaren persönlichen Lebenszusammenhang eines Individuums außer acht"[276]. Die Alltagserfahrung läßt sich also nicht den Gesetzen der Logik unterordnen. Gerade die Logik ermöglicht aber ein selbstän-

---

[273] Ebd., S. 123.

[274] Z.B. wird einem 37jährigen analphabetischen Bauern folgender Syllogismus gegeben: „Im hohen Norden, wo Schnee liegt, sind die Bären weiß. Nowaja Semlja liegt im hohen Norden, und dort ist immer Schnee. Welche Farbe haben dort die Bären?"
Auf diesen Syllogismus reagiert obiger Bauer folgendermaßen:
„Es gibt verschiedene Tiere."
Der Syllogismus wird wiederholt.
„Ich weiß nicht, ich habe mal einen schwarzen Bären gesehen, andere noch nicht... Jede Gegend hat ihre Tiere; wenn die Gegend weiß ist, sind sie weiß, wenn sie gelb ist, dann sind sie gelb."
Nun, und auf Nowaja Semlja haben die Bären welche Farbe?
„Wir sprechen nur über das, was wir gesehen haben, von dem, was wir nicht gesehen haben, reden wir nicht."
Aber was folgt aus meinen Worten?
Der Syllogismus wird wiederholt.
„Die Sache ist doch so: Euer Zar ist unserem Zaren nicht ähnlich und unser Zar nicht dem euren. Auf ihre Worte kann nur jemand antworten, der das gesehen hat. Wer es nicht gesehen hat, kann dazu nichts sagen."
Nun, aus meinen Worten, daß im Norden, wo immer Schnee liegt, die Bären weiß sind, kann man schließen, daß es auf Nowaja Semlja was für Bären gibt...?
„Wenn ein Mensch 60 oder 80 Jahre alt ist und er hat einen weißen Bären gesehen und sagt das, dann kann man ihm glauben. Aber ich habe noch keinen gesehen und kann deshalb nichts dazu sagen. Das ist mein letztes Wort. Wer es gesehen hat, der sagt es, wer nichts gesehen hat, kann nichts sagen." (Ebd., S. 129f.)

[275] Ebd., S. 129.

[276] Goody und Watt: „Konsequenzen der Literalität", S. 110f.

diges Arbeiten mit Symbolen, unabhängig von der unmittelbar erfahrbaren Wirklichkeit.

Aber auch wenn die theoretische Tätigkeit ein großer Erkenntnisgewinn
ist, so wird gerade in dieser Fallstudie deutlich, daß sie praktische Fertigkeiten nicht ersetzen kann. Denn die Beherrschung physikalischer Theori-
en, welche sicherlich eine sehr intensive theoretische Schulung voraus-
setzt, garantiert keineswegs den Umgang mit physikalischen Apparaturen.
Obwohl es also in Theorien um allgemeingültige Aussagen geht, sind
theoretische Fertigkeiten keine universellen Fertigkeiten, sondern nur
eine unter vielen. Aber gerade das wird – wie im folgenden Kapitel
gezeigt werden soll – vielfach nicht gesehen.

5.2.2 Verwechslung von Fertigkeiten

Oft wird der grundlegende, durch das Medium bedingte Unterschied
zwischen Symbolen und dem, was sie symbolisieren, nicht erkannt. Das
führt dazu, daß der gekonnte Umgang mit Symbolen mit dem gekonnten
Umgang mit dem, was sie symbolisieren, verwechselt wird. Das heißt,
theoretische Fertigkeiten und praktische Fertigkeiten werden nicht aus-
einandergehalten.

Dieser Irrtum zeigt sich vielfach in der schulischen Wissensvermittlung, wenn Wissen durch Bücher, d.h. in Form schriftlicher Symbole
vermittelt wird. Bruner und Olson beschreiben dieses Mißverständnis
folgendermaßen:

> [...] die Schulen haben sich dem Lehren und Lernen außerhalb des Kontexts der
> Handlung und durch vorwiegend symbolische und aus dem Kontext gelöste Medi-
> en zugewendet. Dieser Unterricht widerspiegelt eine „naive Psychologie", die auf
> der allgemeinen Annahme beruht, daß die Wirkung der Erfahrung als Wissen ver-
> standen werden kann, daß Wissen etwas Bewußtes sei und daß es in Wörter über-
> setzt werden könne.[277]

Bei der symbolischen Wissensvermittlung wird also davon ausgegangen,
daß alles Wissen die Form von Sätzen hat. Folglich kann auch praktisches
Wissen, d.h. Wissen, welches aus der Auseinandersetzung mit erfahrbarer
Wirklichkeit gewonnen wurde, sprachlich vollständig dargestellt und auf
diese Weise vermittelt werden. Die Darstellung von Erfahrung wird also
der erlebten Erfahrung gleichgesetzt. Dadurch verliert der Akt der Erfahrung an Bedeutung: „Je mehr die Wirkungen der Erfahrung mit der Anhäufung von Wissen gleichgesetzt wurden, für desto weniger wichtig
wurde der Akt der Erfahrung gehalten."[278] Dabei wird jedoch der grundlegende Unterschied zwischen symbolischer Darstellung und Erfahrung

---

[277] Bruner und Olson: „Symbole und Texte als Werkzeuge des Denkens", S. 306.
[278] Ebd., S. 306.

übersehen. Auf Symbole reduzierte Erfahrungen können einfach nicht mehr als einen reduzierten Eindruck von Erfahrungen vermitteln: „Man weiß aber, daß das Ausmaß, in dem eine solche symbolische Repräsentation die normale Erfahrung ersetzen oder gar ausdehnen kann, stark beschränkt ist. Als eine Art Zusammenfassung von Erfahrung sind solche Repräsentationen sehr aussagekräftig. Aber 'Test' als Ersatz für Beobachtung oder Erfahrung zu verwenden, ist ganz einfach absurd."[279]

Daß Erfahrungen nicht durch symbolische Darstellungen ersetzt werden können, wurde auch in dieser Fallstudie deutlich. Denn das Erlernen des Umgangs mit physikalischen Apparaturen kann unmöglich mittels Bücher erlernt werden. Dazu bedarf es unbedingt praktischer Erfahrung. Selbst das gesamte chemisch-physikalische Wissen kann – wie Polanyi zeigt – diese praktische Erfahrung nicht ersetzen. Da es sich bei der theoretischen und bei der praktischen Tätigkeit um zwei grundverschiedene Tätigkeiten handelt, ist es auch nicht verwunderlich, daß die meisten Studenten und Studentinnen den Beginn ihrer Arbeit im Labor als eine einschneidende Wende in ihrem Studium erleben, die manchmal auch mit Frustrationen verbunden ist. Denn die durch das Studium physikalischer Theorien sehr entwickelten theoretischen Fertigkeiten nützen nichts, um komplexe Maschinen zu beherrschen.

Die Beherrschung einer Fertigkeit erfordert auch nicht die zusätzliche Fähigkeit, sie sprachlich darstellen zu können. Gerade das wird aber vielfach angenommen. Ryle spricht in diesem Zusammenhang von der „intellektualistischen Legende" und beschreibt diese folgendermaßen: „Ganz allgemein gesprochen, macht die intellektualistische Legende die absurde Annahme, jede Verrichtung, welcher Art auch immer sie sei, erwerbe ihren gesamten Anspruch auf Intelligenz von einer vorausgehenden inneren Planung dieser Verrichtung."[280] Diese Annahme widerlegt Ryle folgendermaßen:

Der entscheidende Einwand gegen die intellektualistische Legende ist also dieser. Das Erwägen von Sätzen ist selbst eine Tätigkeit, die mehr oder weniger intelligent, mehr oder weniger dumm ausgeführt werden kann. Aber wenn zur intelligenten Ausführung einer Tätigkeit eine vorhergehende theoretische Tätigkeit nötig ist, und zwar eine, die intelligent ausgeführt werden muß, dann wäre es logisch unmöglich, daß irgend jemand in diesen Zirkel eindringen könnte.[281]

Auch die „intellektualische Legende" beruht auf der Vorstellung, daß alles Wissen die Form von Sätzen hat. Diese Vorstellung führt letztlich zu einer einseitigen Schulung theoretischer Fertigkeiten. Bruner und Olson glauben, daß die modernen Schulen gerade dadurch „unwissentlich einen neuen Typ der intellektuellen Kompetenz geschaffen haben *könnten*", näm-

---

[279] Ebd., S. 312.
[280] Ryle: *Der Begriff des Geistes*, S. 35.
[281] Ebd., S. 34.

lich die verbale Intelligenz: „Aber könnte es denn nicht sein, daß die Betonung des von Texten entnommenen Wissens ihre eigene Gruppe von Fertigkeiten schafft, Fertigkeiten der Übersetzung von Erfahrung in Symbolsysteme und von symbolischen Botschaften in stellvertretende Erfahrung? [...] Diese Fertigkeit könnte nichts weniger sein als verbale Intelligenz."[282] Allerdings handelt es sich dabei um eine Fertigkeit, die „unwissentlich" geschaffen wurde, da sie auf einer Verwechslung von Fertigkeiten beruht. Diese Verwechslung kann sich sehr negativ auswirken, wenn in Berufsausbildungen anstelle der berufsspezifischen Fertigkeiten verbale Intelligenz gelehrt wird.

5.2.3 Die Anwendung als notwendig implizites Wissensmoment

Fertigkeiten, die immer Tätigkeiten sind, stellen kein Wissen in Sätzen dar, sondern beruhen auf einem Moment der Anwendung. Der Versuch, die Praxis vollständig zu regeln, kann daher nicht gelingen, denn er würde letztlich zu einem endlosen Regress von Regeln führen, der gerade die Anwendung verhindert. Das Moment der Anwendung ist daher wesentlich implizit.

Wittgenstein beschreibt dieses wesentliche implizite Moment jeder Praxis mit seinem Begriff vom Befolgen einer Regel, welches gerade nicht auf expliziten Regeln beruht, sondern auf Beispielen.[283] Auch die Sprache kann er auf diese Weise erklären. Denn Sprache wird nicht durch explizite Regeln erlernt, sondern durch Beispiele, das heißt durch das Leben in einer bestimmten Kultur. Die Bedeutung eines Wortes liegt daher gemäß Wittgenstein einfach in seinem Gebrauch, und der Gebrauch läßt sich nicht vollständig regeln.

Polanyi versucht das notwendig implizite Moment jeder Praxis durch den Akt der Integration zu verdeutlichen. Ausgehend von den Erkenntnissen der Gestaltpsychologie zeigt Polanyi, daß Wissen bzw. Erkennen eine aktive Formung von Erfahrung ist, welche dem Sehen einer Gestalt nahe kommt. Genau diese Formung bzw. Integration ist aber nicht genauer spezifizierbar und daher letztlich implizit. Es gilt also auch hier folgender Satz aus der Gestaltpsychologie: „Das Ganze ist mehr als die Summe seiner Teile", wobei diese „Mehr" nicht explizit formulierbar ist, sondern nur implizit zum Ausdruck kommt.

Gemäß Polanyi beruht jede Form von Wissen auf einem Akt der Integration, der sich auf das jeweilige Arbeitsmedium bezieht, das heißt sowohl Symbole als auch handwerkliche Gegenstände werden – wie noch vieles andere mehr – bei ihrem Gebrauch verinnerlicht. Auch Bruner zeigt, daß jeder Fertigkeit eine eigene Integrität, verbunden mit einer eigenen

---

[282] Ebd., S. 307.
[283] Vgl. Kap. 3.2.4.

Realität, zugrunde liegt: „Each particular way of using intelligence develops an integrity of its own – a kind of knowledge-plus-skill-plus-tool integrity – that fits to a particular range of applicability. It is a little 'reality' of its own that is constituted by the principles and procedures that we use within it."[284] Auch den symbolischen Fertigkeiten liegt eine eigene Wirklichkeit zugrunde, allerdings nicht die unmittelbar erfahrbare Wirklichkeit, sondern die Wirklichkeit sprachlicher bzw. mathematischer Symbole.

Wygotsky weist ebenfalls darauf hin, daß das „Werkzeugdenken" bzw. die „praktische Intelligenz" keinen direkten Bezug zur Sprache haben: „Es gibt ein großes Gebiet des Denkens, das keine direkte Beziehung zum sprachlichen Denken hat. Dazu sind vor allem – wie Bühler gezeigt hat – das technische und das Werkzeugdenken und das ganze Gebiet der sogenannten praktischen Intelligenz zu rechnen."[285] Auch sprachliche Zeichen sind für Wygotski ein Werkzeug. Dabei spricht er von „psychischen Werkzeugen"[286].

Den notwendig impliziten Charakter jeglicher Form von Praxis macht auch Janik deutlich, indem er die praktische Vernunft mit formaler Vernunft vergleicht und zu folgendem Schluß kommt: „Practical reasoning is not a matter of an argument with a conclusion, but a reasoning process that issues in action."[287] Eine formale Begründung basiert allein auf der logischen Richtigkeit der Argumentation. Es geht letztlich nur um die logische Form, das heißt um logisch richtige Sätze.[288] Die Praxis bezieht sich aber immer auf Handlungen, welche keine logische Form haben. Praktisches Wissen ist daher von vornherein kein Wissen in Sätzen. Denn durch eine propositionale Darstellung geht gerade der Praxisbezug verloren: „Practical reasoning does not – indeed cannot – involve representing what we know propositionally. [...] practical reasoning is constituted through actions. [...] as soon as you have represented it it ceases to be 'practical'."[289] Praktisches Wissen kann also nicht analysiert werden, ohne gerade den Bezug zur Praxis zu verlieren, genauso wie eine Gestalt nicht zerlegt werden kann, ohne ihren Gestaltcharakter zu verlieren.

Wenn praktisches Wissen zerlegt wird, dann bekommen die ursprünglich praktischen Erfahrungen die Form von Sätzen. Mit diesen Sätzen kann dann unabhängig von praktischer Erfahrung gemäß den Gesetzen der Logik operiert werden. Aber dieses in Sätze umgewandelte Wissen ist kein praktisches Wissen mehr, sondern theoretisches Wissen. Denn die Praxis funktioniert überhaupt nicht gemäß den Gesetzen der Logik, wie

---

[284] Jerome Bruner: „The Narrative Construction of Reality", in: *Critical Inquiry* 18, Autumn 1991, S. 2.
[285] Wygotski: *Denken und Sprechen*, S. 95.
[286] Vgl. Janette Friedrich: *Der Gehalt der Sprachform. Paradigmen von Bachtin bis Vygotskij.* Berlin: Akademie Verlag 1993, S. 109ff.
[287] Janik: *The Concept of Knowledge in Practical Philosophy*, S. 50.
[288] Vgl. Ebd., S. 51.
[289] Ebd., S. 53f.

dies gerade Lurijas Untersuchungen in Usbekistan auf sehr anschauliche Weise zeigen.

Aber auch wenn die Praxis nicht auf logisch-analytische Weise erfaßbar ist, so gibt es doch eine Möglichkeit, ihr sprachlich näher zu kommen, und zwar in Form von Geschichten. Denn Geschichten schließen immer den Kontext einer Handlung mit ein und haben dadurch selbst die Form einer geschlossenen Gestalt. Daher ist das Erzählen von Geschichten so wichtig, um praktisches Wissen zu verstehen.[290] Hier wird auch der hermeneutische Charakter jeglicher Form von Fertigkeit deutlich: Praktisches Wissen kann nicht analysiert werden, sondern muß als Ganzes erfaßt und verstanden werden.

Für die Computerisierung von Wissen, die auf der Analyse von Wissen basiert, ist natürlich ein Wissen in Form von Geschichten unbrauchbar. Obige Überlegungen zeigen aber, daß die Frage nach den Möglichkeiten der Darstellbarkeit von Wissen, die gerade bei der Computerisierung von Wissen immer gestellt wird, durch die Frage ergänzt werden sollte, wie weit sich Wissen durch seine Darstellung verändert und wie weit es dann noch brauchbar ist. Denn gerade der Praxisbezug geht – wie bereits gezeigt – durch die Darstellung verloren. Die Darstellung erfordert zwar auch praktisches Wissen, welches sich hier auf den Umgang mit Symbolen bezieht und ebenfalls eine implizite, d.h. verinnerlichte Form von Wissen darstellt. Aber diese Fertigkeiten sollten nicht verwechselt werden.

5.2.4 Vermittlung von Fertigkeiten

Gerade weil Fertigkeiten ein wesentlich implizites Moment haben, können sie auch nicht sprachlich exakt dargestellt werden. Darauf haben bereits Polanyi und Wittgenstein hingewiesen. Polanyi zeigt, daß der Lehrmeister oft selbst nicht sagen kann, „welches die einzelnen Handgriffe sind, die er in seinem Vorgehen koordiniert", und er daher nicht mehr „außer ein paar vagen Hinweisen"[291] geben kann. Auch Wittgenstein beschreibt Situationen, in denen der Erfahrene seinem Schüler nur „von Zeit zu Zeit den richtigen Wink"[292] gibt. Das Lehren des Umgangs mit physikalischen Apparaturen scheint auf ähnlich unpräzise Weise zu erfolgen. So hat zum Beispiel ein Dissertant erfahren, daß es oft keine genauen Erklärungen in Form von „Kochrezepten" gibt, sondern daß man nur „Tips" geben und „Richtungen sagen" kann.[293]

Der Umgang mit Apparaturen ist jedoch auch keine sprachliche Fertigkeit. Weder der Lehrer noch der Schüler müssen den Umgang mit Appa-

---

[290] Vgl. ebd., S. 61.
[291] IP, S. 34.
[292] PU, S. 575.
[293] Vgl. Kap. 6.5.2.

raturen beschreiben können, um diese Tätigkeit zu beherrschen. Es ist zwar oft gerade für Anfänger hilfreich, wenn sie sich an einigen expliziten Regeln festhalten können. Aber Fertigkeiten können in Form von Beispielen sicherlich besser weitergegeben werden. Denn dadurch können sie direkt vermittelt werden und müssen nicht zuerst versprachlicht werden. Sowohl Polanyi als auch Wittgenstein betonen in diesem Zusammenhang immer wieder die große Bedeutung von Beispielen.

Im Beispiel wird die Fertigkeit als Ganzes sichtbar, d.h. mit ihrem Bezug zum jeweils spezifischen Arbeitsmedium und im Kontext einer konkreten Situation. Bei einer schriftlichen Anleitung muß das Arbeitsmedium auf schriftliche Symbole reduziert werden. Aber keine noch so raffinierte Beschreibung kann den tatsächlichen Eindruck einer Apparatur mit all ihren sinnlichen Qualitäten ersetzen.[294] Das können nur Beispiele, in denen auch die Integration des jeweiligen Mediums gezeigt werden kann. Janik beschreibt daher das Lernen durch Beispiele als ein Sehen von Gestalten: „Learning through examples is not just a matter of imitating a model; it is just as much a matter of coming to see meaningful similarities (i.e., forms or Gestalten in the language of the psychologists) in different situations."[295]

Auch das Wissen, das bei der Arbeit an Apparaturen benötigt wird, ist nicht analytisch, sondern ganzheitlich, d.h. es hat in gewisser Hinsicht die Form einer Gestalt. Denn es geht darum, Situationen richtig beurteilen zu können und bestimmte Handlungsabläufe richtig zu koordinieren. Einige Handlungen werden sogar so weit verinnerlicht, daß sie automatisch ablaufen. Das Erlernen des Umgangs mit einer Apparatur kann daher mit Wittgenstein als Abrichtung verstanden werden, eine Abrichtung, die zu einer Art Konditionierung führt und dadurch unmittelbar an den Körper gebunden ist. Ein solches Wissen kann nicht ohne weiteres zerlegt werden.

Wenn Wissen in schriftlicher Form vermittelt wird, muß es hingegen so genau wie möglich dargestellt werden. Denn in geschriebenen Texten besteht nicht die Möglichkeit, auf einen unmittelbar erfahrbaren Kontext zu verweisen. Bei der mündlichen Wissensvermittlung, bei der Sprache mit Handlung verbunden werden kann, verliert hingegen die Darstellungsfunktion sehr an Bedeutung. Da ein unmittelbarer Situationskontext vorhanden und die Möglichkeit zur Interaktion gegeben ist, bestehen wesentlich mehr Möglichkeiten, Wissen zu vermitteln: es kann gefragt werden; es kann geantwortet werden; es kann etwas vorgezeigt werden; die Wahrnehmung kann gerichtet werden; Tips, Ratschläge und Hinweise können gegeben werden; Geschichten können erzählt werden usw.

In den physikalischen Labors kann aber auch eine sehr interessante Verbindung von oraler und literaler Wissensvermittlung beobachtet wer-

---

[294] Vgl. Kap. 6.2.
[295] Janik: *The Concept of Practical Philosophy in Language*, S. 45.

den, nämlich die Angewohnheit vieler PhysikerInnen, auch im oralen Diskurs ständig mit Zettel und Bleistift zu arbeiten, d.h. physikalische Diskussionen durch schriftliche Formeln, Skizzen oder Diagramme zu ergänzen. Einige physikalische Inhalte können offensichtlich schwer mündlich vermittelt werden, was wahrscheinlich damit zusammenhängt, daß die Physik eine sehr abstrakte Wissenschaft ist, die in hohem Maße an die Schrift gebunden ist. Nicht umsonst gilt die Physik als Paradebeispiel für logisch-analytisches Faktenwissen. Das ändert jedoch nichts daran, daß die Arbeit im Labor sehr konkret ist.

Das Wissen, das sich jemand bei der Arbeit im Labor aneignet, ist ein erlebtes Wissen, wobei sämtliche Sinnesorgane bei der Wissensaneignung beteiligt sind. Der Versuch, ein solches Wissen schriftlich darzustellen, ist immer mit einem Reduktionismus verbunden. Das Erlebnismoment kann nur in Form von Erzählungen eingefangen werden. Zu solchen Erzählungen kommt es auch sehr häufig unter PhysikerInnen. Bei regelmäßigen Kaffeepausen und auch abendlichen Treffen werden gerne Erlebnisse aus dem „Laboralltag" erzählt. Solche Erzählungen können durchaus als eine Form von Wissensvermittlung betrachtet werden, auch wenn sie nicht dem modernen Wissensideal entsprechen. Ein Diplomand meint sogar, daß er für die Arbeit im Labor am meisten in den Kaffeepausen gelernt hat.

Die Wissensvermittlung im Labor hat daher einiges mit mythischen Überlieferungsformen gemeinsam, die Brockmeier folgendermaßen charakterisiert:

> Der Mythos ist eine soziale Überlieferungsstruktur menschlichen Wissens unter den Bedingungen einer illiteralen Kultur. So sind es vor allem mündliche, bildliche und sozial-habituelle Vermittlungen, denen die Funktion zukommt, Erfahrung und Wissen zu tradieren. Der mythische Diskurs ist daher sowohl an Einzelnes und Einzelne gebunden wie er zugleich eine symbolische Verallgemeinerung verkörpert. Und zwar dies zunächst einmal im ursprünglichen Wortsinn, denn der poetisch-narrative, visuell-auditive und habituell-anschauliche Formenkanon der Verallgemeinerung geht hier selbst wiederum in die sinnliche Erfahrungswirklichkeit der im Mythos Lebenden über.[296]

Die Maschine kann durchaus als ein Mythos verstanden werden. Man denke nur an die Metaphorik, die in Bezug zur Maschine verwendet wird: eine Maschine, an der niemand mehr arbeitet, „verwaist"; jemand hat „kein Gefühl" für eine Maschine oder jemand „quält" die Maschine; manchmal wird auch festgestellt: „Heute will sie!" oder „Heute will sie nicht!"; eine Maschine kann auch einmal einen schlechten Tag haben usw. Zu diesem Mythos gehören auch entsprechende Handlungen; wie z.B. die Namensgebung oder das Bemalen bestimmter Teile einer Apparatur. Obwohl die Maschine einem ständigen Wandel unterworfen ist, d.h. Teile werden dazugebaut, abmontiert, ausgewechselt, verbessert usw., ist sie

---

[296] Brockmeier: *„Reines Denken"*, S. 75.

zugleich auch mit Traditionen verbunden. Aber die meisten Riten werden einem Außenseiter sicherlich nicht verraten. Denn nur die, die unmittelbar im Mythos der Maschine leben, können diesen auch verstehen. Eine objektive Distanz wird dadurch unmöglich, – eine Verhaltensweise, die im direkten Gegensatz zum Rationalitätsideal moderner Wissenschaft steht.

Bibliographie

Benner, P.: *From Novice to Expert – Excellence and Power in Clinical Nursing Practice*, Menlo Park: Addison -Wesley 1984.

Bezzel, Ch. et al.: *Wittgenstein: Biographie – Philosophie – Praxis. Eine Ausstellung der Wiener Secession.* Wien: Wiener Secession 1989.

Biagioli, M.: „Tacit Knowledge and the Scientist's Body"; *Paper for ,Coreographing History'.* UCR, February 15–7, 1992.

Bloor, D.: „Some Determinants of Cognitive Style in Science", „Cognition and Fact. Materials on Ludwik Fleck", hrsg. v. R. S. Cohen und T. Schnelle. *Boston Studies in the Philosophy of Science*, vol. 87, 1986.

Bloor, D.: *Wittgenstein: A Social Theory of Knowledge.* New York: Columbia University Press 1983.

Breger, H.: „Know-how in der Mathematik. Mit einer Nutzanwendung auf die unendlich kleinen Größen", in: *Rechnen mit dem Unendlichen. Beiträge zu einer Entwicklung eines kontroversen Gegenstandes*, hrsg. v. D. D. Spalt. Basel: Birkhäuser 1990.

Brockmeier, J. und Treichel, H.-U.: „Worte, Klänge und Farben. Erkundungen in ‚Synaesthesia'", in: *Die Chiffren Musik und Sprache. Neue Aspekte der musikalischen Ästhetik IV*, hrsg. v. H. W. Henze. Frankfurt am Main: Fischer 1990.

Brockmeier, J.: *,Reines Denken': Zur Kritik der teleologischen Denkform.* Amsterdam: Grüner 1992.

Bruner, J. S. und Olson, D. R.: „Symbole und Texte als Werkzeuge des Denkens", in: *Die Psychologie des 20. Jahrhunderts. VII Piaget und die Folgen*, Zürich: Kindler 1978.

Bruner, J. S.: „The Narrative Construction of Reality", in: *Critical Inquiry 18*, Autumn 1991.

Cockburn, C.: *Machinery of Dominance. Women, Men and Technical Know-How.* Boston: Northwestern U.P. 1988.

Collins, H.M.: „The TEA Set: „Tacit Knowledge and Scientific Networks", in: *Science Studies 4* (1974), 165–186.

Cooley, M.: *Architect or Bee? The Human Price of Technology.* London: Hogarth Press 1987.

Cronberg, T.: „Women and the popular participation in technological change". A paper to the international conference on *Gender, Technology and Ethics*, June 1–2, 1992, Lulea, Sweden.

Daly, C.B.: „Polanyi and Wittgenstein", in: *Intellect and Hope – Essays in the thought of Michael Polanyi*, hrsg. v. Th. A. Langford und W. H. Poteat. Kingsport 1968.

Dreyfus, H. L.: *Was Computer nicht können. Die Grenzen künstlicher Intelligenz.* Königstein/Ts.: Athenäum 1985.

Easlea, B.: *Fathering the Unthinkable. Masculinity, Scientists and the Nuclear Arms Race.* London: Pluto Press 1983.

Erson, E.: „Det Är Manen Att Na...". Umea 1992

Erson, E.: „Thought and Language in the World of Boys Fascinated by Computers", Beitrag für den Workshop *Case Studies in Skill.* Stockholm, February 1995 (unveröffentlicht).

Faulkner, W. und Arnold E. (Hrsg.): *Smothered by Invention*. London: Pluto Press 1985.

Fleck, L.: *Entstehung und Entwicklung einer wissenschaftlichen Tatsache – Einführung in die Lehre vom Denkstil und Denkkollektiv*, hrsg. v. L. Schäfer und T. Schnelle. Frankfurt am Main: Suhrkamp 1980.

Fleck, L.: *Erfahrung und Tatsache – Gesammelte Aufsätze*, hrsg. v. L. Schäfer und T. Schnelle. Frankfurt am Main: Suhrkamp 1983.

Florman, S. C.: *The Existential Pleasures of Engineering*. New York: St. Martin's Press 1976.

Friedrich, J.: *Der Gehalt der Sprachform. Paradigmen von Bachtin bis Vygotskij*. Berlin: Akademie Verlag 1993.

Froschauer, U. und Lueger M.: *Das qualitative Interview. Zur Analyse sozialer Systeme*. Wien: WUV-Universitätsverlag 1992.

Geertz, C.: *Dichte Beschreibung. Beiträge zum Verstehen kultureller Systeme*. Frankfurt am Main: Suhrkamp 1983.

Goody, J. und Watt I.: „Konsequenzen der Literalität", in: *Entstehung und Folgen der Schriftkultur*, hrsg. v. J. Goody, I. Watt und K. Gough. Frankfurt am Main: Suhrkamp 1981.

Göranzon, B. und Josefson I. (Hrsg.): *Knowledge, Skill and Artificial Intelligence*. Berlin Heidelberg: Springer 1988.

Göranzon, B. und Florin M. (Hrsg.): *Artificial Intelligence, Culture and Language: On Education and Work*. Berlin Heidelberg: Springer 1990.

Göranzon, B. und Florin M. (Hrsg.): *Dialogue and Technology. Art and Knowledge*. Berlin Heidelberg: Springer 1991.

Göranzon, B. und Florin M. (Hrsg.): *Skill and Education. Reflection and Experience*. London: Springer 1992.

Göranzon, B.: *Skill, Technology and Enlightenment: On Practical Philosophy*. London: Springer 1995.

Hanson, N. R.: *Patterns of Discovery. An Inquiry into the Conceptual Foundations of Science*. Cambridge: University Press 1972.

Harding, S.: *Feministische Wissenschaftstheorie. Zum Verhältnis von Wissenschaft und sozialem Geschlecht*. Hamburg: Argument 1990.

Hausen, K. und Nowotny H.: *Wie männlich ist die Wissenschaft*. Frankfurt am Main: Suhrkamp 1986.

Heisenberg, W.: *Gesammelte Werke. Abteilung C: Allgemeinverständliche Schriften. Bd. III. Physik und Erkenntnis 1969–1976*. München: Piper 1985.

Janik, A.: „Wittgensteins revolutionäre Auffassung von Sprache", in: *Wissenschaftliche Nachrichten*, April 1989, S. 5–7.

Janik, A.: *Reflections on Dialogue and the 1985–1986 Dialogue Seminar* (unveröffentlicht).

Janik, A.: *Style, Politics and the Future of Philosophy*, in: Boston Studies in the Philosophy of Science, vol. 114, 1989.

Janik, A.: *The Concept of Knowledge in Practical Philosophy*. Unveröffentlichte englische Originalfassung. (Publiziert in Schwedisch: Allan Janik: Kunskapsbegreppet i praktisk filosofi. Stockholm/Stehag: Brutus Östlings Bokförlag Symposium 1996.)

Jerusalem, W.: *Gedanken und Denker. Gesammelte Aufsätze*. Wien Leipzig: Braumüller 1925.

Johannessen, K. S.: „Sinnkonstitution und Wissenschaftsgeschichte. Zur Formulierung der Grundzüge einer Historiographie der Wissenschaften", in: *Die pragmatische Wende. Sprachspielpragmatik oder Transzendentalpragmatik?*, hrsg. v. D. Böhler, T. Nordenstam und G. Skirbekk. Frankfurt am Main: Suhrkamp 1986.

Johannessen, K. S.: *Philosophy, Art and Intransitive Understanding* (unveröffentlicht).

Josefson, I.: „The Skills of General Practitioners", Beitrag für den Workshop *Case Studies in Skill*. Stockholm. Februar 1995 (unveröffentlicht).

Keller, E. F.: „Language and Ideology in Evolutionary Theory: Reading Cultural Norms into Natural Law", in: *Three Cultures. Fifteen lectures on the confrontation of academic cultures*, B.V. Universitaire Pers Rotterdam, The Hague, The Netherlands 1989.

Keller, E. F.: *A Feeling for the Organism. The Life and Work of Barbara McClintock.* New York: Freeman and Company 1983.

Keller, E. F.: *Liebe, Macht und Erkenntnis. Männliche oder weibliche Wissenschaft?* München Wien: Carl Hanser 1986.

Knorr-Cetina, K.: „Laboratory Studies – The Cultural Approach to the Study of Science", *Handbook of Science and Technology Studies*, hrsg. v. S. Jasanoff, G.E. Markle, J.C. Petersen und T. Pinch. London: Sage 1995.

Knorr-Cetina, K.: *Die Fabrikation von Erkenntnis. Zur Anthropologie der Naturwissenschaft.* Frankfurt am Main: Suhrkamp 1984.

Knorr-Cetina, K.: *The Manufacture of Knowledge – An Essay on the Constructivist and Contextual Nature of Science.* Oxford: Pergamon Press 1981.

Knorr, Karin: „Anthropologie und Ethnomethodologie: Eine theoretische und methodische Herausforderung", *Theorie der Ethnologie und Kulturanthropologie*, hrsg. v. W. Schmid-Kowarzik und J. Stagl. Berlin: Reimer 1980.

Knorr, Karin: „Methodik der Völkerkunde", *Enzyklopädie der geisteswissenschaftlichen Arbeitsmethoden* 9. München: Oldenburg 1973.

Kramarae, Cheris (Hrsg.): *Technology and Women's Voices.* New York London: Routledge & Kegan Paul 1988.

Kuhn, T. S.: *Die Struktur wissenschaftlicher Revolutionen.* Frankfurt am Main: Suhrkamp 1967.

Labudde, P.: *Erlebniswelt Physik.* Bonn: Dümmler 1993.

Latour, B. und Woolgar S.: *Laboratory Life – The Construction of Scientific Facts.* Princeton: Princeton University Press 1979.

Latour, B.: „Der Biologe als wilder Kapitalist. Karrierestrategien im internationalen Wissenschaftsbetrieb". *Lettre International* 4/27, 1994, S. 77–81.

Latour, B.: *Science in action. How to follow scientists and engineers through society.* Cambridge, Mass.: Harvard University Press 1987.

Latour, B.: *We have never been modern.* New Brunswick: Transaction Press 1993.

Law, J. (Hrsg.): *The Sociology of Monsters. Essays on Power, Technology and Domination.* London: Routledge 1991.

List, E. und Studer H. (Hrsg.): *Denkverhältnisse. Feminismus und Kritik.* Frankfurt am Main: Suhrkamp 1989.

List, E.: *Die Präsenz des Anderen. Theorie und Geschlechterpolitik.* Frankfurt am Main: Suhrkamp 1993.

Lurija, Aleksandr R.: *Die historische Bedingtheit individueller Erkenntnisprozesse.* Weinheim: VCH 1986.

Lynch, M. E.: „Sacrifice and the Transformation of the Animal Body into a Scientific Object: Laboratory Culture and Ritual Practice in the Neurosciences". *Social Studie of Science*, vol. 18, 1988, S. 265–89.

Lynch, M. E.: *Art and Artifact in Laboratory Science. A Study of Shop Work and Shop Talk in a Research Laboratory.* London: Routledge & Kegan Paul 1985.

Lynch, M. E.: *Scientific practice and ordinary action. Ethnomethodology and social studies of science.* Cambridge: University Press 1993.

Mayring, Ph.: *Einführung in die qualitative Sozialforschung. Eine Anleitung zu qualitativem Denken.* Weinheim: Psychologie-Verl.-Union 1990.

Müller-Fohrbrodt, G.: „Geschlechtsspezifische Formen wissenschaftlicher Erkenntnisgewinnung", in: *Frauen in Naturwissenschaft und Technik.* Tagungsbericht zu einer Informationsveranstaltung am 29. Januar 1992 im Forschungszentrum Jülich, Jülich 1992, S. 53–70.

Noble, D. F.: *A World Without Women. The Christian Clerical Culture of Western Science*. New York: Knopf 1992.

Nordenstam, T.: *Sudanese Ethics*. Uppsala: The Scandinavian Institute of African Studies 1968.

Ong, W. J.: *Oralität und Literalität. Die Technologisierung des Wortes*. Opladen: Westdeutscher Verlag 1987.

Perby, M.-L.: „The Work and Skill of Process Operators (electronically assisted quality control)", Beitrag für den Workshop *Case Studies in Skill*, Stockholm, February 1995 (unveröffentlicht).

Perby, M.-L.: *Working Life Research Based upon Reflection* (unveröffentlicht).

Pittioni, V.: *Goethe contra Newton*. Skriptum 1994.

Polanyi, M.: „Tacit Knowing: Its Bearing on Some Problems of Philosophy", in: *Reviews of Modern Physics*, October 1962.

Polanyi, M.: *Implizites Wissen*. Frankfurt am Main: Suhrkamp 1985.

Polanyi, M.: *Knowing and Being. Essays*, hrsg. v. M. Grene. London: Routledge and Kegan Paul 1969.

Polanyi, M.: *Personal Knowledge. Towards a Post-Critical Philosophy*. London: Routledge and Kegan Paul 1978.

Ranftl-Guggenberger, D.: „Flotte Werbung – Objektive Information?", in: *MUT. Mädchen und Technik*, hrsg. v. Bundesministerium für Unterricht und Kunst, Wien 1991, S. 101–105.

Ranftl-Guggenberger, D.: „Mathematik, Naturwissenschaft, Technik. Nichts für Mädchen?", in: *MUT. Mädchen und Technik*, hrsg. v. Bundesministerium für Unterricht und Kunst, Wien 1991.

Rothschild, J. (Hrsg.): *Machina Ex Dea. Feminist Perspectives on Technology*. New York: Pergamon Press 1983.

Rübsamen R.: „Patriarchat – der (un)heimliche Inhalt der Naturwissenschaft und Technik", in: *Feminismus. Inspektion der Herrenkultur. Ein Handbuch*, hrsg. v. L. F. Pusch. Frankfurt am Main: Suhrkamp 1983.

Rübsamen, R.: „Der Wolf hat Kreide gefressen – bewahrt euer Mißtrauen gegenüber der Wissenschaft!", in: *Beiträge zur feministischen Theorie und Praxis*, hrsg. v. Sozialwissenschaftliche Forschung & Praxis für Frauen e.V., Köln 1984.

Rübsamen, R.: „Feministische Forschung in der Physik?", in: *Feministische Perspektiven in der Wissenschaft*. Zürich: Verlag der Fachvereine 1993.

Ryle, G.: *Der Begriff des Geistes*. Stuttgart: Reclam 1969.

Sacks, O.: *Der Mann, der seine Frau mit einem Hut verwechselte*. Reinbek bei Hamburg: Rowohlt 1987.

Sayre, A.: *Rosalind Franklin & DNA*. New York: Norton Library 1975.

Schinzel, B.: „Warum Frauenforschung in Naturwissenschaft und Technik?". Institut für Informatik und Gesellschaft der Albert-Ludwigs-Universität Freiburg im Breisgau. *Bericht 4/93*.

Schön, D. A.: *Educating the Reflective Practitioner. Toward a New Design for Teaching and Learning in the Professions*. San Francisco: Jossey-Bass Publishers 1987.

Schön, D. A.: *The Reflective Practitioner. How Professionals Think in Action*. United States of America: Basic Books 1983.

Shapin, S.: „History of Science and Its Sociological Reconstructions", „Cognition and Fact. Materials on Ludwik Fleck", hrsg. v. R. S. Cohen und T. Schnelle. *Boston Studies in the Philosophy of Science*, vol. 87, 1986.

Teubner, U.: *Neue Berufe für Frauen. Modelle zur Überwindung der Geschlechterhierarchie im Erwerbsbereich*. Frankfurt am Main: Campus 1989.

Toulmin, S.: *Kosmopolis. Die unerkannten Aufgaben der Moderne*. Frankfurt am Main: Suhrkamp 1991.

Toulmin, S.: *Reasons and Causes*, in: R. Borger (Hrsg.): *Explanation in the Behavioural Sciences.* Cambridge: The University Press 1970.

Toulmin, S.: *Voraussicht und Verstehen. Ein Versuch über die Ziele der Wissenschaft.* Frankfurt am Main: Suhrkamp 1968.

Traweek, S.: *Beamtimes and Lifetimes. The World of High Energy Physicists.* Cambridge, Mass.: Harvard University Press 1988.

Traweek, S.: *Bodies of Evidence: Law and Order, Sexy Machines, and the Erotics of Fieldwork among Physicists* (unveröffentlicht).

Turkle, S.: *Die Wunschmaschine. Der Computer als zweites Ich,* hrsg. v. L. Moos und M. Waffender. Reinbek bei Hamburg: Rowohlt 1984.

Von der Antike bis zur Neuzeit – der verleugnete Anteil der Frauen in der Physik, Ausstellung vom 19.10. bis 12.11.1993 im Foyer des Auditorium Maximum der Technischen Hochschule Darmstadt. Darmstadt: Cornelia Denz 1993.

Watson, J. D.: *Die Doppel-Helix. Ein persönlicher Bericht über die Entdeckung der DNS-Struktur. Mit einer Einführung von Prof. Dr. Heinz Haber.* Hamburg: Rowohlt 1966.

Wittgenstein, L.: *Briefe an Ludwig von Ficker,* hrsg. v. G. H. von Wright. Salzburg: Otto Müller 1969.

Wittgenstein, L.: *Tractatus logico-philosophicus. Werkausgabe. Bd. 1.* Frankfurt am Main: Suhrkamp 1984.

Wittgenstein, L.: *Über Gewißheit. Werkausgabe. Bd. 8.* Frankfurt am Main: Suhrkamp 1984.

Wygotski, L.S.: *Denken und Sprechen.* Frankfurt am Main: Fischer 1986.

Zimmermann, J.: *Wittgensteins sprachphilosophische Hermeneutik.* Frankfurt am Main: Vittorio Klostermann 1975.

SpringerPhysik

Gerald Holton

Wissenschaft und

Anti-Wissenschaft

Aus dem Englischen übersetzt von Eva Martina Bauer

2000. VII, 231 Seiten.
Broschiert DM 68,–, öS 476,–
ISBN 3-211-83245-9

Woran erkennt man „gute Wissenschaft"? Welches Ziel zeichnet sich am Ende als der eigentliche Zweck jeder wissenschaftlichen Tätigkeit ab? Auf welche Autorität außerhalb ihres Forschungsgebietes können sich Wissenschaftler berufen? Für diese heute wieder heftig diskutierten Fragen versucht jede wissenschaftliche Ära eigene Lösungen zu finden.

Gerald Holton analysiert die lange konfliktreiche Beziehung zwischen wissenschaftlicher Weltsicht und ihren anti-wissenschaftlichen Kritikern – nicht im abstrakten Sinn, sondern im Rahmen konkreter historischer Fälle. Er zeigt, daß die Empiriker des neunzehnten Jahrhunderts, vor allem Ernst Mach, die Wissenschaftler und Philosophen des zwanzigsten Jahrhunderts maßgeblich beeinflußt haben. Die Konfliktgeschichte über richtige Ziele und Legitimation der Wissenschaft wird in den Haltungen unterschiedlicher Wissenschaftler wie z.B. Albert Einstein, Max Planck oder Niels Bohr sichtbar.

„Gerald Holtons Buch ist eine außergewöhnlich durchdachte, herausfordernde und kenntnisreiche Studie für jeden, der sich mit der Zukunft der Wissenschaften befaßt."

John Ziman in Nature

SpringerWienNewYork

Sachsenplatz 4–6, P.O.Box 89, A-1201 Wien, Fax +43-1-330 24 26, e-mail: books@springer.at, **Internet: www.springer.at**
New York, NY 10010, 175 Fifth Avenue • D-69126 Heidelberg, Haberstraße 7 • Tokyo 113, 3–13, Hongo 3-chome, Bunkyo-ku

SpringerMathematik

Bettina Heintz

Die Innenwelt der Mathematik

Zur Kultur und Praxis einer beweisenden Disziplin

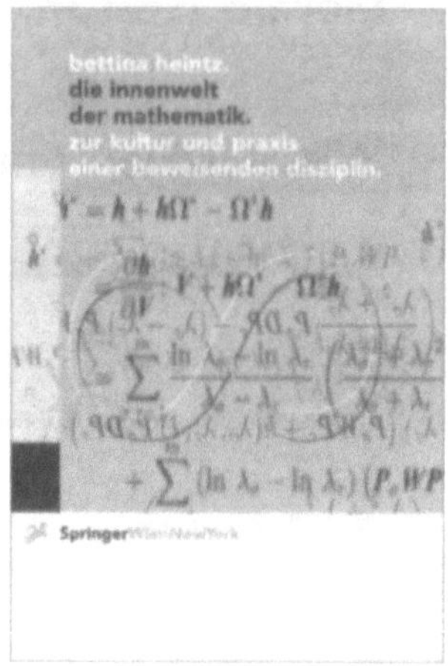

2000. 318 Seiten.
Broschiert DM 69,–, öS 485,–
ISBN 3-211-82961-X
Ästhetik und Naturwissenschaften:
Bildende Wissenschaften – Zivilisierung der Kulturen

Das vorliegende Buch ist die erste wissenschaftssoziologische Studie, die sich der Kultur der Mathematik von innen her nähert. Auf der Grundlage einer Feldstudie und ausführlichen Interviews untersucht Bettina Heintz die epistemischen Praktiken und das kulturelle Selbstverständnis der Mathematiker.

Zeitgerecht zum „Internationalen Jahr der Mathematik 2000" vermittelt dieses Buch einen Einblick in die faszinierende Welt der Mathematik. Die Mathematik ist die strengste, aber gleichzeitig auch die rätselhafteste aller Disziplinen. Sie verbindet, was in der Regel als Gegensatz wahrgenommen wird: Wissenschaft und Kunst, Beweis und Experiment, Formalisierung und Kreativität.

Ausgehend von Erkenntnissen der Wissenschaftssoziologie und Mathematikphilosophie beschreibt die Autorin den Prozess der mathematischen Entdeckung und zeigt auf, über welche Verfahren Mathematiker Einigung erzielen. Ein höchst spannendes Buch für Mathematiker, Physiker, Soziologen und Wissenschaftsphilosophen.

 SpringerWienNewYork

Sachsenplatz 4–6, P.O.Box 89, A-1201 Wien, Fax +43-1-330 24 26, e-mail: books@springer.at, Internet: www.springer.at
New York, NY 10010, 175 Fifth Avenue • D-69126 Heidelberg, Haberstraße 7 • Tokyo 113, 3–13, Hongo 3-chome, Bunkyo-ku

SpringerMathematikPhilosophie

Ludwig Wittgenstein

Wiener Ausgabe Studien Texte   Bände 1–5

Hrsg. von Michael Nedo

„Die wesentlichste Buchedition des Jahrhunderts" lobte Sir Karl Popper die Publikation der nachgelassenen Schriften Ludwig Wittgensteins in der „Wiener Ausgabe". Mit all seinen ursprünglichen Verknüpfungen, Varianten und Wiederholungen wird hier Wittgensteins mäandernder Gedankenfluß zum ersten mal vollständig dargestellt und offengelegt: Ein netzwerkartiges Gedankengeflecht, in dem der Leser, kreuz und quer wandernd, eigene Pfade der Erkenntnis erkunden kann.

Die „Studien Texte" zur „Wiener Ausgabe" erscheinen broschiert, im verkleinerten Format von 16,5 x 24,2 cm. Inhalt und Struktur sind seitengleich mit jeweiligen Texten der Gesamtausgabe und damit vollständig in die „Wiener Ausgabe" mitsamt ihren Apparaten und zukünftigen Kommentaren integriert.

Die „Studien Texte" werden mit dem Wachsen der „Wiener Ausgabe" fortgesetzt.

Erstmals erscheinen Schlüsseltexte der auf absolute Werktreue bedachten Gesamtausgabe der Schriften Ludwig Wittgensteins in preiswerter, bibliophiler Edition.

Philosophische Bemerkungen
Band 1. 1999. XIX, 196 Seiten.
ISBN 3-211-83266-1

Philosophische Betrachtungen
Philosophische Bemerkungen
Band 2. 1999. XIII, 333 Seiten.
ISBN 3-211-83267-X

Bemerkungen
Philosophische Bemerkungen
Band 3. 1999. XV, 334 Seiten.
ISBN 3-211-83268-8

Bemerkungen zur Philosophie
Bemerkungen zur
Philosophischen Grammatik
Band 4. 1999. XIII, 240 Seiten.
ISBN 3-211-83269-6

Philosophische Grammatik
Band 5. 1999. XXVII, 195 Seiten.
ISBN 3-211-83270-X

Setpreis bei Abnahme
der Bände 1–5:
DM 228,–, öS 1596,–
Set-ISBN 3-211-83271-8
Beim Kauf von Einzelbänden
pro Band DM 58,–, öS 406,–

SpringerWienNewYork

Sachsenplatz 4–6, P.O.Box 89, A-1201 Wien, Fax +43-1-330 24 26, e-mail: books@springer.at, **Internet: www.springer.at**
New York, NY 10010, 175 Fifth Avenue • D-69126 Heidelberg, Haberstraße 7 • Tokyo 113, 3–13, Hongo 3-chome, Bunkyo-ku

SpringerMathematik

Markus Arnold,

Roland Fischer (Hrsg.)

Studium Integrale

2000. 128 Seiten. 3 Abbildungen.
Broschiert DM 39,–, öS 275,–
ISBN 3-211-83429-X
iff Texte, Band 6

Verschiedene Versuche, ein „Studium Integrale" zu installieren, gelten heute unter WissenschaftlerInnen als gescheitert. Die Disziplinen sind derart vielfältig, sie sprengen jede Verbindung. Das Problem der Orientierung angesichts der Fülle bleibt jedoch bestehen.

Eine Gruppe von WissenschaftlerInnen befasst sich seit einigen Jahren mit der Entwicklung eines „integrierenden" Studienprogramms; eines Programms, das in Ergänzung zu bestehenden Fachstudien den Blick über die jeweiligen Grenzen ermöglichen soll. Es wird davon ausgegangen, dass wissenschaftliche Allgemeinbildung eine gesellschaftliche Funktion erfüllt, die dringend gebraucht wird um einen vernünftigen Umgang mit Fach-Expertisen zu ermöglichen.
Eine weitere Besonderheit des Programms wäre die Sichtbarmachung geistes- und naturwissenschaftlicher Kulturen, die über die Wissenschaften hinaus wirksam sind.

 SpringerWienNewYork

Sachsenplatz 4–6, P.O.Box 89, A-1201 Wien, Fax +43-1-330 24 26, e-mail: books@springer.at, Internet: www.springer.at
New York, NY 10010, 175 Fifth Avenue • D-69126 Heidelberg, Haberstraße 7 • Tokyo 113, 3–13, Hongo 3-chome, Bunkyo-ku